殡葬建筑生态化设计

Funeral Building Ecological Design

李　冰◎著

中国建筑工业出版社

图书在版编目（CIP）数据

殡葬建筑生态化设计 / 李冰著 . — 北京：中国建筑工业出版社，2014.1

ISBN 978-7-112-16120-1

Ⅰ.①殡… Ⅱ.①李… Ⅲ.①丧葬建筑 — 生态建筑 — 建筑设计 Ⅳ.①TU251.6

中国版本图书馆CIP数据核字（2013）第273396号

本书从生态化的角度出发对殡葬建筑的生态化设计进行研究并提出相应的技术策略。首先从介绍中国古代的殡葬理念入手，阐述了中国传统殡葬建筑早期自发的生态伦理思想和实践经验，以及西方殡葬建筑生态化的演进，表明殡葬建筑生态化和可持续发展的必然性。同时，现代殡葬建筑的生态设计观以可持续发展战略与生态学基本理论为基础，针对当今殡葬建筑所面临的严重生态问题，提出殡葬建筑生态化设计的原则及其重要意义，进而提出未来我国殡葬建筑生态化发展取向。然后，针对殡葬建筑对景观生态环境造成的各种危害，对殡葬建筑外部环境景观生态化进一步剖析，并运用景观生态学的原理，提出殡葬建筑外部环境生态化设计的理念、原则和设计方法，并对殡葬建筑外部环境生态设计提出相应的技术策略。殡葬建筑内部空间的生态化设计同样重要，通过探讨殡葬建筑由于其具有的特殊使用功能，在声、光、热等方面带给室内环境的影响，阐述了殡葬建筑内部空间的生态化品质的调控，提出如何进行殡葬建筑室内空间环境气氛的营造，并通过各种生态化技术应用实现殡葬建筑室内环境的生态化设计，从而最终提升殡葬建筑内部空间的生态化品质。最后，殡葬建筑的生态化设计还需要通过市场导向、政策导向和法规控制的引导机制才能保障其顺利实施。

责任编辑：李　鸽　徐晓飞
责任设计：董建平
责任校对：陈晶晶　刘梦然

殡葬建筑生态化设计
李　冰　著
*
中国建筑工业出版社出版、发行（北京海淀三里河路9号）
各地新华书店、建筑书店经销
北京点击世代文化传媒有限公司制版
北京建筑工业印刷厂印刷
*
开本：787×1092 毫米　1/16　印张：14¼　字数：259 千字
2019 年6月第一版　2019 年6月第一次印刷
定价：**48.00**元
ISBN 978-7-112-16120-1
(24853)

前言

自古以来，殡葬建筑就是城市建设的一个重要组成部分，曾在东西方建筑文化中有着辉煌的历史，是人类文明的重要标志。原古的巨石阵、古埃及的金字塔、印度的泰姬陵以及中国古代的秦始皇陵等都是举世瞩目、家喻户晓的殡葬建筑；近代的殡葬建筑如南京中山陵、日本的多摩陵园等也都是设计极佳而备受崇敬的殡葬建筑；现代殡葬建筑如恩里克·米拉莱斯设计的伊瓜拉达墓园、阿尔多·罗西设计的圣卡塔多公墓、桢文彦设计的风之丘葬斋场等都堪称经典。

然而在我国，现代殡葬建筑却并不被重视。之所以存在这一现象，除了由于各种社会历史因素的影响，主要是由于时代的禁忌，以及无力面对作为生命规律的特定阶段——死亡这一现象，致使死亡建筑设计的主题在中国现代建筑中常常被回避或忌讳。人类社会发展到今天，人们受到传统思想的深刻影响而对死亡的态度没有改变多少，但表达死亡的能力却降低了，甚至成了一种禁忌，而且表现死亡的艺术与技术也深受责难。在我国建筑创新日渐兴盛之时，现代殡葬建筑的设计却被遗忘在角落而受到忽视，这很难适应目前日趋老龄化的社会以及当代殡葬事业发展的形势。同时非生态化的殡葬建筑也带来了严重的环境问题，与全球的可持续发展的大潮相背离。因此殡葬建筑是生态学研究的重要方面，也是可持续发展面对的重大问题。国外也只在近几十年里才逐渐开展对殡葬建筑生态化的研究。

没有哪一种类型的建筑像殡葬建筑这样注重和自然环境的相互关系。殡葬建筑无论从建筑物本身或是人的原始心理，以及其外部环境和内部空间来说都是与生态化密不可分的。尤其是殡葬建筑的内在本质就是要将死亡躯体这一实物形式转化为另一种形式——骨灰的过程。而这一过程本身恰恰是一种生态化过程的转化，是回归自然的一种特别的“实质性存在”和特殊表现形式。

本书是作者集多年的科研与实践为基础总结完成的，选择以生态化为切入点，通过对建筑学、生态学、生态伦理学、景观生态学、文化人类学、中国传统的风水理论等多学科的交叉与融合，对殡葬建筑的外部环境和内部空间设计进行研究，建立了殡葬建筑生态化设计理念和理论框架，探讨殡葬建筑生态化设计方法与策略，解决现代殡葬建筑发展中所遇到的问题，改善殡葬建筑设计对城市环境的影响，为我国殡葬建筑设计的转型提供重要的理论和实践意义。

同时，在许多建筑作品中将死亡作为一个主题对于激发设计灵感具有重大的潜力，作者希望本书的研究对一个常被忽视的建筑领域的讨论起到抛砖引玉的作用。

目　　录

第 1 章　绪论

1.1　研究背景及研究意义

1.1.1　研究背景

自古以来，殡葬建筑就是城市建设的一个重要组成部分，曾在东西方建筑文化中创造了辉煌的历史，是人类文明的重要标志。然而现实中的人们往往都向往永生，无力面对和接受死亡，并且惧怕死亡。对于死亡的态度，现代的人们和原始的人们并没有改变多少。因此，对于面对死亡与死者遗体的殡葬建筑领域的研究一直处于一种被忽视的状态，而对于殡葬建筑生态化的研究也并没有系统化，国外也只在近几十年里才逐渐开展对建筑生态化的研究。

社会的发展和变迁催生了现代殡葬建筑的出现。然而，与建立在理性和实用基础上的功能主义建筑不同，现代殡葬建筑并非完全是人类理性精神的产物，它的主要功能已不是庇护躯体，而是表述死亡，是要将死者永远留在生者的记忆里，是将死亡看作是过渡典礼的观念的具体体现。尽管现代建筑学很难阐释这一主题，但仍然有许多建筑家对此有着独特的理解，并成功创造了一些现代最重要的殡葬建筑。

同时非生态化的殡葬建筑也带来了严重的环境问题，是生态学研究的重要方面，也是可持续发展面对的重大问题。

1.1.1.1　*在资源方面*

我国目前正处于一个历史性的大建设时期，虽然人口位居世界第一位，占世界人口 22%，但土地资源仅占世界的 7%，人均土地资源仅占世界的 1/3，还不到 1.5 亩。而且耕地连续以平均每年 750 万亩的速度在迅速减少，其中多数转化为建设用地，每年因烧砖毁坏的农田多达 12 万亩，土地资源呈严重递减的形势。我国也是一个森林资源匮乏的国家，森林覆盖面积不足 11%，大大低于世界的平均水平。同时，因每年生产建筑材料而消耗的矿物资源多达 50 亿吨，大量的砂石采集，矿石采掘造成河床、植被、土壤破坏和水土流失。保护土地资源成为我国需要长期坚持的基本国策。

城市化的推进使城镇人口基数和密度不断加大，死亡人口数量的持续增加导致了城市中殡葬建筑的用地需求扩张。而土地稀缺和人类生存环境的恶化使得城市发展面临着死人与生人争地的两难境地。目前我国殡仪馆、经营性公墓等殡葬建筑 4000 多个，还有数十万个农村公益性遗体公墓和众多殡葬用品经销店。其中大多数技术落后，普遍存在着缺乏规划、占用大量土地用于埋葬，缺乏绿化和美化的景观建设，“白化”现象严重等问题，缺乏生态化理念，总体建设水平与欧美国家相比相差较大。传统殡葬建筑建设的发展观念往往是片面追求经济增长，以牺牲自然环境为代价换取一时的经济效益。这种急功近利的思想，加重了日益严峻的生态危机，严重地破坏我国自然生态环境与和谐的社会环境。

1.1.1.2 在能源方面

仅建筑耗用的钢铁、水泥、平板玻璃、建筑陶瓷、砖瓦砂石等几项材料的生产耗能达 1.6 亿吨标准煤，占全国能源生产的 13%。因保温不良的墙体材料造成的热损失估计达 1.2 亿吨标准煤。全国仅建材生产和建筑耗能大约为全国耗能总量的 25%。在殡葬过程中通常使用火葬这种生物燃烧方式，使用电力、柴油、石油、煤炭等能源将遗体在高温给氧条件下快速焚化，这一过程需要耗用大量的能源。据统计，目前我国每年死亡人数在 800 万人左右，其中大约有 450 万人实行了火葬，按火化一具遗体需要 30 公斤柴油计算，年耗费柴油 13.5 万吨。巨大的能源消耗给生态环境带来了极大负担。

1.1.1.3 在环境方面

我国建筑垃圾增长的速度与建筑业的发展成正比。除少量金属被回收外，大部分成为城市垃圾。我国几乎有 2/3 的城市被垃圾包围。此外我国仅因冬季采暖向空气中排放的二氧化碳有 1.9 亿吨，二氧化硫 300 万吨，烟尘 300 万吨。人在死亡后，遗体是一个巨大的污染源，在殡葬建筑中运送遗体、清洗遗体、遗体防腐和火化遗体时会产生大量的废水、废气和废渣。仅火葬焚烧遗体就会产生大量粉尘和二氧化碳、二氧化硫、氮氧化合物、硫化氢、氨气、一氧化氮等污染物，还能产生二噁英类强致癌、致畸、致突变物质。据统计我国每年死亡 800 多万人，在对遗体处理的过程中，800 多万个“污染源”不仅给殡葬建筑室内、室外造成巨大污染，严重危害到人们的身体健康，而且加剧了大气中的温室效应，从而造成生态环境的巨大压力，导致生态环境的破坏，所有这些已成为一种急待解决的社会问题。形成的主要污染有空气污染、传染病污染、火葬的污染等。

1.1.1.4 在社会文化方面

中国传统观念一直认为人的灵魂永存，并形成“事死如生，礼也”的文化心理，并且这种观念根深蒂固，直到今天其程度仍然不减，且有上升的趋势。因此“隆丧厚葬”的传统殡葬文化和殡葬活动在中国一直盛行。这不仅耗费了大量的社会资源而且破坏了城市和乡村的生态环境。在旧的习俗影响下，传统殡葬建筑往往大兴土木，耗费巨大的人力、物力和财力。如某报道称，在桂粤交界的广东省高州市曹江镇风村管理区，这一向沉寂的粤西山区，近年来因建有一座造价近2000万元，占地约5亩的坟墓而轰动国内外。据称，整个坟墓气势恢弘，令人叹为观止。在每个平台两边，均铺设了条石阶梯通道，石阶之处，又有石栏，两边循环相通，平台下有的还设有地下室。更有甚者，坟墓的所有护栏均是经过精工雕琢布满龙凤的花岗石石刻……可以看出，炫耀、攀比和崇尚奢靡之风也是导致生态环境危机的根源。对殡葬风俗的探索揭示了传统与风俗具有极强的持续性，我们当今的许多殡葬活动植根于久远的风俗习惯。这些传统所扎根的社会体系中最重要的元素是儒家学说中的祖先崇拜。同样相关的是佛教和道教的信条（关于非物质世界），原始宗教和风水的宇宙观。它们存在了千百年并且仍然对现代殡葬建筑有着强烈的影响。我们文化的这些重要组成部分很可能会继续作用于我们处理与死亡相关的事件时的决策与行为。

从目前国内殡葬建筑的发展现状来看，由于生态危机的日益加深，促使人们的环境意识也在逐渐得到了提高，“生态”一词也由生态学家、生物学家这些从事科研的专业范畴，成为人们广为关注的热点，并逐渐形成了一种关心生态环境、注重人与自然协调发展的新的思维方式，并渗透到社会生活的各个领域。殡葬建筑也不例外，殡葬建筑要摆脱目前存在的这些问题，实现建筑的可持续发展，必须改变以往的那种单纯追求经济效益的功利化思想，从有利于人与自然协调发展的高度出发，通过建筑实践，不但要给人们提供一个适宜的环境，还要尽可能减少对自然界的破坏，既要体现对使用者的关心，也要体现对自然的关怀，最终实现人—建筑—自然的协调发展，这些都离不开对殡葬建筑生态化的研究。

1.1.2 研究意义

1.1.2.1 理论意义

（1）实现学科发展的需要

在环境建筑学时代，城市建筑和环境的生态化成为最为紧要的问题之一。正如英国学者科特所说，“我们后代关心的是我们带给他们的建筑是改善还是破坏了生活质量和环境，而不是关心带给他们的建筑风格是后现代的还是解构的。”在国际建筑师协会《北京宪章》中明确提出“走可持续发展之路必将带来新的建筑运动,促进科学的进步和艺术的创造。”为此，有必要对现代殡葬建筑的生态化设计进行研究。

(2) 构筑人与自然相互依存的生态理念

长期以来，人类的发展与自然环境的破坏是联系在一起的。人类凭借自己的智力优势，不断毁坏着他们赖以生存的环境，自然环境反过来又通过它特有的方式（洪水、泥石流、沙荒、盐碱化等等）对人类进行报复。如何重新构筑起人与自然和谐相处的有机生态系统，已经成为当今科学发展的新趋势。殡葬建筑的建设应该体现出人与自然相互依存的生态理念，对其进行生态化的设计和研究显然是十分重要的。

(3) 承担社会赋予的责任

殡葬建筑无论从建筑物本身或是人的原始心理，以及其外部和内部空间来说都是与生态化密不可分的，尤其是殡葬建筑的内在本质就是要将死亡躯体这一实物形式转化为另一种形式——骨灰的过程，而这一过程本身恰恰是一种生态化过程的转化，是回归自然的一种特别的“实质性存在”和特殊表现形式。然而事实上，殡葬建筑在我国一直不受重视，虽然其建设问题多，且对地区生态建设与社会文化建设影响很大，但实际上这一领域很少有人涉足，更谈不上形成相应的设计理论。过去对殡葬建筑的研究多在历史学、考古学及文化学范畴中展开，而在建筑学领域的研究多集中在古代的传统陵墓部分，对于近现代的研究少之又少，而从建筑生态领域去研究更是无人问津，有限的成果也大多涵盖在纪念性建筑的研究之中。之所以存在这一现象，除了由于各种社会历史因素的影响外，主要是由于时代的禁忌，以及无力面对作为生命规律的特定阶段——死亡这一现象，导致了死亡的主题在中国现代建筑中被极力地回避。人类社会发展到今天，人们对死亡的态度没有改变多少，但表达死亡的能力却降低了。在一个年轻且充满活力的社会，死亡无处藏身，它成了禁忌，而且表现死亡的艺术与技术也深受责难。在我国建筑创新日渐兴盛之时，现代殡葬建筑的设计却成为被遗忘的角落而不大受到重视，这很难适应当代殡葬事业飞速发展的形势。因此建筑设计者们有必要承担我们的社会责任。

1.1.2.2　实践意义

(1) 科学利用土地，有效节约土地资源

近年来由于对殡葬建筑需求量的增加，以及墓葬的经济利益的显著上升，导致了大量殡葬建筑的兴建，甚至良田沃土也沦为墓地，浪费了大量的土地资源。同时，殡葬建筑中骨灰的保留与舍弃是土地能否有效利用的关键。保留骨灰就要建骨灰楼、骨灰塔，甚至墓碑，集中安置骨灰的骨灰塔、骨灰楼以及骨灰墙等形式可以在有限的空间内解决占用土地、浪费资源、破坏环境的弊端。然而将骨灰封装入土，在其上再建构墓碑的做法却对土地资源的再利用构成了新的威胁，因为目前以水泥、石材为主体的墓体结构和以永久性材料为主的容器都极难在短期内参加自然循环。随着人们观念的不断转变和对生死问题的科学理解，在自愿的基础上提倡从葬骨灰盒到直接埋骨灰入土，从少立墓碑到不建碑石，逐渐形成从有到无的飞跃，这样才会真正节约土地资源，不会为环境带来后患，达到了真正的入土为安，返璞归真的境地。

（2）崇尚自然环境，营造绿色生态空间

殡葬建筑不仅应该给逝者一个优美宜人的安息环境，也同样应给生者一个生态的、绿色的、可持续发展的缅怀空间。它不再是一个孤立的、有边界的特殊场所，正在溶解变化成为城市中的景观生态，开放的绿地融合于城郊自然景观，渗透于居民的生活，成为弥漫于城市中的绿色液体。现代殡葬建筑生态化设计应摒弃以往的白色污染和荒凉恐怖的气氛，代之以绿色的生态空间，变荒山瘠地为青山绿水，大量的绿色植物借助于各种技术手段融入殡葬建筑设计和建筑环境中，使殡葬建筑和其周围环境成为最接近自然环境的场所，使人们重新找到回归自然的感觉，同时还能提高城市的绿化率，形成区域内的功能性绿肺。

（3）保护生物多样性，维持生态系统平衡

生物多样性是人类赖以生存的基础，保护生物多样性，对人类的可持续发展意义重大。城市化进程的加剧和人类的盲目建设，使城市中的生物组成受到破坏，自然生物群落和物种不断减少，城市生态系统的稳定也随之遭到严重破坏。为保护生物多样性，维持生态系统平衡，殡葬建筑也需要纳入一个与环境相通的循环体系，从而更经济有效地使用环境资源，使其成为所在区域生态系统的一部分，并能够健康地运行，尽量减少对自然景观、山石、水体、植被的破坏，最大限度地利用自然要素，提高能源和材料的使用效率，减少建筑的耗能，充分利用自然通风、采光使其自身成为一个合理生态系统，从而促进殡葬建筑生态化，人工环境自然化。殡葬建筑的合理建设与发展还将成为改造环境的一个契机，设计师要对殡葬建筑基地的原生环境加大重视，并将之列入殡葬建筑生态化设计的内容之中。通过多层级的绿化设计、保护和修护，恢复改善建筑基地的自然状况、绿化环境，恢复生物物种的多样性。

建筑绿化已经从原先单纯的营造建筑空间氛围的束缚中挣脱出来，逐渐向建筑中生态要素的角色转变，使殡葬建筑和其周围环境成为最接近自然环境的场所，使人们重新找到回归自然的感觉，同时还能提高城市的绿化率，形成区域内的功能性绿肺，促进城市生态系统的恢复，维持生态系统的平衡。最终达到维持城市生态平衡的目的。

（4）营造文化空间，促进城市旅游业的发展

殡葬建筑是以精神为原动力所创造出来的精神性目的物，寄托生者哀思的场所。悲痛和哀悼的过程往往是个长期过程，需要数月甚至数年的时间来恢复。许多情况下殡葬建筑成为恢复过程中重要的工具，给予生者体验生命的启示与慰藉，寻求对人生的思考，对来世的设想，释读蕴藏在其中的文化心理。殡葬建筑的生态化设计使殡葬建筑建设成为城市生态园林，开辟为新的文化空间和城市旅游景点，使人们在缅怀先辈的同时，保护和改善了其自身的生态环境，同时还促进了城市旅游业和服务业的发展。

我国建筑业正处于由数量型向质量型转变的重要时刻，我们不得不抛弃那种高能耗、高污染的传统生产模式，而把具有节约资源、降低能耗、减少污染、提高室内外环境质量等性能的生态化建筑作为新世纪建筑发展的方向。同时，可持续发展是我国经济社会发展的一个战略选择，我国的殡葬建筑的发展必须与经济社会发展同步，必须符合可持续发展的要求。因此，对殡葬建筑的生态化研究具有必要性与迫切性。目前，我国殡葬建筑发展很不平衡，与国外的水平相差很大，90% 的原有殡葬建筑亟待改造，把建筑生态化作为殡葬建筑未来的发展目标，实现殡葬建筑园林化、艺术化，从而确保城市建设向有利于生态环境的方向发展。

1.2 相关概念的界定

1.2.1 殡葬建筑概念

远古时代人们只是利用自然界已有的空间来进行殡葬活动，那些埋葬尸体的原始洞穴和浅土坑还不是真正意义上的殡葬建筑。为了避免尸体被鸟兽嘬食，人们把尸体埋葬在土中，称为墓。墓，与“没”谐音，有沉没、埋没的意思。《礼记•檀弓上》：“古也墓而不坟”，郑玄注：“土之高者曰坟。”人们通过在葬地上堆土来标识死者的领域，形成最古老的殡葬建筑形式——坟。坟墓在英文中是“tomb”。有时也使用同义词“grave”。它源自古希腊语“tymbos”，指一个墓穴上面竖立的纪念物。

殡葬建筑在国外也被称为死亡建筑或纪念建筑，其概念可从死亡文化中加以阐释。如果将死亡划分为三类形态，即：观念形态、操作形态和实物形态的话，那么殡葬可以被视为操作形态与实物形态的统称。观念形态是指对于死亡的认识，并总是与对生存的认识相联系，故也称为生死观。操作形态是指人们对于死者的吊唁、安葬以及延伸而来的祭祀等活动。《说文》中记载，“殡，死在棺，将迁葬柩，滨遇之。”即置死者于棺中，待以宾客之礼。葬，原意指土葬，后世引申为处理尸体的方式，如土葬、火葬、

水葬、悬棺葬等。所以殡葬就引申为丧事活动及其礼仪规范。此外，对死者的祭祀也属于操作形态。死亡的实物形态指安置和祭祀死者的各类物品，诸如棺木、坟墓、碑铭、庙、纸钱等。因此，操作形态与实物形态统称为"殡葬"，而在这一过程中所形成的房屋或其他结构物被称为殡葬建筑，它是为人们提供这些殡葬活动的场所，是安置亡灵、进行祭祀、缅怀等特殊活动的纪念性建筑，是表达人的精神情感的场所空间。

没有一座殡葬建筑不带上思念、回忆、缅怀、哀悼及对现实环境的感受和感应。殡葬建筑所营造的环境"场"是一种文化，也是一种精神。殡葬建筑在某种意义上也可归属于纪念性建筑的范畴，《Encyclopedia of American Architecture》(《美国建筑大百科全书》) 中对纪念性建筑的解释是："纪念性建筑是为纪念某人或某个事件而矗立起的房屋或其他结构物，有时也用来追忆一个自然地理特点或者历史遗址。纪念性建筑可以小到一个简单的墓碑，也可以是一块巨大的岩刻。它可以具有功能意义，也可以是纯粹的象征。"

1.2.2 殡葬建筑的内涵

殡葬建筑是城市中社会化、产业化处理遗体以及与其直接相关的设施、空间和场所，它具体包括殡仪馆、陵园、公墓、骨灰堂、火葬场等，在国外还包括殡葬教堂（funeral chapel）。世界各国对这些殡葬建筑的称谓略有不同，如有称葬斋场、纳骨堂，骨灰安置所、墓地等，殡葬建筑在国外也有被称为死亡建筑或纪念建筑。在中国古代，殡葬建筑因其所葬者的身份不同而划分为不同的等级，圣人葬地称为"林"，帝王葬地谓之"陵"，王公、贵族、名士的葬地称为"墓"，普通百姓的葬地称为"坟"。

1.2.2.1 公墓（也称为墓园、墓地）

公墓，《现代汉语词典》解释为"公共坟地（区别于一姓一家的坟地)"。公墓是指由一定的社会或国家组织和机构兴办的墓地。采取这种形式来代替族墓，一是为了节省用地，规范殡葬用地，二是传统族墓不能适应现代城市生活的要求，需要新的形式来代替。现代公墓与传统的宗族墓地不同，不以家庭为单位，而是以地区或以宗教信仰为单位的集体性墓葬地。如著名的维也纳圣麦斯公墓，它分为三个区：犹太教区、基督教区和伊斯兰教区。在我国各地也兴建了大量人民公墓，如北京福田公墓、上海龙华公墓等。

在许多国家公墓也被称为墓地。加拿大的法规中的墓地指用于埋葬人类遗体的土地，包括陵墓、骨灰安置处以及用来安葬人类遗体的其他建筑；美国法规中的墓地指用于或旨在用于埋葬的场所，这就几乎包含了所有的遗体安葬和骨灰安置设施。但有的国家将墓地狭义地规定为提供墓穴安葬方式的场所，它包含骨灰堂、塔陵园等。比如日本，就将骨灰盒存放场单独列出作为独立的殡葬服务设施，其性质等同于我国的骨灰堂、塔陵园，是以提供骨灰室内安置为主要服务内容的殡葬服务设施。

阿尔多·罗西指出，“墓地，从建筑物的角度来说，是死者的住宅。最初，在住宅的造型与坟墓的造型之间没有区别。坟墓和墓穴结构的造型是住宅造型的重复：直线式的走廊、一个主要空间、土石材料……死亡表达了两种环境之间的过渡状态，它们之间的界限没有明确的定义……墓地的参照物除适用于墓地本身之外还适用于住宅和城市。这个墓地的设计遵照了存在于每个人脑海中的墓地形象。”

1.2.2.2 骨灰堂

骨灰堂又叫骨灰安置所、骨灰楼、藏骨堂、纳骨堂，是安放并保存死者骨灰的殡葬建筑。它与传统平面化的公墓不同，采取立体化的骨灰安葬方式。这是由于城市土地资源缺乏，建设传统墓的费用高昂而采取的一种集约化的建造形式。它由骨灰堂、悼念空间及一些附属用房组成。其建筑形式有骨灰堂、骨灰墙、骨灰亭等。

1.2.2.3 陵园

陵园最早是我国对传统帝陵的称谓。陵，本义为大土山。《尧曲》曰：“荡荡怀山襄陵”。此处的陵即大山的意思。《诗经·十月之交》中更明确指出“高岸为谷，深谷为陵”，后来帝王墓被称为陵，这是后起之义。《吕氏春秋·节丧》言古人之葬云：“葬浅则狐狸掘之，深则及于水泉。故凡葬必于高陵之上，以避狐狸之患、水泉之湿”。“陵”字成为称呼历代帝王坟墓的专用词。跟帝王有关死丧事情大都与陵联系起来。比如，君主去世在我国古代也被称为“山陵崩”，帝王墓也称“陵园”。《史记·赵世家》记载赵肃侯十五年“起寿陵”，这是君王坟墓称陵的最早记载。而 1926 年建成的中山陵成为我国千年帝陵的终结。据《辞海》注释，陵园“现泛指以陵墓为主的园林”。

新中国成立初期，为安葬那些为国家牺牲的杰出人物或在某些重大事件中死难的人修建的殡葬建筑，用来安葬他们的遗体，并供后人纪念和凭吊被称为陵园，如革命烈士陵园。与一般的公墓相比，它的主要功能是纪念，同时也有埋葬。有时甚至是一个国家、一个民族的集体记忆和精神支柱。这类殡葬建筑多数是衣冠冢——象征性墓葬。

1.2.2.4 殡仪馆

殡仪馆是以火葬的方式处理遗体的殡葬建筑。与其他传统殡葬建筑相比，殡仪馆是伴随着火葬方式的普及而产生的，也是殡葬活动社会化产业化的产物。它由告别室、等候室、火葬间、观礼室以及消毒室、整容室、冷藏室等一系列房间组成，有些宗教国家的殡仪馆还设有小教堂、礼拜堂等宗教祈祷房间。如著名的瑞典森林火葬场、日本风之丘火葬场。我国在实行殡葬改革之后也兴建了很多设计水平很高的殡仪馆建筑，如广州新殡仪馆、上海龙华殡仪馆、北京八宝山殡仪馆等。

国外的殡仪馆一般只是对尸体进行卫生处理、提供遗体存放和告别礼仪服务的固定场所，并不配备火化设备，不具有火化遗体的功能。这与我国殡仪与火化合而为一有很大区别。国外的殡仪馆与我国新出现的殡仪服务中心具有相似的功能。

在许多殡葬建筑中这些类型往往集中于一体，而不是孤立存在的。如广州殡仪馆业包括火葬场、墓园与纳骨堂，它们同时存在，共同构成殡葬建筑的各种功能。

1.3 研究的内容与方法

1.3.1 研究内容与思路

本书研究的内容共分为六章。

第 1 章是绪论。主要阐述本书研究的目的、意义，对相关概念的界定以及研究的内容方法。

第 2 章是殡葬建筑与生态伦理的解析。诠释了殡葬建筑的起源、演变与发展，阐述了中国古代的殡葬理念，并分析了中国传统殡葬建筑早期自发的生态化的哲学思想和实践经验，以及西方殡葬建筑生态化的演进，揭示出走生态可持续发展道路的必然性。

第 3 章是殡葬建筑生态化设计理论的阐释。通过对可持续发展理论、生态学基本理论及景观生态学理论的阐释，提出殡葬建筑生态化内涵是由平面型向立体型转变的立体化发展；由荒凉恐怖型向人情化转变的情感化发展；由实体型向虚拟型转变的网络化发展；由单一型向多元型转变的多元化发展；以及由外延型向内涵型转变，建立文化内核的生态发展取向。并提出殡葬建筑生态化的特征是循环再生性、生物多样性、园林化、文化休闲性、健康适宜性。同时应本着系统整体性原则、适应性再利用原则、渗透性原则、文化性原则以及健康化原则进行殡葬建筑的生态化设计。

第 4 章是殡葬建筑外部环境设计与生态化技术策略。针对殡葬建筑对景观生态环境造成的各种危害，及受到不同地域文化、自然环境、社会政治、经济等变化因素的影响，所表达出不同的景观特征与空间格局。在对其进行选址与规划时，提出从功能可持续出发策划生态位，从城市总体功能布局出发选址，从生态合理性出发进行整体布局。进而提出殡葬建筑外部环境景观生态化设计理念、设计原则和设计手法，以及从合理有效利用土地，提高绿化率，适应多样的葬式葬法，景观环境铺地以及发展特色经营等方面提出了具有可操作性的生态化技术策略。

第 5 章是殡葬建筑室内空间环境生态品质的提升。首先对殡葬建筑室内环境的生态化因素进行剖析，并通过探讨殡葬建筑由于其具有的特殊使用功能，在声、光、热等方面带给室内环境的影响，阐述了殡葬建筑室内环境的生态化品质的调控，提出如何进行殡葬建筑室内空间环境气氛的营造，并通过各种生态化技术策略实现殡葬建筑室内环境的生态化设计，满足人的生理、心理的要求，最终提升殡葬建筑室内环境生态品质。

第 6 章是殡葬建筑生态化设计的引导机制。通过市场导向、政策导向和法规控制的引导机制确保我国殡葬建筑生态化设计的正常实施。

本书是属于多学科交叉的研究，通过对环境伦理学的应用，结合中国传统的风水理论的设计原则、文化人类学以及景观生态学在建筑中的应用，试图对殡葬建筑的外部环境、室内环境及建筑界面的生态化设计进行研究，总结当前中国殡葬建筑的发展趋势，并对其进行生态化评价，使之朝着生态型、可持续方向发展，并营造出一种绿色的休闲空间，使人们的心情在这里得以释放。

1.3.2 研究方法

由于本研究属于交叉学科横断研究，涉及众多学科，包括生态学、景观生态学、生态伦理学、风水学、文化人类学、环境伦理学、建筑学、城市规划学、建筑环境工程学等，具备了生成高技术含量、高复合度、高创新度科技成果的内在基础。

在具体研究中，本书采用的研究方法如下：

（1）系统分析法。殡葬建筑设计包含观念形态、操作形态和实物形态。殡葬建筑的外部空间与内部空间是一个复杂的、动态的系统。既包含殡葬的物质空间又包含行为空间，它是城市空间的重要组成部分，与城市空间互相交叉、渗透，不可或缺，因此有必要采用科学系统的分析方法，从宏观整体入手，探索解决问题途径，最终使各层面的问题及结论系统化。

（2）学科交叉法。殡葬建筑设计是自然科学和社会科学共同研究的领域，具有跨学科的性质，本书涉及建筑学、生态学、景观生态学、城市规划学、景观建筑学、社会学、心理学、系统科学、风水学、环境伦理学、经济学、哲学、美学等多种相关学科，因此本书在研究过程中需采用多学科交叉、融贯的方法，力求对该研究有一个整体的把握，以保证思路和方法上的前瞻性和内容上的创新性。

（3）科研与实践相结合。作者曾参与了民政部的关于“中国殡葬业服务和管理系列标准研究”课题的部分研究内容，包括“殡仪馆标准研究”、“公墓标准研究”和“骨灰寄存处标准研究”三部分的研究工作；参与了殡仪馆建设标准的编制工作；参与了编制第三版《建筑设计资料集》新增的殡葬建筑部分；参与了科技部的关于“殡葬园区生态规划与生态建设关键技术研究”等多项相关科研工作。本书是作者在多年科研实践的基础上总结完成，选择以生态化为切入点，对殡葬建筑的外部环境和内部空间设计进行研究探讨，解决现代殡葬建筑发展中所遇到的问题，改善殡葬建筑设计对城市环境的影响，为我国殡葬建筑设计的转型提供重要的理论依据和实践指导意义。

（4）定性与定量相结合。定性研究侧重于事物的属性关系，定量研究侧重于事物的数量关系，缺乏定性的分析判断，定量研究可能仅具有微观意义，反之仅靠定性研究往往无法得出正确的结论。二者相结合的方法使本研究更加科学严谨。

第 2 章　殡葬建筑及其生态伦理的解析

殡葬，是人类特有的一种行为，也是人类文明的一部分，随着人类智力的提高和文化的进步而不断发展。从人类丧葬史来看，殡葬建筑不是从来就有的，它是随着人类对死亡现象理解的加深以及殡葬活动的复杂化而出现的。

2.1　殡葬建筑的源起

在我们探讨殡葬建筑源起的时候，首先应论及死亡观念。从人类出现的开始，就有了死亡的现象发生，人类就懂得了对死者的安葬，并逐渐形成和发展起来殡葬建筑。殡葬建筑无论在国外还是国内一直备受世人关注，上至国家的元首、帝王将相，下至普通的平民百姓，他们对待殡葬建筑就如同是对待自己生活居住的地方一样给予高度重视，殡葬建筑就是亡者的居所，代表人们对永恒生命的追求。

2.1.1　死亡观念与死亡文化

死亡一直是古今哲人不断思考的重大问题，是生命中的一个重要环节，更是许多宗教要努力解决的重大问题：如佛教视死亡为空，并作为引导人们走向觉悟与智慧的重要工具；基督教视死亡为灵魂回归天国之路；道教为解决死亡问题而发展出一整套以长生为目标的丹法修炼之术；美洲巫师传承托尔特克人更是以死亡为师……死亡观念的不同对各地区殡葬建筑的产生和发展具有不同的影响作用。然而人类对死亡的认知感受是一个生命主体“对自我存在”的这个“已存经验”所作的一种内省式关照与思考。人对死亡话题的普遍戒备，应该源于对死亡的无知与无奈，还有对现世的一切存有的执着，对“我”和“我所”的执着，同时也受到传统文化和社会民俗对死亡的负面印象的熏染，因此死亡这个话题经常被淹没。

海德格尔在《存在与时间》中，对人的存在以“存在分析”（existentialanalysis）的观点下了一个定义：人是“向死的存在”（Being-toward-death）。“死亡”其实就是我们“存在”的一部分，而且是不可分割的一部分[①]。这

① 海德格尔 . 存在与时间 [M]. 陈嘉映，王庆节译 . 北京：生活・读者・新知 三联书店 ,1999：273-306.

是时间刻度上的生死观念，它的无限延伸就应该是东方人所说的“轮回”。

（1）中国人的生死观

中国人认为人活着的时候居住的是“阳宅”，死后住的是“阴宅”，所谓“阴宅”就是墓。人的生存时间是短暂的，而死后的世界却是漫长的。所以对阴宅的建造，要比阳宅更加重视。帝王尤甚，他们在生时拥有的一切，在死后仍然希望占有，因此产生了帝王陵寝建筑。据《易•系辞》，以“大过”作为陵寝建筑的审美特征的概括。所谓“大”就是崇高、雄伟、恢宏。作为帝王贵有天下的象征；“过”就是混茫、深重、沉郁，为帝王死后贵有天下的权威的象征，它显示了一个王朝生命沉替的规律①。中国帝王陵寝与宫殿建筑在审美特征上有很多相似之处，大多数帝王的陵寝是依照其生前所处的宫殿而建的。陵寝建筑的造型、色彩，与自然界的美相统一，尤其是因山而建的陵寝，更是将人文空间纳入到自然空间的山川之中。

中国人的生死观突出体现在：信奉人死之后灵魂不灭，生死一体化，死是生的延续；追求与自然的和谐统一；注重对祖先的祭拜。

（2）西方人的生死观

西方远古的宗教属于自然神信仰，崇拜的是太阳神宙斯，西方人认为世界万物都是按照神的旨意安排的。在这样的思想观念下古埃及人产生了一种信仰，即法老是神在人间的现身，对土地有绝对的支配权。为了使得法老的王国长存，属于法老的人和事物都要一并入葬。因此有早期的奴隶充当遗族家臣被活埋的习惯，但后来改用陶俑替代。并不是所有的支配阶级都能与其一样享有相同的装备，但人们为了能够继续在死后享有荣华，因此在金字塔的四周有许多的平顶石墓，希望来世能够侍奉法老。

埃及人的观念也受到几何学的影响，成为一种世界观。古埃及人对待死亡的重视甚于生命，对待来世的重视更甚于今生。因为他们受“永生”思想的支配，认为人的生命是短暂的，而亡者的来世生活才是永恒的，所以他们并不重视住宅建筑，而是把坟墓当作永久的栖居之所。因此，埃及人非常注重殡葬建筑——陵墓的修建。这也是在埃及看到的都是陵墓和庙堂，而找不到古代村落遗址的缘故。金字塔被称为“光明之丘”，象征着太阳的创世能量，也代表着埋葬其中的太阳的世间代表——法老的永世与不朽。金字塔的平面虽然没有绝对的对称，但都准确地朝向基本的方向，形成了金字塔与宇宙的对应，并利用朝向的安排和几何形的表现，达到永恒的存在。而金字塔的东西朝向有着强烈的指示含义，由西向东的太阳之道，结合了神殿与金字塔，形成完整的宗教空间。这对以后的西方世界产生了很大影响。西方人的生死观突出体现在：对来生的

① 王夫子．殡葬文化学——死亡文化的全方位解读 [M]. 北京：中国社会出版社，1998.

信仰和对永恒的追求，受到宗教，特别是神学教义的影响很深。人们投入大量的时间、精力和物质来营造殡葬建筑，以及重复相关的仪式，特别是在久远年代。埃及人对尼罗河有着一种特殊的崇拜，他们在自然界中观察到太阳东升西落，于是相信日落之处为亡灵之城，所以陵墓都是建于尼罗河的西岸。

到了公元 4 世纪，基督教文化在欧洲占据统治地位后，欧洲的死亡文化就与基督教文化联系在一起了。基督教对死亡有自己的理解和看法，并且基督精神贯穿基督徒死亡的始终。基督教认为人生来有罪，人活着必须赎罪，死后才能进入天堂。因此基督教轻视肉体的过程，而重视灵魂的得救。灵魂的得救与否决定了死后灵魂能否进入天堂。轻视肉体包括对尸体的处理，因此基督教反对隆丧厚葬。同时基督教也反对弃尸荒野，反对不尊重尸体。

2.1.2 殡葬建筑与原始崇拜观念

崇拜，是人们敬畏并崇尚一类对象的心理状态。早期人类对死亡的认知与理解还处于一种混沌与朦胧的状态，因此人类的殡葬活动，与原始崇拜有所关联。在一个相当漫长的时期内，人们不清楚死亡的原因，死后世界的模样。由于对死亡的恐惧，促使他们从身边的自然事物来寻找死亡的原因，也就产生了对这些事物和现象的崇拜，自发形成了人们通过建造殡葬建筑表达对死亡的畏惧和对生命的渴望。

2.1.2.1 对自然崇拜

（1）对太阳的崇拜

原始人对死亡的最早理解，是从对外在自然现象的观察与理解中获得的。太阳的朝起夕落，预示着生命的开始与完结。“那个太阳没入的领域，对早在蒙昧状态中的人来说就是西方的国，太阳升起的领域被描写为具有比较愉快色彩的神的东方寓所。”① 因此，“从太古时代起，关于具有光明和温暖、生命、幸福和光荣的思想之东方观念的联想，深深地植根于宗教信仰之中，而关于黑暗和寒冷，死亡和毁灭的概念总是跟关于西方的观念结合在一起。”② 太阳崇拜（图 2-1）的结果，使人们对太阳升起的东方与太阳沉沦的西方这两个空间方位，逐渐有了深刻的印象，因此世界上许多殡葬建筑的布局方向，都与太阳的运转方向有着紧密的联系，甚至达到了非常

① 泰勒 . 原始文化：神话、哲学、宗教、语言、艺术和习俗发展之研究 [M]. 连树声译 . 上海：上海文艺出版社 ,1992：847.

② 同上。

精准的程度。

图 2-1　古代埃及人对太阳的崇拜

纽格莱奇墓(New grange)如图 2-2，图 2-3 所示，被认为是欧洲最著名的史前陵墓之一，大约建于公元前 3200 年左右，位于爱尔兰东北部的米斯郡，是一座典型的爱尔兰史前通道式陵墓，有一圈巨型石柱围成，像一个光芒四射的太阳。在冬至这一天，会有一束阳光穿过入口上方的特殊开口，直射入陵墓的入口内的通道中，随着太阳的升高，光束越来越宽，最后照亮正个墓室。此墓室的设计表明远古人们对太阳的重视与崇拜，象征岁末的太阳照亮整个墓室，是对陵墓中亡者灵魂的庇护，以及对新的生命唤起。

图 2-2　纽格莱奇巨石墓

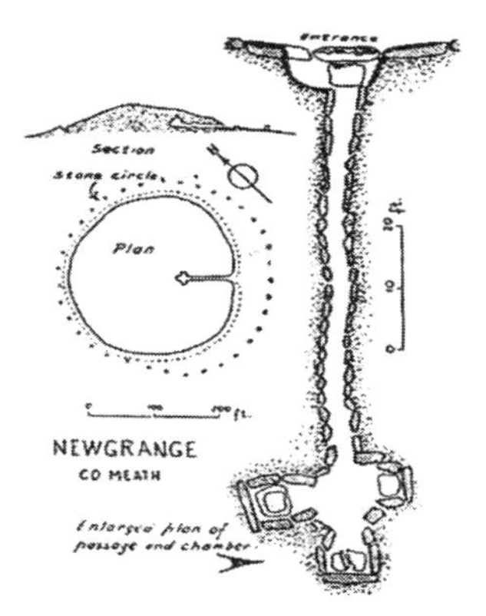

图 2-3　纽格莱奇巨石墓平面示意图

在尼罗河沿岸繁衍生息的古埃及人，他们把太阳的朝起夕落，理解为出生与死亡的完整过程，而死亡只是在太阳西沉的那一个世界的再生。因此，为死后的法老建造的陵寝，则应循着太阳的轨道，垂直于尼罗河，呈东西方向的布置。法老的灵柩，沿尼罗河运至岸边，从岸边即进入一个狭长的直通陵庙的甬道，甬道是由东向西延伸的，象征着法老像太阳一样，由东向西通过生命与死亡之路。埃及人认为太阳是乘坐小舟在世界的上界与下界巡游的，埃及法老的葬仪就是这种太阳由上界至下界巡游过程的模仿。20 世纪 50 年代，在胡夫金字塔附近出土的太阳船证明了这个古老的传说。

(2) 对植物的崇拜

古代的人们也崇拜植物，他们把自己的生死与植物的荣枯联系起来。对树的崇拜给古代先民提供了一种精神寄托和归宿感，增强了他们的信心，也是远古人精神力量的源泉。世界各地至今流传着天地之初，世界有一棵巨树的传说。巨树顶天立地，宇宙万物围绕着它。它的根植于地下的万丈深渊，树干直插云霄，连接着天、地、冥三界，正是有了巨树，人类才有了清新的空气，世界万物靠它采来阳光，吸收土地的水分而繁衍生息。原始社会人们常常把树木尊之为神，相信它是帝王神人的显现，而且树也常与原始宗教、巫术和万物有灵的自然观融为一体。

在印度泰姬陵（图 2-4）的庭园中，主入口的水池两边种植着成排的柏树，象征死亡和永恒。而庭园其他区域则种植果树以象征生命。“将永恒寄托在自然事物的变化、变形上。一事物的形态发生变化，或由此物变为彼物,生命也就随之更新,从而达到永恒。这种思维为后世各种变形投胎，转世再生的信仰奠定了基础，同时与不朽的事物接触或接近，便能得到不朽的生命。”[①]

古代埃及人崇拜睡莲，并将亭亭玉立的睡莲雕刻在神庙的梁柱上作为装饰，埃及的古壁画上的仕女们也都手里握着睡莲，因为他们相信睡莲能带给他们好运和幸福，而且法老王认为睡莲在开花时，每天闭合然后再张开花瓣，就如同埃及人的死亡观念——人死后都有来生复活，因此葬礼上一定要供奉睡莲，祈祝死者复生。

图 2-4 印度泰姬陵庭园

① 郭于华．死的困扰与声的执著——中国民间丧葬仪礼与传统生死观 [M]. 北京：人民大学出版社，1992:127.

2.1.2.2 对自我的崇拜

随着人类对自然界认识的不断深化，人类由对自然现象的崇拜，转向对自身和对祖先的崇拜。受到“灵魂不死”观念的影响，人们认为死亡是躯体和灵魂的分离，人死后，灵魂去了另一个世界得到永生。为此人们会不遗余力地为自己修建一个永久的“栖息地”，并将殡葬建筑修建得庞大而坚固。如建于5世纪的日本飞鸟时期的石舞台古坟[①]（图2-5，图2-6）。这个日本规模最大的巨石墓是用大小30多块花岗石组合而成的，石块总重量约2300吨，最大的盖顶石重达约77吨。还有中国的秦始皇陵，埃及的金字塔，都是奢华巨大，充分体现了对自我的崇拜。

图2-5 石舞台古坟墓室内景，日本飞鸟时期，5世纪

图2-6 石舞台古坟外部景观，日本飞鸟时期，5世纪

在中国位于村落中心的祠堂，或位于郊野的精心选择的墓地，也都具有与住宅堂屋相近的“人神交通”的意义。由穴或祖宗牌位而构成的古代中国人观念中的人神关系，可以通过风水理论中的“气感而应鬼福及人”，及“本骸得气，遗体受荫”等观念得到解释。在这里，祖宗的鬼魂与表征

① 石舞台古坟：为飞鸟的象征，是日本最大级别的古代洞石墓，如今石室覆土脱落，展现着独特的景象，位于飞鸟历史公园中，日本最大的方形古坟。

超自然力的“气”合为一体，而具有了护佑家人的“家族神”的意义。对祖宗神位的恭敬礼拜，以及为过世的父母的陵墓谋得一块风水宝地，其目的都是为了将超自然力可能带来的福佑，引导到自己的家宅之中。

2.1.3 殡葬建筑与宗教观念

我国没有形成统一的宗教，在漫长的思想发展史上，呈现出众多学说流派百家争鸣的景象。在各种学说相互碰撞、渗透、演变、融合的过程中，最终形成了以儒家入世观为核心，兼收并蓄道家和佛教思想教义的传统思想体系。经过几千年的潜移默化，成为中华民族的道德意识、精神生活和传统习惯的准则，构成了有别于西方国家的中国式的社会习俗和家庭生活风范。因此，作为我国传统文化中重要的组成部分的丧葬文化也充分表现出以儒家思想为核心、儒佛道三教合一的思想特征。

不论是东方或西方的宗教文化都对充满神秘色彩的生命环节感到崇敬与尊重，而不同的文化与信仰也造就出形形色色的死亡观，深刻影响着殡葬建筑的生态化发展。

（1）基督教

西方教会势力强大，其社会作用相当于中国的宗法组织。在基督教文化中，人的生和死是个人和上帝之间的事，死亡是灵魂摆脱了躯体而皈依上帝。人一经死亡，似乎就与自己的亲朋没什么关系，因为躯体已经腐朽，灵魂则到一个美好的地方去了，因为基督教强调要以一个纯洁的灵魂去见上帝。因而基督徒临终前通常要在牧师帮助下进行忏悔，最后一次体认上帝的仁慈，并消除对死亡的恐惧，这一行为也就是精神上的临终关怀的作用。

基督教认为，个人的生命是有限的，死亡不可避免，只有上帝是不死的。基督教持“原罪说”、“赎罪说”和“生存痛苦说”，认为人活着的是灵魂，肉体没有用，肉体因罪而死，灵魂凭借着神将可以复活，进入天国。因此，个人的生存就是“赎罪”，要以自己的“行善”、“德行”取得上帝的认同。这样，他的灵魂才可以通过上帝而超越肉体的有限性与上帝同在，活到永远。因此，基督教视死亡为“苦难的最后解脱”。在殡葬观上，由于基督教重灵魂而轻肉体，视躯体为灵魂的暂时寄存场所，甚至为“罪恶的根源”，因而从罗马帝国以来的基督教就不是很重殡葬，土葬也多从简。

西方基督教的死亡观是基督教灵魂学说的一部分，意在培养人们对上帝的宗教感情，纯洁其道德情操，坚定基督教的轻尘世的生存观。现代西方的死亡文化又受到15世纪以来的人道主义、个人本位主义的人文文化以及科学技术的影响，所以现代殡仪服务、临终关怀、自然死等都是要让垂死者死得更安详，更少恐惧和痛苦。

而基督教徒们将自己“死后的居所”与他们的宗教建筑——教堂联系

在一起。整个中世纪（5 ～ 15 世纪）时期，把死者葬在教堂、修道院或小教堂里是很流行的做法。殡葬建筑无论建筑外观还是空间形式，都与宗教教义和宗教习俗有着紧密的联系。如在意大利比萨的 Campo Santo（图 2-7，图 2-8）的平面模仿修道院的回廊，葬礼和祭拜仪式就在这回廊和西端的穹顶下的小礼拜堂里举行。整个建筑用白色大理石建造，和北面的教堂、钟塔及洗礼堂的材料一样。

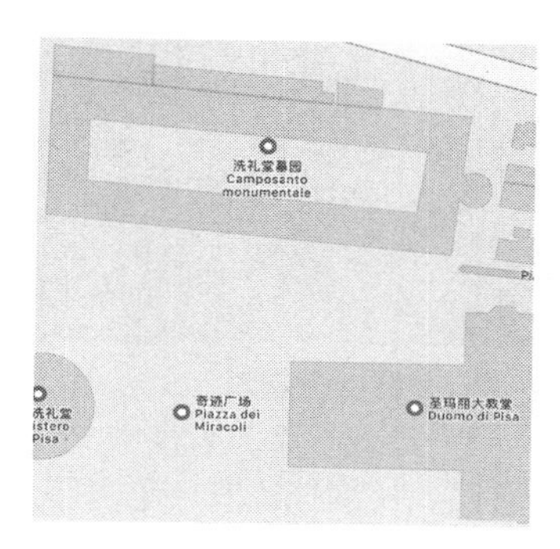

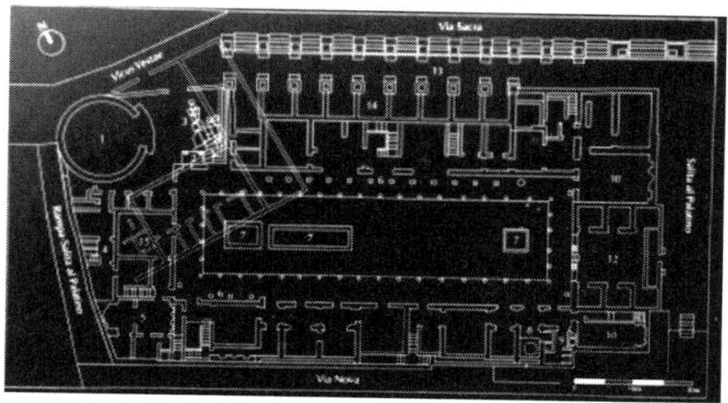

图 2-7　Campo Santo 公墓 google 地图、平面图与立面图

图 2-8　Campo Santo 公墓的不同视角的外立面

（2）“轮回转世”的佛教丧葬观

佛教宣扬的“轮回转世”观念强烈冲击了中国传统灵魂观念。“轮回”说认为，人死是必然的，但灵魂不灭。人死后不灭的灵魂，将在天、人、畜生、饿鬼、地狱中轮回，“随复受形”，而来生的形象与命运则是由“善恶报应”的原则支配，“此生行善，来生受报”，“此生作恶，来生必受殃”。这种“轮回转世”的人生观对相信祖先灵魂永存阴间，能祸福子孙的传统汉文化产生了重大的冲击，很大程度地改变了我国传统的灵魂观念，使建立在“灵魂不灭”和“孝道至上”的传统儒家丧葬礼仪遭到了严重的破坏，从而改变了人们的丧葬观念和丧葬方式。

佛教倡导火葬，主张薄葬。传说佛教鼻祖释迦牟尼死后，其弟子按印度传统葬礼火葬，火葬后的骨灰称“舍利”。相传有八国国王分取其舍利建塔供奉。以后，佛教僧侣死后都仿效释迦牟尼实行火葬。东汉末，随着佛教的传入，我国就逐渐出现火葬。唐末，火葬进一步发展，《高僧传》记载了许多中外僧徒焚身之事，有的未死自焚，有的死后再焚化火葬。到宋代火葬已蔚然成风。宋人王博在其《东都事略》卷三中记载，宋初建隆三年（962 年），宋太祖赵匡胤曾诏曰：“近代以来，遵用夷法，率多火葬。”宋代理学家朱熹在《朱子文集》卷一十四《跋向伯元遗戒》也曾说过：“自佛法入中国，上自朝廷，下达闾巷，治丧礼者，一用其法”①。火葬不仅在中原，而且在边陲和南方地区也盛行起来。据《宋史》记载，南宋川、江、浙、闽、湘、鄂、赣等地火葬成习，已成不可逆转之势。以后元、明、清时代，佛教倡导的火葬仍沿袭发展。随着佛教的世俗化和深入民心，佛教倡导的薄葬开始融入中国丧葬文化之中，并成为中国民间丧葬习俗中一个重要的组成方式。

图 2-9　少林寺舍利塔

印度的窣堵波是葬佛骨和供佛教信徒遁世苦修的地方，还有舍利塔（图 2-9）也是葬佛骨的地方，是佛教中的殡葬建筑，佛教的哲学思想基础是“寂灭元为”、“脱离苦海”的逃避现实的消极世界观。

（3）道教

道家兴起于东汉末年，与儒家的积极入世、以生译死的态度相反，道家选择直面死亡本身。老子、庄子皆将死亡看作和出生一样再自然不过的事情，用一种超脱达观的态度视之。所谓“古之真人，不知悦生，不知恶死”，“死生命也，其夜旦之常，天也。人之有所不得与，皆物之情也”（《庄子•大宗师》）。但是，这种旷达自然的生死观并未使人（包括老庄）摆脱对生命的迷狂。继而以“道”为生命的原初形式，视之为永恒，以养生追求“齐生死”的人生境界。将个体生命的有限化为群体生命的延续和大道的永恒。

对死亡的超脱旷达的态度，形成了“厚养薄葬”的价值取向，虽然有

① 李玉华．佛教对中国殡葬文化的影响 [J]. 民政论坛，2001,（3）：45.

可取的地方，但存在着狭隘性。道家的“薄葬”实际上是一种不需要任何终极关怀和精神性悼念的任意草率。然而对我国丧葬文化影响颇深的并非道家正统哲学思想，取而代之的是“神鬼观念”和“得道成仙”等观念，在民间尤是如此。这种思想的世俗化不可避免地带有浓重的巫术迷信色彩。

总而言之，我国传统的死亡观是建立在神秘化、政治化和伦理化的基础之上的，以宗族、血缘关系为纽带。生命的个体价值没有得到应有的尊重和彰显，呈现在主流文化中，满是高高在上的统治皇权或为群体价值献身的英雄和伟人。民俗文化中，充满神秘迷信色彩而生命的个体价值缺失。习惯用价值换算生命，对生命本身却有些漠不关心。也正因为如此，我国传统墓地呈现严重的两极分化，一边看到的是等级森严的体制化、系统化的贵族皇陵，而另一边看到的则是几乎还处于原始状态的平民墓葬。

2.2 殡葬建筑的演变与发展

人类的殡葬行为起源于旧石器时代中晚期，距今大约 10 ～ 4 万年前，考古学家发现了在尼安德特人的尸体周围，放着工具或装饰品作为陪葬，还在尸体周围撒上些红色的粉末，以象征人体的血液。此外，在法国的穆斯特累，人们发现尼人男青年的骨骸，也表明“他是被慎重地埋葬的，他被放成睡眠的姿势。头枕在右前臂上，头和臂安放在一些整齐地堆成枕头样子的燧石上。一个大型手斧放在他的头边，围绕着他的还有许多烧焦和劈碎了的牛骨头，好像是举行过一次葬礼的宴会。”这是我们迄今所知道的人类最早的殡葬行为。而在认识论上或理论上的起源则源于灵魂观念和血缘观念。“灵魂不死”观念导致了殡葬的产生，原始血缘关系则决定了殡葬的基本形态。不论后世文明如何发展，它们一直是共同影响着人类的殡葬行为。古代的金字塔、秦始皇陵兵马俑，东方的庞大的塔林和西方惊人的墓葬群，草原上游牧民族的殉葬遗址和山野里的被精心照料的明屋，他们都提供了一个对死者应有的尊重。人们如此在乎生和死两个领域的分界，又借助建筑将它们相连，成就生死空间和时间上的周转。

对于大部分人来说，建筑史始于金字塔及纪念碑式的坟墓，甚至可以说是建筑与死亡之间的历史，当我们去关注建筑史前史的时候，我们就会发现建筑史几乎变成了一段坟墓史。卡尔文(Howard Colvin)[①] 在其著作《建

① Howard Colvin 是著名的建筑史学家，牛津大学圣约翰学院名誉研究员。在《Architecture and after life》一书中，他研究了西欧殡葬建筑从最早的史前巨石墓葬到 19 世纪公共墓地建立的历史，科尔文以考古学和艺术史的资料为基础，汇集并总结了对殡葬建筑的研究，对建筑发展提供了新的分析。

筑与死后的生活》中写道："在西欧，建筑始于坟墓。我们能承认的作为建筑留存下来的最早的建筑物，是殡葬建筑物——陵墓。"阿道夫•路斯[①]曾说过，"当我们在森林里发现一个六英尺长、三英尺宽、用铲子堆成一个锥体的土堆时，就会变得严肃起来，并且我们心里在想：这里安葬了一个人，那就是建筑。"如果说这个简陋的土堆是一个审美对象，它好像欠缺了什么；而我们理解它是一个建筑作品，显然是因为它超越了只是房屋的建筑。说它是建筑，还因为它有鲁斯所宣讲的哲学精神，一个简单的坟墓可以很好地使我们乐于接受大地和天空，此外也使我们乐于接受自己的必死性（solidarity of mortals）。

史前的巨石建筑（megalithic monument）成为人类在有限的建造手段条件下，表达死亡最好的建筑形式。它们通常是史前的遗物，大多数是为了葬礼和宗教目的竖立的，有时也是为了标记边界或纪念个人和公共事件。它包括一个或几个大尺度的粗糙的毛石板，墓室用每块重达数吨的巨石砌成，作为横贯其上的石板之支撑，整个墓室最后覆以泥土或碎石的小墩。这已被在世界各地普遍遗存着这种巨石建筑的现象所证明，数千座新石器时代的坟墓散落在英国、丹麦、德国北部、法国、西班牙、葡萄牙和西地中海等的各个地方。此外，在中国东北及东部沿海地区的石棚，朝鲜半岛、日本九州地区和印度等地也有发现巨石建筑。作为墓葬标志的巨石建筑，在某种程度上往往成群地建造。

原始人、古人和现代人的坟墓和安葬仪式差别很大。看到埃及的金字塔、中国的皇陵、欧洲的墓葬群这些巨型的陵墓和宗教建筑，让我们感到在这些时期，对人们而言，死比生更加重要，人们敬畏死亡，向往永生。人们在世间的生命如沧海一粟，转眼即逝，而死亡通向了永恒之路。汉代风行厚葬，因为这时的人们相信死后有一个和生时一样的世界，陪葬的物品将带入这个世界使用，多多益善。其实这种观念一直延续到现在。相比于永生，这种对待死亡的态度更加实在了点，人间的烟火和欲望在死后一样存在。印度的泰姬陵的优雅和宁静，寺庙里塔林的超然与寂灭的感受，让我们觉得死亡是多么坦然和安宁的事情。中国民间的坟墓是一个隆起的土包，中国人相信"入土为安"，人最终的归宿是土地。坟墓的两边种上松柏，意味着常青和永生。这或许是我们这个农业文明民族对待死亡最朴素的态度。等等这一切，对待死亡的态度，是人们对待生的态度的返照。

---

① 阿道夫·路斯（Adolf.Loos）（1870 年 12 月 10 日生于布尔诺，捷克——1933 年 8 月 23 日卒于维也纳）为奥地利建筑师与建筑理论家，在欧洲建筑领域中，为现代主义建筑的先驱者。他提出著名的"装饰即罪恶"的口号，主张建筑以实用与舒适为主，认为建筑"不是依靠装饰而是以形体自身之美为美"，强调建筑物作为立方体的组合同墙面和窗子的比例关系。代表作品是 1910 年在维也纳建造的斯坦纳住宅（Steiner House）。

“生者对坟陵的体验向人们的日常生活体验投射了一束光，照亮它们，同样的，坟冢向世俗的建筑投射了一束光，并照亮它们。”“我们周围的死亡建筑是我们对自己生活的世俗建筑的一个返照。生是喧嚣的，死亡便是宁静的；生是变动的，死亡就是永恒的；生是愉悦的，死亡便是恐惧的；生意味着进入世界，死亡便意味着逃离世界；生意味着斗争，死亡便意味着归属……”①

2.2.1 中国古代殡葬理念的诠释

我国是一个有着悠久历史和文化的多民族国家，民族文化的不同形成了多种多样的殡葬文化以及人们对于死亡的多种诠释与表达。中国传统殡葬建筑经历了几千年的文化和发展，秉承着中国古代的哲学思想和古朴的生态意形成了独有的殡葬建筑风格和规划思想。在形制与葬法上，形成了自己的体系。

2.2.1.1 中国古代殡葬形制与葬法传统

在中国古代的不同历史时期对于亡者都具有不同埋葬方式，最主要和盛行的方式是埋葬，并具有不同的形制。

（1）殡葬形制 我国考古发现的最早的“居室墓”是北京周口店山顶洞人的墓地，距今 18，000 年。山顶洞人所居之处，为天然形成的洞穴，分为上下两部分：生者居住在上部，而亡者则埋葬在下部，这是最早的一种较为普遍的墓葬性式。生者与王者不离不弃、同穴而居，同时守护着亡者不受任何侵犯。这也表达了最初的灵魂不朽的观念。

氏族出现后产生了氏族的公共墓地。如在陕西西安发现的半坡遗址中，村落的北面葬有 170 多座成人墓，而位于村落与墓地之间有一条深沟，作为生者和亡者之间的分隔。在临渔姜寨考古发现的遗址中，发现了 3 处公共墓地，并通过自然和人工的河流与建筑群分隔开。这 3 处公共墓地共包含 170 多座墓葬。这些古代遗址的发现表明是氏族墓地已经产生。

受中国传统阶级观念和社会制度的影响，殡葬的规模和形制也出现了很大的差异。一种是供王侯、贵族等统治阶级使用的“公墓”。规模大而且等级森严，由专人掌管，并执行一定的规范制度和宗法等级关系。另一种是供等级较低的普通百姓使用的“邦墓”，通常规模较小。不同的墓葬形式反映了以血缘关系建立起来的墓葬等级制度。如在殷墟遗址发现的氏族墓就是典型的“公墓”，也是我国最早的氏族墓，其尺度东西约为 450 米，南北约为 250 米。

---

① 高蓓．有关建筑的忧生乐死．室内建筑与装修．2003，（4）．

这种氏族墓的形制，随着奴隶制度的结束而终止，取而代之的是家族墓葬制度。在封建制度的长期统治下被广大汉族人们使用，并延续到近代。我们至今可以参观的历代帝王陵以及中国农村延续至今的“祖坟”、“坟地”都是这种家族墓的演化形式。我国传统葬法演变见附表 1。

（2）传统的葬法

葬法是指埋葬亡者的形式，也是中国传统对“灵魂不灭”观念的诠释。人类出现之初，对待亡者就如同动物的本能。伴随着人类聚落的出现，社会行为的发展，埋葬从动物本能性行为衍化为一种精神层面并伴有原始灵魂崇拜的行为，并逐渐延续和发展起来。在古代墓葬遗址中就已发现远古人利用鲜艳的颜色洒在亡者周围以表达精神层面的要求。①

中国的地理位置决定了不同民族、不同的气候差异以及不同的生存方式和文化习俗，传统的葬法也是多样的。其中，土葬是最常见、也是流传最广的葬法，它的核心观念是入土为安，这是一种中国传统的礼法。其次，是火葬。地处高原地区的民族，进行火葬以彰显火在其日常生活中的重要作用，同时亡者的灵魂将随风飘散，升天入另一个世界。临水而居的民族倾向于使用水葬，亡者的灵魂将顺水而逝；隐于森林而居的民族，则进行树葬，灵魂将寓意伴随着新生的植物而重生。此外，还有悬空临壁的崖葬、天葬等。如图 2-10 所示处于凌空而陡峭的悬崖边，可以避免人为的侵扰，也是守护灵魂的体现。我国各民族葬法见附表 2。中国传统葬法的多样性也决定了殡葬建筑种类的多样化，它同样受到人类意识形态的影响，是人类社会精神的产物。

图 2-10　临水峭壁的崖葬

① 靳凤林，窥探生死线——中国死亡文化研究 [M]. 北京：中国民族大学出版社，1999.

2.2.1.2 中国传统礼制思想对殡葬建筑的影响

中国是传统的礼制国家，伦理观念通过日常生活的礼仪影响着建筑形式,即使是殡葬建筑也是如此。孔子的殡葬思想突出了“孝”和“礼”,如“生，事之以礼，死，葬之以礼，祭之以礼”，提出了一整套完备的殡葬思想，撰编《仪礼》、《礼记》，对死、殓、葬、丧、居丧、丧服、祭祀等各个环节都作了规定，形成一套繁复礼节，促成了我国殡葬思想的成熟。其主要过程被后世一直遵循和延续，特别是五服制，由周代一直传承到民国，历时两千余年，足见其重要性和稳定性（五服指斩衰、齐衰、大功、小功、缌麻）。它还是判定亲情疏远的一个标准，成为人伦关系的纲目。又根据古礼定出丧礼仪，丧礼仪即：(1）初终；(2）小殓；(3）大殓；(4）葬前；(5）葬时；(6）葬后。强调生前需孝，死后敬礼，摈弃了神鬼论，使原始宗教趋于式微，奠定了传统殡葬文化的基石，具有划时代的意义。

图 2-11 陕西乾县唐永泰公主墓墓室剖视图

殡葬建筑通常分为地上和地下两部分。地下部分，主要是安置棺柩的墓室。墓室仿造生者建筑的空间布局形式，成为真正的“地下宫殿”，体现了“事死如事生”的传统礼制思想。如唐代永泰公主墓墓室（图 2-11）分前、后室。墓道、甬道、前后墓室壁面绘有龙、虎、仪仗、宫阙、侍女、武士等；顶部绘有日月群星天象；还有仿制地上建筑的柱枋斗栱平棋的内室小屋，这些都是对死者生前生活的复制和再现。此外帝王墓、诸侯墓以及平民墓的墓室规模大小、殉葬品多少、墓室内部结构的复杂程度体现了传统礼制的等级思想。帝王诸侯的墓室采用坚固的砖石结构，规模较大，常常由若干个墓室组成，有丰富的陪葬品，而一般平民庶民的墓室多为简单的土坑或是单一墓室，规模较小，只有少量生活用品作为陪葬，巨大的反差反映了传统礼制思想中森严的等级制度。

殡葬建筑的地面部分，则主要是环绕陵体而形成的一套布局，包括殡葬建筑的入口、神道、祭祀场所、陵体。其作用是给人以严肃、纪念性的气氛，是为影响后人而设的。由地面通往墓室的“羡道”,天子级采用四出“羡道”,而诸侯只可以用两出（南北方向），都是传统礼制思想在殡葬建筑中的具体体现。此外神道的长短和祭祀用的石象生的数量都有严格的规定。古代对陵体的大小、高低、形状的规定，甚至对坟墓的称谓都贯穿着礼制的思想，体现了等级意义，见附录附表 3，附表 4。这不仅是形式的追求，更是社会意识形态的体现，其目的都是为了推崇皇权和维护身份等级，从而巩固其统治。在死者坟墓的称谓和具体规模中，也体现出等级意义。例如按今天的尺度来衡量,以明代为例,一尺约合公制 0.32 米,每方步约合 3.68 平方米。那么，在明朝平民（庶人）的坟墓大小占地约 110 平方米，坟高约 1.28 米，是现在我国对土葬墓地用地面积规定的 18.3 倍，对于土地的占用相当浪费。

汉代坟墓陵体的形制以方形为贵，多为正方形覆斗式。级别比圆锥形要高。双层台阶比单层台阶式的级别高，唐代、宋代都沿袭汉代的规定。明太祖朱元璋建孝陵时，才改方形陵台为圆形，成为宝顶。从此，方形和圆形之间的等级差别才被取消。清代,陵台被改为前方后圆,并且成为定制。

2.2.2 西方殡葬建筑的发展

西方的殡葬建筑也是随着人类对自身死亡墓葬意识的出现而产生的。恩格斯曾经说过:“在远古时代，人们还完全不知道自己身体的结构，并且受到梦中景象的影响，于是就产生了灵魂不死的观念。”自灵魂不死的观念产生以后，人类就有了埋葬亲人的习俗。

（1）古埃及—古罗马时代

古埃及人认为人死之后，灵魂不灭，只要保护住尸体，3000 年后就会在极乐世界里复活永生。因此当时的人很重视修建陵墓。公元前 3000 年，

图 2-12　古埃及三座最著名的金字塔

在吉萨（Giza）建造了第四王朝三位皇帝库富、哈弗拉和卡门乌拉的三座相邻的陵墓，形成了一个完整的金字塔群。它们是古埃及金字塔最成熟的代表（图 2-12）。三座陵墓，高度分别是 146.6 米，143.5 米和 66.4 米，全部用淡黄色石灰岩建造，外面贴一层磨光的白色石灰石。方锥形金字塔有稳定、宏伟和永恒感。由于在一望无际的沙漠中，其尺度显得特别的大。

古希腊人对于丧俗有个规定：对于任何被火化、被火山吞噬、被熔岩埋葬、被野兽吃掉或者尸首被兀鹰叼走的人，人们都会在死者的家乡为他们建造所谓的衣冠冢，或是空坟，还建立一个圣堂以备祭祀，祭祀时有音乐、戏剧表演、诗歌朗诵及演说等活动。

古罗马时代，许多城市将其郊区地带作为埋葬用地，将死者埋葬于地下墓穴，罗马人很早就意识到在城市中心埋葬死者的不卫生性，他们也深知为死去的人划定一个地区的重要意义。但在后来的中世纪和文艺复兴时期，却被遗弃了。在古罗马帝国，殡葬建筑甚至成为好大喜功的帝王君主标榜自己功绩的纪念碑，在奥古斯都陵，哈德良陵和众多的塔式墓的纪念性平面和立面（图 2-13），我们隐约看到古代埃及殡葬建筑和希腊神庙的影子。可见，通过赋予殡葬建筑以人的形式甚至是人神同体的象征，来达到自己的生命永恒，是一种西方人普遍采用的方法。

图 2-13　古罗马哈德良陵墓

（2）中世纪时代

①中世纪西欧。早期的基督教徒继续古罗马人的殡葬风俗。当他们可以在地上建造教堂时，他们总是直接在圣徒或殉教士的遗骸之上或与之靠近的地方来建造教堂，这样会使他们的建造物神圣化，并获得值得崇奉的场所和空间。教堂墓地由此而产生了。那些拥有财富的人，将教堂正下方的空间用作埋葬地。当教堂下面的空间用尽，便开始向外延伸，并且等级观念也应运而生：教堂内最好的空间留给最富有的人，而边缘地带则是穷人公用的墓穴。教堂长期存放地下的遗体，地平面不断抬高。教堂墓地的拥挤，使得城市内再也无法埋葬死者，同时这种场所也成为各种流行疾病的源头。

②中世纪伊斯兰。陵墓是伊斯兰的重要纪念物。帝王们的陵墓在大清真寺里面，贵族们的在郊外形成墓区。在17世纪以泰姬陵为代表，印度的纪念性陵墓水平达到了顶点。泰姬陵（图2-4）是印度莫卧儿王朝皇帝沙贾汗为爱妃泰姬建造的墓，它位于印度北方邦的阿格拉城外，建于1630～1653年。陵墓坐落在一个宽293米，长576米的长方形花园中，外是围墙。一个十字形的水渠将花园分成4份，中央开辟成方形的水池，十字形水渠的四臂代表《古兰经》里面说的“天园”里的水、乳、酒、蜜四条河，它们象征着生活的美好。陵墓的后面，围墙之外是朱木拿河。陵墓主体为八角形，由边长56.7米的正方形抹去四角而成。中央覆盖复合式穹顶。四角各有一座形状相似的小穹顶，体量均匀。四角的光塔和陵墓的穹顶呼应，形成变化丰富的天际轮廓。

（3）文艺复兴时期

文艺复兴时期，城市和人口以空前的速度发展，墓地变得不堪重负，于是许多世俗当局决定恢复古罗马旧制，将死者埋葬在城垣之外。但是教会的土地不受约束，所以在文艺复兴时期教堂墓地拥挤问题越来越严重。同时人们对个人在社会中地位观念的变化，个人纪念馆成了一种新的建筑类型，出现了教堂墙上的铭文，用来纪念埋于地下或教堂中的死者。

（4）17世纪以后

17世纪以后，教堂墓地拥挤，城市范围之内再无埋葬之地。教堂的地下室以及教堂周围的狭小空间已经是棺木丛集。这种场所已成为许多疾病的源头。直到19世纪中叶，许多国家才逐渐终

图2-14 New Heaven 墓园

止了在教堂墓地埋葬死者的习俗。

设计师 Josiah Meigs 在 1796 年设计的 New Heaven 墓园（图 2-14），不再像传统坟地和教堂墓地那样荒凉，成为美国第一个具有适合自然，与自然相协调的墓园建筑。1831 年马萨诸塞州园艺协会在波士顿建造第一个乡村花园式墓园 Mount Auburn（图 2-15），设计师 Dr • Jacob Bifelow 受英国花园结构物的启发设计了埃及式大门、哥特式小教堂和诺曼式塔楼。后来许多墓园基本上都以它为原型。美国早期的郊外墓园比公园更早地成为人们寻求清新与休闲自然环境的场所，良好的绿化使之看上去像一个大型的乡间庄园。美国辛辛那提的园艺家在 1845 年设计建造了 Spring 墓园（图 2-16），他的这个所谓景观草坪计划使美学品位成为墓园设计的原则之一，并影响到后半个世纪的墓园设计。

(a) 入口埃及式大门

(b) 公墓内景观

图 2-15　Mount Auburn 公墓

18 世纪下半叶“工业革命”以来的 200 年，人们离开自己的家园，不断涌向城市，整个城市结构和人们的生活及观念都发生了剧烈的变化。最古老、最富有文化传承的殡葬文化也发生了巨大的变化，从而产生了建立在新文化基础上的西方现代殡葬建筑——殡仪馆、火葬场（图 2-17）。20 世纪 30 年代全欧洲甚至美国和日本的建筑师们共同努力，创建了一个新的现代主义建筑类型——卫生、经济的火葬场。火葬场是西方现代殡葬建筑的重要组成部分，是受西方城市发展和 19 世纪末 20 世纪初西方文化影响的产物。

图 2-16　Spring 墓园内大片的草坪墓地

图 2-17 牛津火葬场 1939

西方现代殡仪馆建筑是随着火葬场的产生而出现的。19 世纪末到 20 世纪初，由于卫生学发展和对过分拥挤（图 2-18），以及散发恶臭的埋葬地对环境影响，使得火葬这种形式变得普及。从而出现了一种新的殡葬建筑形式——火葬场，对保护土地的生态自然环境具有重要意义。

图 2-18 美国布鲁克林城市边界墓地丛集

2.3 殡葬建筑的生态伦理思想

生态伦理又称为“环境伦理”，一般认为它是关于人和自然的道德学说。具体地说是指把道德——调整人与人利益关系的行为规范和准则，延伸为调整人与自然的关系。即人类既要关注和追求自身的生存和发展权利，也要尊重自然界其他生物的生存和发展的权利，在享有对自然的权利的同时，应承担保护生态环境的伦理责任。人类不仅要安排好当前的发展，还要为子孙后代着想，这样人类自身才能得到生存和发展。

殡葬建筑的生态伦理思想就是要崇尚自然、保护环境，促进资源的永续利用；其核心基础是和谐理念和环境意识。建设生态城市离不开殡葬建筑生态伦理观的导引，它为建筑的可持续发展提供理念的保证，发扬殡葬建筑生态伦理思想是建设生态城市的有机组成部分。

2.3.1 我国传统殡葬建筑的生态伦理思想

2.3.1.1 天人合一的生态哲学观

天人合一是中国古代自然哲学最深刻的理论精神，也是中国古代生命哲学最深远的理论背景。中国传统哲学的基本问题是“究天人之际”的问题，即人与自然的关系问题。因此，天人合一是指：第一，人是自然之一物，人与万事万物共同组成大自然。人与万物虽然各有特殊性，但他们在本性上和所遵循的规律方面都具有由之所构成的整体大自然所标志的一致性。而且，这种一致性是人与万事万物的最高原则。第二，人与万事万物的属性在大自然整体中平衡互补，且相互影响，互为存在的前提与条件，互为补偏救弊。“天人合一”的思想一直贯穿中国传统哲学的始终。与自然和谐共处，让万物“各逐其声、各顺其乐”，而达到“上下与天地同流”，这是中国传统哲学所倡导的最高境界。因此“天人合一”的哲学思想也就自然而然地渗透到中国殡葬建筑创作的理论和实践中。

（1）儒家思想的天人合一

儒家思想关于“天”的学说是一种生命哲学，即“生生之谓易”，“天地之大德曰生”①。人是自然界生生不已的结果，但人又不同于万物，人是有目的性的，儒家认为人生的根本目的便是“成其性”——完成自然界赋予自己的使命，即“万物一体”思想，把天地万物视为一个有机的整体来对待。儒家对人的关注多于自然，但孔子说“仁者爱山，智者乐水。”说明了把爱物（自然）作为“仁”的表现，是君子的道德和修养之一。而“仁”是儒家的思想基础，也可以说“爱物（自然）”是其哲学观的根基之一。

（2）道家思想的天人合一

道家认为，人来源于自然，人在宇宙中的地位并不占主宰，人必然在自然的条件下才能生存，也必然遵循自然的法则才能求得发展。老子提出“人法地、地法天、天法道、道法自然”。道以自然为法则，“道常无为而无不为”②。“无不为”并不是无所不为，而是无为之为。即自然状态的道并不是什么作用也没有，正好相反，道以其自然功能生长发育万物。自然并没有有意识地要去追求什么，达到什么，但它却在无形中达到了一切，成

---

① 出自《周易·系辞》。原文：“盛德大业至矣哉，富有之谓大业。日新之谓盛德，生生之谓易”；“天地之大德曰生，圣人之大宝曰位”。

② 出自《老子·二十五章》，《二十七章》。原文：“物混成，先天地生。寂兮寥兮，独立而不改，周行而不殆，可以为天地母。吾不知其名，强字之曰道，强为之名曰大。大曰逝，逝曰远，远曰反。故道大，天大，地大，人亦大。城中有四大，而人居其一焉。人法地，地法天，天法道，道法自然”。老子认为“道”的存在和运动，强调了人在宇宙中的地位；从而否定了“神”的存在。认为天、地、人都以“道”为法则，才引出章末的“道”自身则“法自然”。“道”是天地万物运动变化的普遍规律，认识的根本任务就在于把握“道”。这正是老子思想的可贵之处。

就了一切，使万物处于和谐变化之中。“无为”要求人们按自然法则办事，而不要人为的去干预。老子认为阴阳是宇宙演化过程生生不息的内在动力，由于二者的作用而推动自然循环往复、不可穷尽地永恒运动（“大曰逝、逝曰远、远曰返”，《老子·二十五章》），“万物负阴而抱阳，中气以为和”（《老子·四十二章》）。正是这些阴阳循环流动的思维方式和思想为古代风水理论奠定了“天人感应、世代轮回”坚实的理论基础。老子也特别强调尊重自己、尊重生命，把生命存在的价值提到远远高于“名”与“货”地位之上（“名与身孰亲，自与货孰多……知止不殆，可以长久”《老子·四十四章》）。庄子继承了老子尊重生命的原则，认为生命重于一切名声、利禄、珠宝乃至天下（“能尊生者，虽宝贵不以养伤身，虽贫贱不以利累形”《庄子·让王》）。老、庄的这一思想深深影响了最初风水理论中的“厚养薄葬”思想，以至在西汉一段时期，厚养薄葬之风盛行。道家的太极可以理解为在动态中的统一、稳定、和谐。强调调节自身以达到与环境的完美融合。因此，道家学说的根本特点就是尊重自然、崇尚自然、效法自然。

（3）佛教思想的天人合一

佛教对生命的理解十分广泛，佛教的众生平等是宇宙间一切生命的平等。尊重生命、珍惜生命，是佛家的根本观念。佛教对于宇宙中生命本质的认识，集中表现在佛法生命观中。“法”是宇宙万物的本源，也是佛教的最高真理。根据佛法，无论是生物还是人，都存在于普遍的生命之法的体系内，生物和人的生命只不过是宇宙生命的个体化和个性化的表现。人类必须遵循生命之法，维护生态环境，促进自然的和谐，多做保护自然和拯救众生的善事，才能消解自己的恶业。佛教还认为，生命主体的存在是依靠自然界的健康存在来维持的，人类只有与自然环境融合，才能共存并获益，除此之外不能找到别的生存办法。罗尔斯顿把生命看作“流”，他认为，人类的生命是浮于以光合作用和食物链为基础的生物生命之上而向前流动的，而生物生命又依赖于水文、气象和地质循环。在这里，生命同样也并非只限于个体的自我，而是与自然资源息息相关。我们及我们所拥有的一切都是在自然中生长和积累起来的。因此，佛教认为，世界是由组成它的事物和事件相互渗透的网络整体，人和自然应走向融合、协调的道路。

2.3.1.2 凝结生气的风水理论

（1）风水理论的起源及概念

风水学在中国历史科技发展的过程中，其内涵要不断更新，其称谓没有统一，因此，历史上的地理、阴阳、卜宅、相宅、图墓、形法、青囊、青乌、堪舆等，均泛指风水，时至今日，风水的称谓在民间广泛流传，可以称之为俗名；堪舆的称谓在学术界普遍认同，可以称之为学名，其他的可以算作别名。

"风水"一词一般公认为语出晋人郭璞传古本《葬经》，"葬者，藏也，乘生气也。夫阴阳之气，噫而为风，升而为云，降而为雨，行乎地中而为生气。生气行乎地中，发而生乎万物。"其中，"气"被视为天地万物的最基本构成单位，用现代的观点，"气"是一种力，一种场，一种波，"气"的存在是不断流动着的，"气"的本质应该是超微粒子。气是生在"天地之始"，是"万物之母"，其实就是古代人对能量的一种感悟，感觉到存在于天地万物之间，而且流动变化，它不仅主宰生命，也影响着物质世界。风水也被称为堪舆，堪指天道，舆为地道，堪舆是谓天地之道。除承袭发展了前人风水的勘察山川地势，阴阳五行，辨方位之外，又吸收并挖掘了星象，占家，时辰吉凶等诸般学说，"法天地，象四时"，注重天、地、人诸多神秘契合关系，逐渐发展到"天、地、人合和"的人类追求的至高境界。

国内外学者对风水给出了如下定义：天津大学王其亨教授在《风水理论研究》中写道："风水学实际上是集地质地理学、生态学、景观学、建筑学、伦理学、心理学、美学等于一体的综合性、系统性很强的古代建筑规划"；东南大学出版的《风水探源》中"分析风水，不难发现其中不少对事象因果关系的歪曲认识或处理。也明显带有巫术的气息，但更多的则是科学的总结，凝聚着中国古代哲学、科学、美学的智慧，有其自身的逻辑关系。风水理所当然地是传统建筑理论的一部分。"

日本学者郭中端等在出版的《中国人街》中提到"中国风水实际是：地理学、气象学、生态学、规划学和建筑学的一种综合的自然科学"；查理（chatley）在他的《中国的科学与文明》一书中写到"中国风水是：使生者与死者之所处与宇宙气息中的地气取得和合的艺术"；英国的伊特尔（Emest J Eitel）1883年出版的《风水是古代中国神圣的景观科学》中对风水的评价是"中国风水是关于'理''数'气''形'的理论体系，这一体系遵行如下法则：自然的法则（The Law of Nature），自然的数值比（The Numerical Proportions of Nature），自然的气息（The Breath of Nature），自然的外形（The Fooms And Outlimes of Nature）"；新加坡的伊长林•李普，吴吴编译的《风水术》一书中认为"风水是这样一门艺术，它通过对事物的安排，从建筑奠基到室内装饰，企图对一定场所内的气施加影响。它有助于人们利用大地的自然力量，利用阴阳之平衡，来获得吉祥之气，从而促进健康，增加活力。风水是中国闻名于世一大文化现象，风水是古建筑理论之精华。"

（2）风水理论对殡葬建筑的影响与应用

古人具有"灵魂不死、祖宗崇拜"等信仰观念，因此对"阴宅"的陵墓选址一直是古代风水理论中的重要部分，被认为是会影响后世后代福祸兴衰的重大问题。风水理论的数千年沉淀对当代中国甚至东南亚及海外华人社区的殡葬观念有着很深的影响。风水理论在汉代已相当流行，东汉以后已将墓地的好坏与生者的贫富贵贱联系起来。到了魏晋南北朝，墓地风水理论已形成系统的理论，出现了大量风水理论方面的著述，著名的如晋代郭璞的《葬书》中对风水作了如下解释：“葬者，乘生气也，经曰：气乘风则止，古人聚之使不散行之使有止，故谓之风水。”“造风聚气，得水为止……故谓之风水”。风水理论作为对“环境选择”的一门方术流传数千年，对我国殡葬建筑有着深远的影响（图 2-19，图 2-20）。

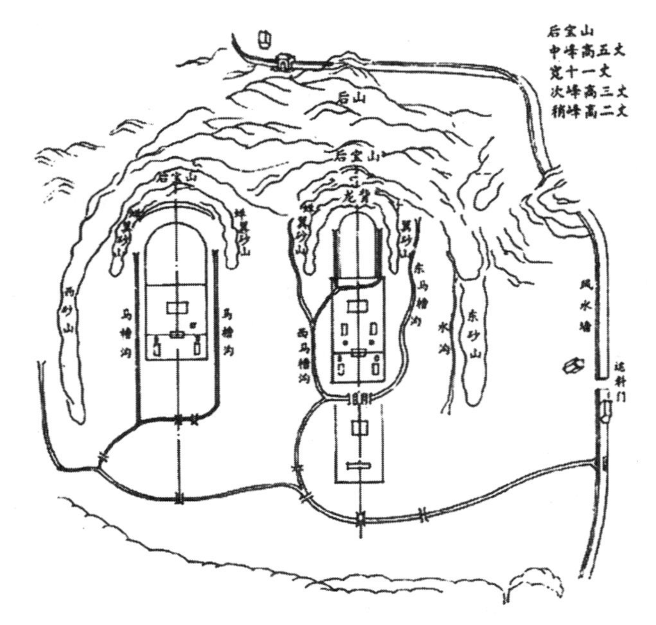

图 2-19　清东陵惠陵及妃园寝风水形势

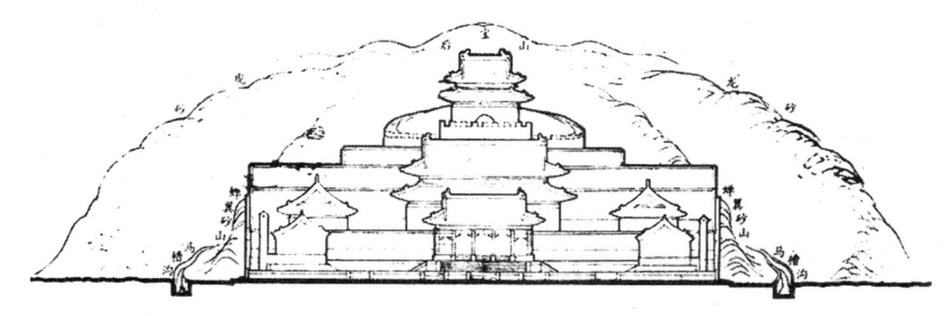

图 2-20　清代帝陵后宝山与左右砂山的景观：环抱有情、不逼不压、不折不窜

起初风水文化对"阴宅"的选址提出的是基本功能的要求：地势高燥、土质丰厚，以"避狐狸之患，水泉之湿"[①]等。到魏晋南北朝之后，风水文化逐步完善成熟，"生气说"和"地形说"的观点要求墓地环境具有良好的生态环境和地貌形态。其实此理论不仅适合于"阴宅"，也同样满足于活人的聚居生活场所的要求，这也是"事生如死"观念的反映。风水文化的科学层面对我国墓葬的发展产生了重要的作用，但与此同时由于灵魂不灭、神鬼观念和儒家孝道观的综合影响，也被赋予了更多非物质的意义。例如：将风水中的望气观象与墓地坐落的位置联系起来，用天体运动等自然气象之变化赋予神鬼之灵气曰"东北神明之舍，西北神明之墓地"[②]；后来甚至将墓地选址的好坏同世事之兴衰、后世后代之祸福相联系起来，世俗目的成为丧葬活动中重要的价值取向。非物质意义的赋予一方面是生死观的反映、信仰的表达，是情感的升华，但其中也有许多观点及从中延伸出的一系列特异的丧葬习俗也难免带有迷信色彩。

总体而言，风水理论对我国殡葬建筑发展的有利影响主要可归纳为以下两方面：第一，天、地、人的和谐统一。风水文化的两大主要分支学派——形势派和理气派，从不同角度赋予了殡葬建筑"天人合一"的环境要求。前者注重殡葬建筑物质环境、地形、地貌的自然形态，后者则讲究殡葬建筑各构成要素之间及其与环境之间的关系，因此我国理想的殡葬建筑环境是具有良好景观质量和生态价值的，强调与环境的和谐统一。这一理念赋予我国殡葬建筑以自然本色。第二，宏观结构的对称均衡。理想殡葬建筑环境讲究"来龙去脉""四局八龙""山环水抱""相宜有致"，对环境方位及内部要素格局等有特殊的要求，从而形成了我国殡葬建筑宏观层面上的对称均衡式结构。这种结构给予我国殡葬建筑内敛、安详、静谧、庄严的基本属性。[③]

上述两个要求实际上包含了现代地理学和生态学的许多科学原理：对风水地要求的环境中多项自然地理因素的有机协调，即有良好的地质、地貌状况、良好的水文气候因子、适中的土壤和生物物种；各项因子必须统一协调，构成一个有机和谐的生态环境，这样的环境才具有更大的稳定性。阴宅卜葬地若还有四神砂结构的开口小盆地相配，则更能提高扫墓者对墓

---

① 出自《吕氏春秋·节丧》。原文："古之人有藏于广野深山而安者矣，非珠玉国宝之谓也，葬不可不藏也。葬浅则狐狸扣①之，深则及于水泉。故凡葬必于高陵之上，以避狐狸之患、水泉之湿。此则善矣，而忘奸邪盗贼寇乱之难，岂不惑哉？"

② 出自《汉书·郊祀志》。原文："文帝始幸雍郊，见五畤，祠衣皆上赤。赵人新垣平以望气见上，言长安东北有神气，成五采，若人冠冕焉。或曰：东北，神明之舍；西方，神明之墓也。天瑞下，宜立祠上帝，以合符应"。意思就是：神明就是太阳，太阳从东方升起，居住的地方称为阳谷；太阳从西方落下而消失，所以称为墓。

③ 王其亨主编，风水理论研究 [M]. 天津：天津大学出版社，1992：25-30.

地的崇敬感，因而也是一种景观生态和景观心理结合的空间组织。

风水理论对阴、阳宅的环境选择上讲求“拆成”，即根据环境条件更好地组织空间，并有所布置。在墓地选择时如果不具备前述两个条件，后代可人为将原有环境改造成有山有水、静谧和谐、对称以及“四神砂”结构的“风水宝地”。

当然，风水理论观念亦有许多陈旧甚至迷信的观念。例如，在民间，人死后丧家请风水先生根据死者年龄、性别、生死时刻等推算避忌生肖、出殡时间，写出安宅、定灵、灵门等一系列符咒，并用朱笔点过引魂幡、避忌牌，然后又依照水术中的寻龙、点穴、观砂、察水等过程，选定一个“藏风聚气”结穴之处，将穴点定，然后请人按阴阳先生所定穴位挖墓。另外风水理论观念反映社会的身份等级，佳穴需有福命才能起到福荫作用，贵宅需与福人才能相应，不同等级的人应有不同阴阳宅风水结构，否则必须作相应的拆成处理……显然，风水理论中这些迷信思想不利于今天的殡葬建设，对此应采取批判继承的态度。

2.3.2　西方殡葬建筑生态伦理思想

工业化、城市化伴随着人口流动和人口集中的空前频繁，旧有的以地缘和血缘构成的社会结构在发达地区基本瓦解，传统的以家族为单位的殡葬制度和殡葬建筑形式不能适应现代城市发展的要求。在人口稠密的城市中，快节奏的日常生活和社会大分工使人们不可能再像过去以地缘和血缘为纽带的封建社会那样一家一户办理丧事，过去以自宅作为临时葬祭场所被专业设施和空间所取代，并有专门的殡葬行业来协助死者家属进行殡葬活动。繁忙而剧烈的经济竞争不允许和鼓励社会过于醉心于殡葬活动，也使得殡葬建筑逐渐变为一种平常建筑。

近代“科学精神”的发展、诸如社会学、心理学、生物学、生理学、精神学、民俗学、文化学、行为科学乃至死亡学以及它们的分支学科的纷纷建立，使得人们能以一种现代的“科学眼光”来看待死亡。资本主义主张“个人本位”主义，是注重现实和世俗生活的社会。同样也重视由于城市人口的不断增加，旧的殡葬场所带来卫生问题。

由于城市范围的不断扩大，城市土地资源变得非常宝贵，建墓费用的高升和昂贵以及对自然生态的破坏，导致火葬方式的普遍化，从而产生了一些新型的殡葬建筑，火葬场就是其中最重要的形式之一。

2.3.2.1　自然环境观——殡葬建筑的理想追求

在环境运动论之前，对于西方建筑的生态环境认识基本以适应自然、与自然和谐为主题，资源问题和环境污染并没有成为主要矛盾，其中工业革命以前由于生产力发展的约束，城市中人工环境与自然环境的矛盾没有突显出来。受环境决定论和崇尚自然的影响，自然力对城市建筑的形成与发展起着决定作用，西方建筑的布局与空间形态都能反映出自然环境的特征，殡葬建筑也不例外。工业革命后，生产力的提高和城市迅速发展，导致城市生存环境的恶化，从危害人们生理健康和心理需求发展到整个社会矛盾，城市和建筑环境的改善迫切需要自然调节，自然对城市建筑的意义受到重新审视，真正意义的城市生态化过程才算开始。

环境决定论认为自然环境在人类事物中发挥着“原动力”的作用。被称为医学之父的古希腊医生希波格拉底（Hippocrates）提出气候决定论，他的名著《空气、水和场地》对以后的自然生态观有着深远的影响。近代法国启蒙运动的代表孟德斯鸠在《论法的精神》中将环境决定论归纳为自然条件（尤其是气候）决定人的性格；自然条件（尤其是土壤、气候）决定人的心理素质、情感关系；自然条件决定地方法律及国家政体。德国哲学家黑格尔在历史观方面也持有环境决定论的观点①。

直到19世纪，希波格拉底的体液论是环境决定论最重要的理论基础，他认为人体含有四种“体液”——黄胆汁、黑胆汁、黏液和血液，分别代表火、土、水和血四种物质。这四种液体的一定比例导致人的体格和性情的差异，而气候是造成体液“平衡”的原因，因而也是形成体质形态和性情的地域差异的原因。在环境决定论中，物质文化和技术被认为受环境影响最大[18]，不同地区的人们以各种方式表达对自然力的敬畏和顺从，因而产生了众多仰赖于自然的建筑空间环境，这也就是地域建筑文化独特性的环境解释。环境决定论使人们认识到整体性的意义，即人工环境不是随心所欲的，是受到所处环境的制约和限制的。环境决定论推动了西方建筑尊重自然的科学精神，这在维特鲁威的《建筑十书》中有集中的反映。在人类技术手段不足以超越自然的时代，人们能够找到与自然相适应的人工环境，依靠自然力量平衡着城市建筑的各种生态关系。

受到自然环境观的影响，19世纪20～30年代，在英国出现了最早的经过设计的现代公墓，它们有三种基本形式：风景型、规整型和过渡型。到19世纪40年代，简单几何形式的公墓变得普及，再到20世纪的英国，公墓的形式更大程度上取决于维护的便利性而非审美需求。草坪形式的墓地作为传统形式遗址延续下来。林地型的墓地应用得比较少，因为它需要林地资源并且只能提供较小的空间和密度，但在北欧和斯堪的纳维亚地区比较普遍。建筑型公墓在欧洲南部采用的较多。很多城市中，公墓同时作为公园而出现，它具有纪念和游憩双重功能。一些现代的公墓设计将林地

---

① 王正平．环境哲学[M]. 上海：上海人民出版社，2004：34.

图 2-21　林地型墓园　加拿大

图 2-22　草地型墓园　澳大利亚

型与草地型结合起来（图 2-21，图 2-22），具有北欧传统的林地型公墓开始在欧洲南部流行。由于人口的增加、墓地维护费用的增加以及墓地的维护质量的降低，专家们一直在研究新的墓地形式和应对方法。因此急需将它们重新纳入到城市开放空间系统。克里斯托夫 • 亚历山大在 1977 年提出墓地分散化，在不同种族与宗教信仰聚居区分别建立小型的墓地，这样也可以加强居民区的归宿感。

光合作用的新科学理论证明了植物有益于都市居民身体健康，人们开始希望在草坪上而不是空地上修建坟墓，形成了乡村墓地（Rural Cemetery）（图 2-23，图 2-24），最早产生于法国。1801 年法国颁布了一项法律，要求法国公社购买他们边界之外的土地用于修建公墓，两年之后，塞纳河区在巴黎东部地区边缘修建了第一座公墓（图 2-25，图 2-26），该公墓后来改称拉雪兹公墓（Pere-La Chaise）。公墓中有一条绿草铺成的主干道引导参观者到达一座小教堂，它是作为一座埃及金字塔而设计的，但它一直没有建成，因为拿破仑战争而导致建造工程被推延了。在这条青草铺成的大路左边是为人们保留的墓地，在墓地中，五年期和十年期的租赁用地取代了先前普通的葬坑，在墓地高处是为了想购买墓地的人保留的永

图 2-23　Weedsport 乡村公墓

图 2-24　美国奥尔巴尼乡村公墓

图 2-25　拉雪兹公墓　法国

图 2-26　拉雪兹公墓中的道路

久性墓地。在安葬了 Abelard、Heloise、Moliere 和 La Fontaine 纪念馆建成后，购买的人蜂拥而至，由于埋葬着许多知名人士，Pere-Lachaise 成为游客朝圣之地和当时巴黎人的避难所。

日本的墓园是参考了欧美的墓园发展起来的。明治初期，建造了青山、谷中、杂司谷、染井等各种陵园。但是被认为最有代表的墓园是 1923 年开园的多摩陵园（图 2-27，图 2-28），这是第一个参考欧美森林墓地、草坪墓地而设计建成的。墓园里的主要场所配置大型喷泉、壁泉、小喷水池、花坛、广场、行道树等。陵园现在树木茂盛，成为当地居民的休憩场所。

图 2-27　日本多摩陵园

图 2-28　日本多摩陵园内景观

2.3.2.2　资源环境观——环境运动影响下的殡葬建筑生态化探索

在 20 世纪 60 年代的环境运动的推动下，人们开始认识到全球性的污染问题和资源有限性，环境观的发展在建筑领域引发了新的设计倾向，建筑的能量资源消耗和对环境的污染问题成为设计关注的重点。一些建筑师以及生物学家等一批人从关注生态环境的角度出发，以极大的热情对建筑的生态化发展进行各种形式的探索。受到生态学家、生物学家和哲学家的影响，各种探索多为理论上的原则化的概念化，实践上也表现为小型化和片面性，一些过激的主张使其缺乏在城市中实现的现实性。

随着人们对节约能源、节约土地、保护资源和充分利用地方材料等环境意识的提高，一些建筑师对生土建筑（earth architecture）、掩土建筑（earth-sheltered house）以及地方性的建筑技术和材料的研究和评价表现出了热情。在各种形式的建筑生态化探索中，地方主义建筑更明显地表现出将生态与环境思想作为一种建筑文化来对待的特征，这与单纯的节能建筑以及为追求生态效果而采取的“技术至上”建筑完全不同。在生态主义者看来，生态多样性往往与文化多样性互为一致。生态多样性要求文化的多样性：而文化的多样性更需要以生态多样性为基础。生态的多样性意味着生态系统的稳定；文化的多样性昭示着社会的进步与繁荣。

这成为地方主义建筑将生态与地域文化结合的理论基础。地方主义建筑的设计在环境运动的影响下获得了新的思想和理论的支持，与其原有的主张相结合，形成了新的生态化的发展趋向，更重要的是通过建筑实践把环境运动的生态主张转化为建筑设计的原则并与建筑文化相结合。“地方主义”在很大程度上含有“乡土”的意味，是对特定环境中的文化认同，因此地方主义建筑在当代的发展中表达出“一种自觉的追求，用以表现某一传统对场所和气候条件所做出的独特解答，并将这些合乎习俗和象征性的特征化为创造性的新形式，这些新形式能反映当今现实的价值观、文化和生活方式。”因此，地方主义建筑在注入现代生态思想后，将原有的合理的生态性在建筑中加以发展和提高，在适应环境要求的同时能够表达出特定的建筑生态文化，这使其具有更大的新的生命力。

另外，资源环境的观念注入也为设计拓展了思维空间，产生了许多超前的设计构想。例如美国的德夫尔及其事务所的合伙人在20世纪60年代上大学时正值环境运动发端之时，学生们的思维活跃，他们研究了航天计划中空间站的建筑思想，在后来的建筑生态化设计中加以变化应用。在他们看来，空间站是一个自我包容的环境，基本上不对外界环境造成污染，因此试图在地球上设计一种自我包容的空间，这个空间是一种高效能源使用结构。保护环境的热情和活跃的思维极大地丰富了这一时期的建筑理论和创作。

2.4 小结

殡葬建筑不是从来就有的，它是在万物有灵、灵魂不灭和各种崇拜思想的影响下产生，伴随着人类对死亡认识和思考的深化而不断发展的，古今中外不同地区、不同民族都有着不同的殡葬习俗和文化，造就了千姿百态、各具特色的殡葬建筑，也反映了不同民族对死亡的不同理解和表达。中国传统殡葬建筑文化在传统的礼制思想、宗教等各种文化的共同影响下，历经数千年不辍的发展，形成了内涵丰富、成就辉煌、风格独具的体系，呈现出一种重外在表现、隆丧厚葬的表现形式，并以其独树一帜的规划思想和建筑风格，在世界殡葬建筑史上占有重要的地位。而西方的丧葬观在宗教以及各种哲学思想的作用下，呈现出一种重精神内涵、简丧薄葬的表现形式。从通过对外在世界观察的原始崇拜，到理性造神的宗教崇拜；从建筑的方位布局到几何学在建筑中的运用，殡葬建筑见证了人类对死亡的理性思考过程。

然而无论是中国传统殡葬建筑早期自发形成的“天人合一”的生态哲学思想和殡葬建筑设计理论——风水理论的实践经验，还是西方殡葬建筑生态化从自然环境观到资源环境观的发展演进，都蕴涵着丰富的人本主义哲学思想和生态意识，促使殡葬建筑走向生态可持续发展道路。

第 3 章　殡葬建筑生态化设计理论阐释

3.1　理论基础

3.1.1　可持续发展战略

可持续发展思想是在 20 世纪 80 年代针对由于片面追求经济增长而带来系列社会问题的基础上提出的。可持续发展作为迈向 21 世纪的目标依据和行动纲领，不仅对传统的发展观及发展思想提出了严峻的挑战，而且也必将从价值观念、思维方式、行为模式等各方面对人类产生极其深刻的影响，因此必须建立可持续发展的价值观、人本观、资源观和法制观。

（1）可持续发展的价值观

传统的价值观将人与自然对立起来，片面强调人类征服自然、改造自然的主观能动性，而无视由于过度开采使用而造成的资源枯竭和生态环境恶化的局面。20 世纪与 21 世纪之交，人类不得不改变以往的价值观，选择可持续发展的道路，尊重人与自然的和谐关系——这一人类活动的共同价值和目标归宿，提倡人类对自然的索取程度应建立在保持自然生态系统循环自如的基础上，着重研究人类社会发展活动与自然之间的相互关系，调整人类的思想、观念，继而调控人类的社会行为，寻求人类与自然的协调发展。

（2）可持续发展的人本观

社会发展的主体是人，要使人的物质文化生活需求得到满足，人的潜能得到充分发挥，生活质量得到改善和提高，就必须在推进可持续发展的同时，把传统的“经济增长第一”的发展模式转到以人为中心的轨道上来，是可持续发展和传统发展观的本质区别。只有以人为本，才可以解决发展的根本性问题，因为离开了人自身的发展，可持续发展就失去了正确目标和检验标准；只有以人为本位，方可最大限度地开发人力、智力和一切社会资源，形成可持续发展的巨大持久的推动力。

（3）可持续发展的资源观

自然资源的开发利用是人类生存和经济发展的基本条件，资源总量总是与一定的社会经济和科技发展水平相联系。在走向可持续发展的历史转折中，资源也具有了新的含义。过去，由于受生产力水平的限制，人类追求经济增长的方式多半是以消耗大量的自然资源尤其是不可再生资源为代价的，使人类陷入经济发展与资源短缺两难的窘境，面对这种双重的困难和压力，我们必须在摆脱资源危机、寻求可持续发展的努力中，树立全新的资源观，走资源节约型的经济发展道路，坚持资源的合理开发与永续利用。

（4）可持续发展的法制观

实现可持续发展战略目标，迫切需要法制建设，因为实现可持续发展是关乎人类社会生存发展的宏观问题，其最有力的实施办法应是宏观调控机制。加强有关可持续发展的立法，把可持续发展的指导思想和行动目标体现在政府的政策、法律之中，使公众在推进可持续发展的实践中做到有法可循；通过开展不同层次的宣传教育和培训，加强领导者、决策者和广大群众的可持续发展意识，建立与可持续发展相适应的政策法规体系，为可持续发展创造良好的法制环境，提供可靠的法律保障。

3.1.2 生态学基本理论

从哲学层面考虑，现代科学和现代工业的指导思想是机械论世界观。以牛顿物理学和笛卡儿哲学为基础，形成机械论自然观。它试图用力学定律揭示一切自然和社会现象，把各种各样不同质的过程和现象都看成是机械的，否认事物运动的内部源泉，质变、发展的飞跃性及从低级到高级、从简单到复杂的发展。其存在论方面持二元论观点，强调人与自然、主客二元分离和对立，否认人与自然的相互联系、相互作用、相互依赖、相互制约的重要性质。其认识论是还原主义的消极的反映论。其方法论是分析主义的，强调对部分的认识，用孤立、静止、片面的观点看问题。其价值论上它只承认人的价值，不承认自然界的价值。

而生态世界观是以生态学及复杂非线性的系统学科群为基础，超越了传统线性的机械论，成为生态时代的主流意志。生态学的发展为新的世界观提供了基本的哲学框架。严格地说，生态学发展至今尚未形成一系列结构严密的，或者说有物理学的规律检验过的简化的概括原则。但仍然有一些法则对我们认识地球的生态系统规律产生了积极而有价值的影响。国内外一些学者已经提出许多正确的见解，如马世骏的生态学五规律，即相互制约和相互依赖的互生规律、相互补偿与相互协调的共生规律、物质循环转化的再生规律、相互适应与选择的协同进化规律和物质输入输出的平衡规律，康芒纳的生态关联法则、物质不灭法则、生态智慧法则和生态代价法则等。本书针对殡葬建筑生态化设计的剖析从资源能效、动态发展以及环境共生三方面论述。

3.1.2.1 资源能效原则

生态系统要维持正常的运转，就离不开一定的能量、物质和信息在生物与无机环境、生物与生物之间进行无休止的传递、转化和再生。地球资源是有限的，生物圈生态系统能长期生存并不断发展，就在于物质的循环再生和能量的流动转化。

（1）物质循环又称生物地化循环，是生态系统存在发展的物质基础，指非生物环境中的各类参与合成和建造有机体的物质，在环境与生物之间反复循环的过程。生物圈中的物质是有限的，原料、产品和废物的多重利用和循环再生是生态系统长期生存并不断发展的基本对策。生态系统内部必须形成一套完整的生态工艺流程，其中每一组分既是下一组分的“源”，又是上一组分的“汇”。某一种有机体排出的作为废物的东西，会被另一种有机体当作原料而吸收。自然界的辞典中没有“废物”的概念。McDonough 等在《下一个工业革命》一文中，认为新的工业将是自然循环整体中的一部分，其废弃物将是自然的食物并为自然带来成长的营养。

（2）能量流动是生态系统得以正常运转的动力源泉，具有以下特性：第一，连锁性。生态系统中的能量流动是通过以各种有机体为载体的食物链渠道进行的。食物链是生态系统中的营养结构，它的各环节上所有生物种的总和被称为“营养级”。由于消费者往往是杂食性的，从而使这些食物链错综交织连接成食物网。食物网不仅表现着生态系统内各生物体之间复杂的直接或间接的相互捕食关系，也反映了生物的广泛适应性。第二，递减性。即“生态金字塔”。生态系统的能量流遵循热力学第一定律和第二定律，输入的能量总是和生物有机体转换的、储存的、释放的能量相等，而在能量传递和转换过程中，除一部分可以继续传递和做功的能量外，总有一部分不能继续传递和做功而以热的形式耗散，呈现出递减性的特征。按照林德曼效率理论，营养级间的同化能量之比值是 1/10。第三，单向性。能量只能一次流经生态系统，它既不循环，也不可逆，沿着前进方向一去不回返。

能量流动和物质循环是生态系统的两个基本过程，正是这两个过程使生态系统各个营养级之间和各种成分之间组成为一个完整的功能单位。物质的流动是循环式的，各种物质都能以可被植物利用的形式重返环境。能量流动和物质循环都是借助于生物之间的取食过程进行的，但二者是相互制约、相辅相成而不可分割的，物质流是能量流的载体，而能量又推动着物质的运动，二者将生态系统联系成一个有机的统一整体，并共同构成生态系统演替和发展的动力。

3.1.2.2 动态发展原则

生态系统中的能量流和物质循环在通常情况下（没有受到外力的剧烈干扰）总是平稳地进行着，与此同时生态系统的结构也保持相对的稳定状态，这叫作生态平衡。生态平衡的最明显表现就是系统中的物种数量和种群规模相对平稳。

生态平衡是一种动态平衡，即它的各项指标，如生产量、生物的种类和数量，都不是固定在某一水平，而是在某个范围内来回变化。这同时也表明生态系统具有自我调节和维持平衡状态的能力。当生态系统的某个要素出现功能异常时，其产生的影响就会被系统作出的调节所抵消。生态系统的能量流和物质循环以多种渠道进行着，如果某一渠道受阻，其他渠道就会发挥补偿作用。对污染物的入侵，生态系统表现出一定的自净能力，也是系统调节的结果。生态系统的结构越复杂，能量流和物质循环的途径越多，其调节能力，或者抵抗外力影响的能力就越强。反之，结构越简单，生态系统维持平衡的能力就越弱。一个生态系统的调节能力是有限度的。外力的影响超出这个限度，生态平衡就会遭到破坏，这种超限度的影响对生态系统造成的破坏是长远性的，有的甚至是不可逆转的，这就是生态平衡的破坏。

人类对生物圈的破坏性影响主要表现在三个方面：一是大规模地把自然生态系统转变为人工生态系统，严重干扰和损害了生物圈的正常运转，农业开发和城市化是这种影响的典型代表；二是大量取用生物圈中的各种资源，包括生物的和非生物的，严重破坏了生态平衡，森林砍伐、水资源过度利用是其典型例子；三是向生物圈中超量输入人类活动所产生的产品和废物，严重污染和毒害了生物圈的物理环境和生物组分，化肥、杀虫剂、除草剂、工业三废等是其代表。

（1）建筑生命周期

建筑在时间维度上需要考虑物质与能量的流动转换。作为一个开放系统，建筑一旦建成投入运营，将与其环境不断地相互作用，直到整个物质的生命过程结束。就生态化设计而言，不能把建成环境当作静态不变的系统，认为它与周围的生态环境不会产生可变更的相互作用。设计者应当预计和把握环境影响的范围以及设计结果，而不仅是建造之前的内容，还要包括建筑运营和使用阶段。设计者的责任范围应当包括像建成系统元素在其使用寿命终点的废弃、分解这样的内容。许多情况显示一个建成系统，在其使用和运营期间，大大超出了原先的预计。生态设计要求用一个整体和全面的方法管理建筑元素的能量和物质资源。所以有必要从概念上将每一个建成系统视为具有自身全生命周期模式的设计系统。

就传统的方法而言，设计师要负责场地的材料装配、建筑施工，并往往在房屋建成后实行调整和改动。而生态化设计方法需要设计者不仅以传统的责任感，还要以贯穿全部物质生命周期的设计系统与环境的生态关联来考虑问题。虽然在实践中难以完全实现，但总的原则是必须以此为目标。这将需要检测建成环境生命周期中使用过的物质和能量流动，它们从资源到现场的可能路径，以及一个用于设计师管理那段时间发生在生态系统中的变化的系统。

（2）动态适应性

动态适应是生态学的主要观点之一，认为生态系统内不存在静止不变的事物，任何事物都处在永不停息的运动变化之中。生态观对于世界以过程导向为特征的描述使人们更为接近世界不同层次进化的本原。诚如生态学家 H• 萨克塞所说，“我们不是把自然作为状态，而是作为过程来理解”。这种动态变化是以优化适应为根本目的。“适应”是生态学的一个普遍性的概念，Adaptation（适应）一词来源于拉丁文 Adaptatus，原意是调整、改变，特指对气候的适应。适应是生命与环境相协调的行为，它一般是指环境条件发生变化时系统能通过改变结构、参数或控制策略来保持机体原有的或相近的功能，从而继续发挥作用或生存下去的行为。任何开放的生命系统都会表现出其进化过程中的适应性，而一切适应性都可以表达为当外部条件变化时系统保持一个变量的适当值的机制，也就是“负反馈调节”机制，一旦系统受到干扰即能迅速排除偏差恢复恒定的常态。

事实上，动态适应的观点不但适用于生物界，而且也适用于其他领域。我们的先哲就已经具有朴素的动态循环观。传统文化基因中的阴阳学说把阴阳交替变化看作宇宙的根本规律，五行学说更是指出了“金生水、水生木、木生火、火生土、土生金”的轮回循环思想。这些思想早已深深地植根于中华民族的意识之中，对于殡葬建筑环境设计、材料建构的影响意义深远。丹下健三等的“新陈代谢”空间理论便是根据达尔文适应与不适应之关系的论述提出的。达尔文认为某种生物越专门化，它在发生变化的情况下得以继续生存的机会就越少，即对现存的条件适应得太好，同时也就是对现存条件可能发生的变化不够适应。丹下也认为建筑空间的功能界限越明确，就越不能适应快节奏的社会在不同时期对其要求的不同功能，因此空间应灵活可塑，自由分离，开放共享，就有流动性和多功能性，从而与时间流程达到动态平衡，如同有机体的代谢构成一样。同理，只要外界随机的干扰存在，建筑系统结构就需要适当的弹性应变。

动态思维是生态理念对殡葬建筑设计的另一个启示——从纵向历时性角度突破了传统型殡葬建筑设计的狭窄天地。生态型殡葬建筑设计也应摒弃传统一劳永逸的静态僵化思维，从发展的视角切入设计问题以适应环境的变化，如功能结构的周期性演替、围护表皮因时而异的动态复合、内部活动设施的应变、变风量空调（VAV）等策略。系统整体上的有序状态是事物内部的力量与来自环境影响的外部力量所形成的一种动态平衡的形式，而非在环境变化面前无所适从的静态系统结构。可持续发展的终极目标是通过统一前瞻性的组织优化、结构合理、运行顺畅的均衡、和谐的演化过程，完备地解决人类与变动不拘的自然的关系。而机动适应观念则通过因地制宜、随时而动等策略"活"化了殡葬建筑设计。

3.1.2.3 环境共生原则

环境通常是指周围的地方、情况和条件。不同学科对环境的理解不同，如物理学上指物质空间；生态学上指有机体外部条件的总和；地理学上指自然和社会环境的总体等。城市是一个以人工环境为主的生态系统，从城市空间的角度看，建筑与环境共生应当包括两个方面：一方面是与自然环境共生，但各建筑的存在必须有助于保持和完善城市的自然生态环境；另一方面是与城市人文环境的共生，建筑也以不破坏城市人文环境的延续为存在前提。从可持续发展的角度看，自然环境与人文环境是相辅相成的，任何一方面的失衡都会带来不良的影响。吴良镛曾指出："21世纪建筑在面临两大危机——生态危机和精神危机的状况下，其发展有两个趋势：首先是人与自然的共生，其次是科学技术与人文的结合——注重新技术对推动建筑发展的积极作用的同时，尊重文化、弘扬文化。"从根本上说，共生思想是对二元论思维方式的一种反叛，在西方文化中，二项对立的理性法则深深影响着人们的思维和行为方式。笛卡儿哲学相互对立的精神与物质，康德将物质与现象的分解都源于二元论，在设计中的具体表现为形式与功能、建筑与城市、人与自然对立等。

考虑自然、人文、社会、经济等因素，城市建筑的生态化必然是超越节能或自然的概念，寻求人工环境与自然环境的生态平衡，在自然景观、人文景观、物质和精神各方面都达到和谐。这是建筑生态化的最终理想目标。

（1）与自然环境的共生

以现代生态学观点，殡葬建筑对原有地段的自然环境和动植物的破坏性影响是难以避免的。为了保持整体上的环境平衡，设计规划中必须考虑自然的保持和恢复，尽可能减小对自然环境的破坏，在城市中达到建筑、人与自然的共生始终是人类的理想，这种理想也正是我们今天建筑生态化对"真、善、美"的追求。

在古代的东西方城市中从没有间断对自然的追求。我国的私家园林的兴盛反映了封建贵族和士大夫阶层向往"天、地、人"共生的境界，实现人与自然和谐共生的愿望；而在院内绿化植树、叠石理水则体现出一般平民的自然情趣。在西方城市中自然的引入也是历史久远，根据庞贝古城遗址的考古发现，室内绿化在欧洲已有2000多年的历史：到公元1世纪的罗马时代，开始出现用云母建造植物暖房；文艺复兴后在法国凡尔赛宫出现了种植1200株果树的大暖房。事实上在复杂的现代城市环境中达到建筑与自然的结合仅有愿望是远远不够的，而面临的种种矛盾都源于人类社会本身。

麦克哈格深入探讨了价值观对设计的影响，他比较了东西方对待自然的不同态度，认为西方世界的失误，根源在于流行的价值观是强调以人为中心的，在这种社会中，人们相信现实仅仅由于人能感觉它而存在，宇宙是为人而建立起来的结构。这样的价值观念下，人类不是去寻求同大自然的结合，而是要征服自然，把一切都人格化，具有人的特点并以人为中心。在他看来，清一色的建筑、粗制滥造的城市和破坏了的景观就是在这种价值观下城市性质和城市景观的必然结果。不仅如此，这种价值观已经威胁到了人类的生存；而认识自然本身的内在价值并进行保护，也就是保护社会自己。他呼吁："我们需要人与自然的结合，这是为了要生存下去。"

麦克哈格提倡的"设计结合自然"，其首先就是要具备人与自然的共生观念，"西方的傲慢与优越是以牺牲自然为代价的，东方人与自然的和谐以牺牲人的个性而取得。通过把人看作是在自然中具有独特个性的而不是一般的物种，则尊重人和自然这两重性的统一就一定能达到。"

结合气候的建筑设计是自古以来人类谋求理想的栖居条件的主要方式。对于现代城市建筑来说，与气候环境相结合，不仅仅在于建筑本身能够获得舒适的室内环境和节能的生态作用。在高密度城市建成环境中，建筑群形成一个空间整体，城市空间环境的微气候对于每一座建筑都有直接影响。换句话说就是每一座建筑都通过对微气候的改变而与城市空间以及其他建筑构成一个互动的整体。建筑与自然气候的结合必须是从整体环境出发，有利于营造宜人的微气候环境。

在以人工环境为主体的城市中，建筑与气候、地形、自然水体等要素结合，在利用自然达到节能和环境舒适的同时，更应当对自然环境进行积极的保护，达到可持续发展的生态目标。为此杨经文也曾指出："我们的设计目标是使人工系统与生态系统之间形成共生关系，并且使设计后的周边景观环境与建筑物整合为一，形成'建筑—景观'和'景观—建筑'。为达到这个目标，必须整体考虑外部生态和自然文脉系统，包括城市场地以及城市整个环境生态系统。"

（2）与人文环境的共生

广义而言，人文环境指人类社会历史实践中所创造的物质与精神财富的总和。因此城市建筑对人文环境的关注包括关注人和注重文化两层含义。城市建筑所构筑的人工环境最终目的是获得人的理想聚居空间，这种聚居空间是人性化的。我们所说的人性化是指满足人对基本生理、心理、行为和物质文化的需求。人性化对城市建筑及外部环境的需求表现在物质与精神两方面：首先是符合人对生活场所的基本物质要求，体现在建筑室内外空间的适宜与健康；此外还应当满足人对场所环境的文化需求，与地域环境相结合的生态化设计本身就应当带有地方文化的特点，机器般的、对人的视觉与感官毫无关注的建筑不能称得上完全意义的生态化。

第一，人性化的健康原则。尊重人的生物舒适感是建筑人性化的重要体现，即为人提供更高质量的声、光、热、湿度环境和景观环境。传统建筑的一些节能办法是采取厚重的隔热墙体，采用减小窗洞以防止热量散失，在这样的密闭环境中，虽然起到一些节能作用，但不良的通风和封闭的视觉景观对人的身心都会造成不利的影响。而当今许多高档的商业办公建筑采用全空调的封闭室内环境，同样会因通风不良，缺少新鲜空气引起空调建筑综合症。同时大量空调的使用也会造成室外空间的环境污染和排热增加，恶化城市建筑生态单元内的热环境。生态化的城市建筑注重为使用者提供对建筑环境的自我调控的可能，包括建筑上的百叶窗、多层墙体以及一些机械设备都应当由使用者根据自己的需要控制，体现对人的尊重，而不是将人关在无法自行控制环境的盒子内。

以人为本的健康原则还表现在建筑环境的无害化，就是在建筑材料和室内装饰中不使用有毒有害的物质，体现绿色环保的概念，将建筑环境的健康、安全和耐久放在重要位置。

第二，尊重城市文脉。从原始的刀耕火种到现代的城市生活，人类生存和发展的历史每一阶段都是以世代的文化积淀作为保证和支持，从而也产生了丰富多样的建筑文化，这些文化的积累对建筑的继续发展与进化无疑是有其内在价值的。如地方建筑更加与当地的地理环境和气候环境结合，这些条件是形成其文化性的基础。正如柯里亚所言："在深层结构的层次上，气候条件决定了文化和它的表达形式、它的习俗、它的礼仪"[44]。建筑生态化设计强调与自然条件结合，通过适应地形条件、气候环境达到生态节能的效果，与此同时建筑也就必然与地方文化建立相应的联系。再对传统文化持有吸纳和融合的态度，就会不断地发掘传统城市和建筑中许多符合生态学原理的处理方法，例如建筑的规划布局以及细部构造处理，以此为创作基点，就会为生态化设计注入活力。

地域建筑具备的种种生态特性无须用更多的笔墨来论述。城市建筑生态化主张尊重不同民俗、传统和地域文化，并通过设计体现其内涵，这并非简单的建筑回归。建筑与城市文脉相融合是在生态概念上的一种文化提升，只有根植于传统和地方文化中才能够接近居民的生活，也才能创造出符合人性化的空间场所。建筑生态化的手段和方法是多种多样的，在达到生态目标的同时强调与地方性结合塑造空间环境，使建筑更能够接近人的生活与情感，也使建筑更具有生命力。

在当今全球化的发展趋势影响下，城市和建筑也趋向全球同化而丧失文化特色。从生态学的角度来看，地域特性是生物适应环境而生存的基本特征，是一种因适应而存在的根本反映。结合地域环境与气候也是建筑生态化的基本原则，因而生态型城市建筑有责任延续城市文脉和地方文化，为丰富世界建筑文化做出贡献。生态化设计与发掘地方传统建筑技术、地方建筑材料表达方式、特殊的建筑色彩和形象相结合，通过邀请市民共同参与设计，就是与人文环境共生的一种具体体现，同时也因尊重地方文化而达到尊重人的目的。

3.1.3 景观生态学理论

3.1.3.1 景观

“景观”（landscape）一词有许多种含义，在欧洲最早出现在希伯来文化的《圣经》（旧约全书）中，用来描绘具有所罗王国教堂、城堡和宫殿的耶路撒冷城美丽的景色。后来在 15 世纪中叶西欧艺术家们的风景油画中，景观成为透视中所见地球表面景色的代称。它与“风景”“景致”“景象”等一致，等同于英语中的“scenery”，都是视觉美学意义上的概念。在德语中，“景观”（Landschaft）本身的含义是一片或一块乡村土地，但通常被用来描述美丽的乡村风景概念。它是针对美学风景的景观理解，既是景观最朴素的含义，也是后来科学概念的来源。

通过对其内涵的分析发现，其存在一定的共性，可大致归为三类：

第一，作为植被景观或以植被为主的绿色景观的代称，多为林业和植被研究者使用；第二，指区别于一般视觉景观的具有科学意义的景观，也即通常在景观生态学研究中所特指的包含生物和人文特征的景观，多为运用模型进行景观生态格局变化研究的学者所使用，来指称其模型研究的景观对象；第三，指经过生态规划或设计具有可持续性、人与自然和谐统一的景观，多为城市或区域规划及资源环境问题研究者所使用。本书采用景观的第三种含义，认为生态景观是景观生态规划的结果。

3.1.3.2 景观生态学

景观生态学是 20 世纪 30 年代以来，随着生态学的迅速发展，“景观作为生态系统载体”的景观生态思想得以崛起，使景观概念发生了重大变化。1939 年，德国著名生物地理学家 Troll 就提出了“景观生态学”(Landscape ecology）的概念，把景观看作是人类生活环境中“空间的总体和视觉所触及的一切整体”。德国著名学者 Buchwald 进一步发展了系统景观的思想。他认为：所谓“景观”可以理解为“地表某一空间的综合特征，包括景观结构特征和表现为景观各因素相互作用关系的景观流、景观功能及其历史发展”，“景观是一个多层次的生活空间，是一个由大陆圈和生物圈组成的、相互作用的系统。”20 世纪 80 年代后，面对全球的资源环境问题，景观生态学有了很大的发展，科学家们提出要重新认识人与自然相互作用的反馈机制，将现代生态学作为解决人与生物圈生物背景问题的依据，其研究对象，是不同尺度人地系统结构，功能联系以及系统稳定的对象。所以，景观生态学是研究景观的空间结构与形态特征对生物活动、人类活动影响的科学。它以生态学的理论框架为依托，吸收现代地理学与系统科学之所长，研究景观的结构（空间格局）、功能（生态过程）和演化（空间动态），研究景观和区域尺度上的资源、环境经营管理。

近年来，景观生态学的研究对象从以公里为计的大尺度空间如草原、荒漠、森林和大片农田牧场等，开始转移到城市地区。运用景观生态学关于格局与过程的生物空间理论指导城市自然景观的组织，开展新的城市绿地景观建设研究，用景观生态学的原理，研究园林绿地系统规划，使城市景观符合生态学意义，有助于解决城市资源、环境和发展问题。

殡葬建筑作为实质生存环境——生态系统的组成部分，同时作为城市景观构架的一部分，又担负着重要的人类殡葬、城市人文景观与旅游、城市开发等重要职责，城市公墓是城市中人与自然相互作用、相互交流的最重要的场所，人为的活动对于自然生态的影响在这一区域最直接地反映出来。所以对于建构一个平衡发展的机制，创造一个和谐的人与自然协调发展的环境，景观生态学的原理在其中发挥的作用是不可忽视、不可替代的。

3.1.3.3 景观生态学三要素：斑块—廊道—基质

景观是一个由不同生态系统组成的异质性陆地区域，其组成单元称为景观单元，按照各种要素在景观中的地位和形状，景观要素分成三种类型：斑块、廊道与基质。景观生态学主要研究景观的三个特征：结构——不同生态系统或景观单元的空间关系；功能——景观单元之间的相互作用，即生态系统组分间的能量、物质和物种流；动态——斑块镶嵌结构与功能随时间的变化。

（1）斑块

斑块是在景观的空间比例尺上所能见到的最小异质性单元，即一个具体的生态系统。在外貌上，它是与周围地区有所不同的非线性地表区域，其形状、大小、类型、异质性及其边界特征变化较大。斑块的大小、数量、形状、格局有特定的生态学意义。单位面积上斑块数目反映了景观的完整性和破碎化，景观的破碎化对物种灭绝有重要影响；斑块面积的大小不仅影响物种的分布和生产力水平，而且影响能量和养分的分布。斑块面积越大，能支持的物种数量越大，物种的多样性和生产力水平也随面积的增加而增加。

（2）廊道

廊道是指不同于两侧基质的狭长地带，可以看作是一格线状或带状斑块。廊道有着双重性质：一方面将景观不同部分隔开，对被隔开的景观是一个障碍物；另一方面又将景观中不同部分连接起来，是一个通道。连接度、节点及中断等是反映廊道结构特征的重要指标。

（3）基质

基质是景观中范围广阔、相对同质且连通性最强的背景地域，是一种重要的景观元素，它所占面积最大、连接度最强、对景观控制作用也是最强的景观要素。它在很大程度上决定着景观的性质，对景观的动态起着主导作用。作为背景，它控制影响着生境斑块之间的物质、能量交换，强化和缓冲生境斑块的“岛屿化”效应；同时控制整个景观的连接度，从而影响斑块之间物种的迁移。

3.2 殡葬建筑生态化的提出

城市化的推进使城镇人口基数和密度不断加大，死亡人口数量的持续增加导致了城市中殡葬建筑的用地需求扩张，而土地稀缺和人类生存环境的恶化使得城市发展面临着死人与生人争地的两难境地。目前我国大多数殡葬建筑普遍存在着缺乏规划、占用大量土地用于埋葬，缺乏绿化和美化的景观建设，“白化”现象严重等问题，缺乏生态化理念，总体建设水平与欧美国家相比相差较大。传统殡葬建筑的建设，其发展观点往往是片面追求经济增长，以牺牲自然环境为代价换取一时的经济效益。这种急功近利的思想，加重了日益严峻的生态危机，严重破坏我国自然生态环境与和谐的社会环境。

从目前国内殡葬建筑的发展现状来看，由于生态危机的日益加深，促使人们的环境意识也在逐渐得到了提高，“生态”一词也由生态学家、生物学家这些从事科研的专业范畴，成为人们广为关注的热点，并逐渐形成了一种关心生态环境、注重人与自然协调发展的新的思维方式，渗透到社会生活的各个领域。殡葬建筑也不例外，也要朝着生态化、可持续的方向发展。不但要给人们提供一个适宜的环境，还要尽可能减少对自然界的破坏，既要体现对使用者的关心，也要体现对自然的关怀，最终实现人—建筑—自然的协调发展。

3.2.1 殡葬建筑生态化发展的现存问题

3.2.1.1 对土地资源的影响

我国目前正处于一个历史性的大建设时期，虽然人口位居世界第一位，占世界人口22%，但土地资源仅占世界的7%，人均土地资源仅占世界的1/3，还不到1.5亩。而且耕地连续以平均每年750万亩的速度在迅速减少，其中多数转化为建设用地，土地资源呈严重递减的形势。

城市化的推进使城镇人口基数和密度不断加大（图3-1），并且人口日趋老龄化。根据国家统计局公布的第五次人口普查资料，2000年我国老年人口的基本情况如下：

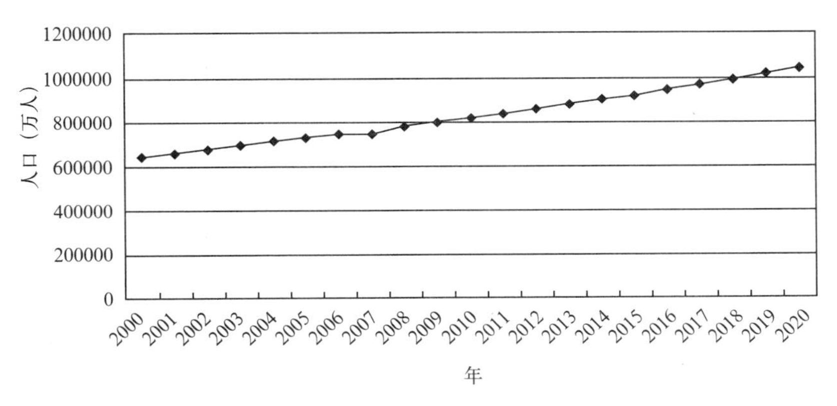

图3-1 人口增长预测（2000～2020年）

（1）老年人口的总况

2000年全国总人口为124261万人，60岁以上人口达到12998万人，80岁以上人口达到1199万人。男性老年人口有6338万人，占全部老年人口的48.76%，女性老年人口有6660万人，占51.24%。2942万老年人居住在城市，占22.63%；1499万老年人居住在镇，占11.53%；8557万老年人居住在农村，占65.83%。

（2）人口老龄化

2000年全国60岁以上人口占总人口的10.46%，此时我国人口的年龄结构已经进入了“老年型”。80岁以上人口占60岁以上人口的比例达到9.22%。60岁及以上老年人口占总人口的比例，城市为10.05%，镇为9.02%农村达到了10.92%。

日本总务省公布的 2005 年日本人口普查中的“1% 抽样统计快报值”显示，日本 65 岁以上老龄人口占总人口的比例（老龄化率）达到 21.0%，超过意大利的 20.0%，成为全球该项指标最高的国家。据日本共同社报道，在此次普查中，老龄化率相比 2000 年的上轮普查增加了 3.7 个百分点。美国从 1990 ~ 2000 年，45 ~ 54 岁之间人口增长 49%，85 岁以上人口增长 38%。

这样巨大的老年人比例导致死亡人口数量的持续增加（图 3-2），使得城市中殡葬建筑的用地需求扩张，土地密集使用，而土地稀缺和人类生存环境的恶化使得城市发展面临着死人与生人争地的两难境地。我国目前约有 13 亿人口，按 2002 年统计数据表明，平均死亡率为 6.41‰，死亡人口约为 833.3 万，而火化率仅为 50.6%，还有 411.6 万的死亡人口为土葬。按云南大学周鸿教授等的研究，土葬平均占地 5 平方米 / 人、火葬占地 2 平方米 / 人计算，每年用于殡葬用地的土地为 31 平方公里。若再任公墓建设的自由扩张，若干年后人类将面临被墓地所包围的尴尬境地。

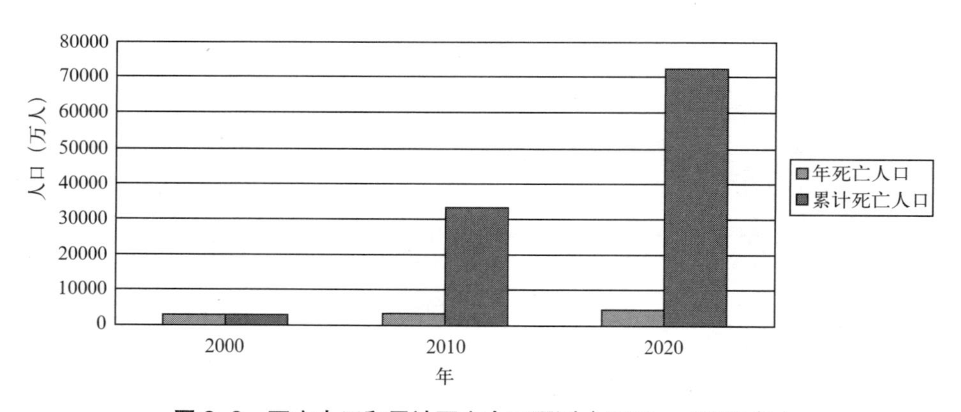

图 3-2　死亡人口和累计死亡人口预测（2000 ~ 2020 年）

明代的李元阳曾说“一坟所占不过十步，而有力之人广图风水，遂致占田为坟，而刀耕火种之民无从措手，恐非长久之策也”。古人的预言在今天的部分地方已经成为严峻的现实——开山炸石造碑立墓，坟茔侵占耕地良田，甚至与住宅、学校比邻接踵。据笔者近期参与的殡葬建筑建设标准研究项目，经统计截至 2004 年底，全国共有殡葬事业单位 3119 个，其中殡葬管理单位 633 个，殡仪馆（大多含火葬场）1549 个，每年死亡人数不少于 900 万人，年火化遗体 436.9 万具，民政部门直接管理的经营性公墓 937 个，与外商合资、合作经营性公墓 40 个，乡村公益性公墓 12 万个。每年用于殡葬的土地就有几十万平方公里，这相当于每两年就吞噬掉一个海南省的园林绿地面积。

当前基于传统的留存心理产生的骨灰保存法，使得现有殡葬建筑极难得到循环使用。随着我国社会老龄化程度的日渐加深，死亡人口数量逐年累积，现有公墓的“死墓危机”正在逼近，这更加剧了土地资源的稀缺。

3.2.1.2 对城市景观的影响

目前我国殡葬建筑普遍缺少完整的规划体系，带来用地零碎的后果，造成村村建墓，处处见坟，墓地与耕地，墓地与村居混杂的现象，现在还较为普遍。在全国众多的殡葬馆、火葬场、公墓中大多数技术落后，普遍存在着缺乏规划、占用大量土地用于埋葬，缺乏绿化和美化的景观建设，“白化”现象严重，缺乏生态化理念（图 3-3）。总体建设水平与欧美国家相比相差较大。传统殡葬建筑的建设，其发展观点往往是片面追求经济增长，以牺牲自然环境为代价换取一时的经济效益。这种急功近利的思想，加重了日益严峻的生态危机，严重地破坏我国自然生态环境与和谐的社会环境，对城市景观造成严重影响，成为急需解决的关键性问题。

同时，落后的风水观使得良田沃野沦为墓地（图 3-4），并导致其周围土地大片荒芜。而陈旧的墓葬形式，带着青乌先生诡谲的神秘，化青山为腐朽，制造了无数视觉上的垃圾。这些墓碑森然林立的白色区域，如同丛生的痈疖，给人难以名状的恐惧，严重损害了城市景观的完整性。

图 3-3 青山白化

图 3-4 良田沃土沦为墓地

3.2.1.3 对城市环境的影响

人在死亡后，遗体是一个巨大的污染源，在殡葬建筑中运送遗体、清洗遗体、遗体防腐和火化遗体时会产生大量的废水、废气和废渣。仅火葬焚烧遗体就会产生大量粉尘和二氧化碳、二氧化硫、氮氧化合物、硫化氢、氨气、一氧化氮等污染物，还能产生二噁英类强致癌、致畸、致突变物质。

这些不仅给殡葬建筑室内、室外造成巨大污染，严重危害到人们的身体健康，而且加剧了大气中的温室效应，从而造成生态环境的巨大压力，导致生态环境的破坏，所有这些已成为一种急待解决的社会问题。形成的主要污染包括：

（1）空气污染

在腐化过程中产生的带异味的气体主要有芳香胺、CH_4、H_2S、硫醇、NH_3 和 PH_3。为了阻止这些气体，需要在埋葬的棺材上方覆盖不小于 2 米的土层。

（2）传染病

公墓的影响对于整个地下水的污染来说只起到一部分作用，但是其污染方式和性质与传统的污染源截然不同。许多情况下墓地产生的沥出物对健康的危害更大。尸体腐化过程会产生多种致病有机物，包括细菌和病毒。对于选址不当的墓地，这些微生物有机体对邻近地下水的污染会给使用和接触到这些受污染水体的人们的健康带来严重的危害，造成流行病的传播。有资料表明，殡葬过程会影响到尸体腐化所必需的微菌群的产生。处于潜伏期的病原体可能出现在尸体中。土壤中一些使有机物质腐化的厌氧型微生物（saprophyte anaerobic microorganism）可以通过暴露的伤口进入人体组织而致病。不论对于病原体还是腐生菌，这些微生物在土壤中的存活时间都是有限的（长的像一些抵抗性孢子，大约 2 ～ 3 年；短的如霍乱病毒，不到 4 周）。为了保证卫生健康，棺材的埋葬深度应不小于 1.5 ～ 2 米（建议不小于 1.8 米）。

（3）火葬的污染

推行火葬是减少殡葬用地量的主要途径，从卫生学的角度来看也是保护环境的重要方法。实际上一具体重约 80 公斤的遗体火化后的骨灰约 600 克，而且由于其为 800℃温度下经约 2.5 小时火化过程后的产物，已基本不构成卫生方面的问题。采用火葬来替代土葬固然可以解决公墓带来的许多问题，但从文化上对很大一部分公众来说可能是很难接受的。土葬依旧是许多人选择的殡葬方式，这也是我们今后研究的出发点。不过，火化设备的出现同样给火葬区带来环境和卫生问题。殡仪馆的核心设备是火化炉，并常常靠近公墓或处在墓区之中，对环境影响最大的也是来自火化炉火化遗体的排放物。火化炉在焚尸过程中产生的污染主要有烟尘（空气过滤和处理装置的排放残渣）、SO_2、异味和噪声等，但一般只局限于殡仪馆火化车间为中心直径 500 米范围内。周边居民最反感的是黑烟的排放，黑灰的飘扬与沉降，以及异味和噪声的污染等。调查数据表明，殡仪馆火化机对环境的污染，远比化工厂、印染厂、钢铁厂、水泥厂、火电厂等要低得多，但是由于火化机产生的污染是焚尸过程中产生的，人们在心理上对这种污染较难以接受。

另外，我国大部分墓地，主要是以水泥或石料板块制成的墓穴和墓碑，给荒山包上了一层坚硬的外壳，其风化瓦解期十分漫长。这种公墓较之土葬墓对环境的后续影响更大。

3.2.1.4 对社会文化的影响

中国传统观念一直认为人的灵魂永存，并形成“事死如生，礼也”的文化心理，并且这种观念根深蒂固，直到今天其程度仍然不减，且有上涨的趋势。因此“隆丧厚葬”的传统殡葬文化和殡葬活动在中国一直盛行。这不仅耗费了大量的社会资源而且破坏了城市和乡村的生态环境。在旧的习俗影响下，传统殡葬建筑往往大兴土木，耗费巨大的人力、物力和财力。如某报道称，在桂粤交界的广东省高州市曹江镇风村管理区，这一向沉寂的粤山区，近年来因建有一座造价近 2000 万元，占地约 5 亩的坟墓而轰动国内外。据称，整个坟墓气势恢宏，令人叹为观止。在每个平台两边，均铺设了条石阶梯通道，石阶之处，又有石栏，两边循环相通，平台下有的还设有地下室。更有甚者，坟墓的所有护栏均是经过精工雕琢布满龙凤的花岗石石刻。在哈尔滨卧龙岗陵园也有一些占地面积很大的墓，造价昂贵，全部用汉白玉雕刻而成（图 3-5，图 3-6），两只汉白玉大象在前面镇守，后面一圈汉白玉柱子将中间的坟墓半围合起来。可以看出，炫耀、攀比和崇尚奢靡腐化之风也是导致生态环境危机的根源。

图 3-5 哈尔滨卧龙岗内的豪华墓地正面景观

图 3-6 哈尔滨卧龙岗内的豪华墓地侧面景观

总之，殡葬建筑目前存在的这些现象已经在一定程度上阻碍了殡葬建筑自身和城市经济的发展。因此，殡葬建筑的生态化建设和可持续性研究已迫在眉睫。

3.2.2 影响我国殡葬建筑生态化的因素

3.2.2.1 体制不健全

殡葬建筑的建设在中国是受到民政部门的管理，而城乡规划部门并未给与足够重视。仅仅依靠民政部门进行编制的殡葬建筑规划，通常欠缺一个完整的规划编制体系，而形成不恰当的布局和选址。例如在很多城市中，由于城市的不断发展，原来民政部门选址的市郊殡葬建筑，逐渐变成市区内的殡葬建筑，需要重新选址并搬迁。而许多村镇级的殡葬建筑的建设，无法完全覆盖。因此民政部门、城乡规划部门等其他相关部门应该共同参与制定殡葬建筑规划体系。并且在编制城乡规划时，还应该把殡葬建筑的建设纳入其中作为一个重要组成要素来考虑，为其编制专项规划。

在我国崇尚“孝道”“灵魂永存”等传统礼仪和祭奠制度的影响下，以下现代的生态化殡葬方式如草坪葬、树葬、海葬等还需要一段相当长的时间才能逐渐推广并被广大市民所认可。因此，合理规划和布局殡葬建筑体系的建设，对于节约和有效利用土地资源，引导新兴殡葬事业的发展，促进健康殡葬文化的转型，具有重要而积极的意义。应受到民政部门和规划部门的共同重视，这是规划工作者的社会责任，也是可持续发展观念得以实现的诉求。

3.2.2.2 文化错位

中国传统的殡葬文化与如今飞速发展的科技与经济呈现及其不同步的态势，有些落后的殡葬思想观念仍然根深蒂固的存在，无法被替代。如“事死如生”的观念使生者不惜金钱地为逝者烧纸钱、牛、羊、房屋、手机，甚至烧真的钱、手机等物品，希望逝者可以在另一个世界也可以生活富足，实现“尽孝”，同时获得自身心灵的慰藉。这种文化错位的现象是受到封建迷信以及传统道德伦理观的影响。对由于这种文化错位，我们应在建筑规划中对传统的殡葬文化包括风水思想加以引导、控制、协调，逐渐摒除丧葬活动中的迷信思想，使其向正确的方向发展，体现文化层面上的与时俱进。

3.2.2.3 政策不完善

在政策方面，我国的殡葬事业是由民政部门主管，不允许多家经营。有的地区禁止企业及其他社会力量介入，在这种利益存在的过程中必然会导致矛盾的存在。又因为殡葬事业属于社会福利事业，国家在政策和土地使用上给与优惠，并且不能完全放开市场，这种政策和管理上的不完善、不健全，最终也会造成对殡葬业发展的影响。如目前各地的公墓价格普遍不规范，没有统一的行业标准，并呈逐年上升的趋势，往往脱离普通大众实际承受的经济能力。因此，需要政府统一制定相关的政策，规范殡葬业市场，并逐渐引导其才朝着健康的方向发展。

3.2.3 殡葬建筑生态化的内涵

所谓“生态化”其意义是把生态学原则渗透到人类的全部活动与范围中，用人和自然的具体可能性最优地处理人和自然的关系。美国建筑师西姆凡得瑞恩（Sim Van der Ryn）认为，任何与生态过程相协调，尽量使其对环境的破坏达到最小的设计都称为生态化设计。生态化的建筑观要求把建筑作为一个人与自然的宏观背景下，解决人类生存环境的技术手段，突出建筑作为“手段”和“工具”的技术角色，而不是把它作为一种表现社会甚至个人意识形态的“艺术品”主观任意地把握。

殡葬建筑的生态化应满足：第一，能为人类提供“宜人”的内部空间环境。它包括健康宜人的温度、湿度，清洁的空气，好的光环境、声环境以及灵活开敞的空间。第二，在对自然资源的利用上，对环境的索取要小。主要指节约土地，在能源与材料的选择上贯彻减少使用、重复使用、循环使用以及用可再生资源替代不可再生资源的原则。第三，对环境的影响要最小，主要指减少排放和妥善处理有害废弃物。

生态化的建筑并不仅仅指某一流行的建筑类型，它本质上是一种基本的设计思路及价值取向，这种思路与价值取向可以引入到任何一种类型的建筑中，而殡葬建筑尤其需要对其进行生态化研究。因此，本书研究的殡葬建筑生态化就是殡葬建筑外部环境和内部空间与生态过程相协调，尽量使其对殡葬建筑的环境破坏达到最小，节约土地资源与减少污染，创造宜人的外部和内部空间。

我国殡葬改革政策的终极目标是逐渐实现骨灰不保留，土地零消耗，这不仅需要改变几千年来形成的观念，而且也是一个漫长的过程，需要花相当长的时间。因此，生态化殡葬建筑的内涵就是立体化、多元化、人性化、虚拟化以及人文化。

3.2.3.1 由平面型向立体型转变——立体化

受传统殡葬方式的影响，目前国内各殡葬建筑的建设形式都很单一，绝大多数都是平面型，沿山而建。而墓穴多为台阶式或方阵式排列，如同一张太师椅。据调查统计通常平均每穴占地 3 平方米左右，这对于日趋增加的老龄化人口来说无疑会占用大量的土地资源。面对当今土地资源的稀缺与严重的生态危机，我们应该逐渐将占地面积巨大的平面型墓穴向骨灰塔、骨灰墙和骨灰廊等占地面积小的立体型墓葬方式转化，如图 3-7 ~ 图 3-9 所示。与普通墓穴相比，骨灰墙壁葬平均每穴仅占地 0.1 平方米左右，可

图 3-7　广州市墓园中的骨灰塔

以节约土地资源 30 倍之多。

同时，节约的土地资源可以用来扩大绿化面积。由于我国人口的基数很大，人均绿地面积与世界平均水平相差极大，联合国生物圈环境生态与环境组织规定最佳的居住环境应满足人均绿化率为 60 平方米，而我国绿化最好的城市人均绿地面积还不足 10 平方米。因此，墓葬形式立体化不仅可以促进殡葬建筑的生态化建设，而且在很大程度上可以提高城市的绿化水平。

另外，通过将中国古典园林中的元素如塔、廊、亭等融入殡葬建筑中，变墓地为景点，有较高的美学价值。以这种方式建设的殡葬建筑可以与亭轩、假山、水池、曲桥、花街等元素组合成一个祭奠和游览相结合的场所。

图 3-8　长春市息园骨灰廊

图 3-9　北京市潮白陵园的墙壁葬

3.2.3.2　由单一型向多元型转变——多元化

传统殡葬建筑主要还是水泥或石料板块制成的墓穴和墓碑，水泥石料的墓穴给山体包上了一层坚硬的外壳，而且水泥和石头的风化十分漫长，这种公墓甚至比土葬对环境的后续影响还要大。树葬、草坪葬等生态型的形式既能体现中国千年来信奉的“入土为安、天人合一”的哲学观念，实现人与自然在更高意义上的统一。同时，用这种方式处理骨灰，将殡葬和植树有机结合，可避免建坟造墓对土地的大量占用，同时有利于促进绿化和环境保护，也有利于减轻丧葬负担，符合殡葬改革的方向，应大力提倡。

（1）殡葬建筑的构成由单一化向多元化转变

我国的殡仪馆一直以来都是单一举行葬礼的功能，殡仪馆普遍存在着布局不合理现象。从 2003 年初，全国大中型城市取消了在医院设置太平间的惯例，改由殡仪馆在规定时间内派车接运尸体；同时城市居民的居住密度在不断扩大，家庭守灵已经给居民带来一定困扰，迫切要求殡仪馆建筑设计应具有殡仪厅、守灵堂、停尸间和骨灰堂等多元化的配套设施。由于建筑面积的扩大带来的问题是，原有建于 20 世纪七八十年代的殡仪馆已经无法满足要求，由于城市化的快速发展使原本建在郊区的殡仪馆已经处与城市次中心区域，原址加建还是选址重建是当今殡仪馆建筑面临的重要问题。

（2）解决丧葬的途径正在向多元化方向发展

近年来，随着人口基数的增加和人口老龄化的加速，全国每年死亡率不断上升。为解决遗体火化骨灰存放和处理问题，1997 年《殡葬管理条例》把"在实行火葬的地区，国家提倡以骨灰寄存的方式以及其他不占或者少占土地的方式处理骨灰"写进了"总则"的内容。在各地探索实现骨灰处理多样化的基础之上，因地制宜，进一步推行骨灰处理的多样化，通过普遍建立骨灰堂、墙、廊、塔、楼、亭等设施寄存骨灰，使骨灰寄存成为骨灰处理的主要形式的同时，各地进一步扩大了骨灰撒海（河、湖）葬、骨灰植树（花）葬，如图 3-10、图 3-11 所示为英国舒兹伯利殡仪馆的墓葬区，以树（花坛）代墓等不保留骨灰或一次性处理骨灰的新形式。少占或不占土地的骨灰处理方式逐步为越来越多的人民群众所接受。

图 3-10　墓园中的纪念墙壁葬

图 3-11　墓园中骨灰散撒的水面

目前，树葬、草坪葬等绿色殡葬形式已在国内许多城市推广，以节约土地、美化环境为目的，把传统土葬与现代方式结合得比较好，市民比较容易接受，墓置于绿色草坪中，与芳草为伴，使亲人与大自然融为一体。

随着时代的发展、社会的进步、人们观念的更新，今后会有越来越多的人接受这种绿色殡葬。作为规划工作者，应在设计与管理上增加艺术含量，把城市绿地系统规划与公墓建设结合起来考虑，则有望将安葬场所变成绿荫葱茏、香飘四季的旅游景点，成为21世纪一种特殊的生态化殡葬文化。

3.2.3.3 由荒凉型向情感型转变——人性化

美国学者卡斯腾•哈里斯在《建筑的伦理功能》一书中说到，建筑的任务是对人类生活方式的诠释，那么殡葬建筑则是对人类精神生活的承载，从多方面反映着人类的精神追求和理想。殡葬建筑不仅仅是个由地形、水体、植物、建筑等物质要素构成的物质实体，更是一个精神空间。这种精神是先祖对理想生活的追求，是前人不断探索的延续。它类似于一种长期以来的历史沉淀，是具有某种共性的人类群体的共同情感的积累，甚至是一种集体情感、民族情感的固化。

同时，殡葬建筑也是诱发、引导和承载主体情感的空间。前一方面是从较宏观抽象的层面而言，而从较具象的角度看，它提供一个空间，给主体人释放情感，可以是人与空间的情感交流，也可以是人与人在空间之中的交流。

当客体殡葬建筑固有的情感特质和主体人的内在情感一致、产生共鸣时，客体的精神属性就得以被理解，而同时主体的精神需求得以满足、获得愉悦的体验。殡葬建筑才名副其实的成为心灵的庇护所。当今有些殡葬建筑设计作品利用率不高，或是错误地使用和遭到破坏，从某种程度而言正是由于主客体之间缺乏这种共鸣，不被理解不被满足而造成的。

殡葬建筑中的情感类型是多样化的，十分丰富。有些殡葬建筑是多种情感氛围融合并存，在不同的功能区内又表现出主次之分；而有些则是以某一种情感氛围为基调，辅以其他情感类型——主要与殡葬建筑所承担的功能相对应。从情感表达的强度而言，以常态的平和的情感释放为主，而非过于激烈的情感宣泄。基于文化传统民族性格的不同，总体上东方以内敛、抒情的情感表达方式为主，而西方给人以较为开放、激情的总体感觉。

总体而言，多数殡葬建筑的情感类型以积极情感为主导，引导愉悦进取的人生体验和态度，给人以充满生机、希望的精神空间。但它也并非对消极情感的排斥，只是不沉溺和受制于消极情感，而是将其释放、舒缓、转换为积极情感。值得注意的是，纪念园、墓园等特殊园林类型基于特定的功能要求，是以消极情感体验为主导的，以期达到缅怀、崇敬和教育的目的，但其中积极情感仍具有十分重要的意义。

殡葬建筑的情感设计是一种将情感作为重要的设计要素，作为其他物质要素（地形、水体、植物、建筑等）布局结合时的内在逻辑线索，融合到整个前期调查、规划设计、后期回访评价过程中，从而营造出一个可以诱发、引导、承载和调节人的情感的环境的设计方法。其主要特点是：

(1) 强调整体环境氛围的营造。情感与其他独立存在的植物、建筑、水体和地形等物质要素不同，它就如同“血脉”、“灵魂”一样是存在于每种要素之中、之间的。整体性是情感设计的核心，包括造景要素的全面性和参与过程的完整性。

(2) 它是一种关系设计，而不是单纯的环境设计。情感设计为人的情感行为与场所精神之间找到契合点。

(3) 它不是将设计者的情感物化再强加于受众的过程，而是根据一定的可能性创造的一个空间，引导受众原本就自在的情感。

3.2.3.4 由实体型向虚拟型转变——网络化

信息时代给我们的生活带来巨大的变化，数字化技术已经逐渐渗透到人类生活的各个层面，计算机和网络技术改变了信息的存在和流通方式，给人类生活方式带来了深刻的影响，甚至给人类最古老的丧葬仪式和对逝者的追念方式也带来一场革命。传统的墓园无论采用何种方式都是要消耗实体空间的，都是一种实体的存在。利用互联网络的技术，建立虚拟墓园已经悄然兴起，这完全契合了我国殡葬改革的最终目标——骨灰不保留。通过撒播到绿地或水体中，实现骨灰从实体到虚无的状态，不再受到土地资源的制约，真正实现墓园的生态化建设。同时又可容纳巨大的信息量，满足逝者与生者之间的对话。

传统的悼念、扫墓与祭祀形式给城市交通、环保、消防等带来大量的问题；骨灰的不保留又令许多人心理上难以承受；同时大批远在异乡生活的人们又因空间与时间的限制不能向逝去的先辈表达哀思而空留遗憾等等。而虚拟殡葬建筑恰恰可以很好地解决这些问题。这种方式既能节约土地资源，又不污染环境，作为一种不保留骨灰的全新安葬形式，将成为未来殡葬改革的发展趋势。

加拿大的一位结构工程师在互联网上首创了一套叫作“环球墓园”(World Wide Cemetery) 的程序。在这里的主页上首先看到的是墓园的入口处的风景：冬季的白日，两个古旧斑驳的石柱，一扇锻铁铸成的大门，下面是一棵落尽枝叶的老树，于简朴肃穆中透出一种装饰美。画面的一侧有一行字：“欢迎来到‘电脑墓园’，这里是 Internet 的使用者，他们的家庭和亲友为逝者竖立起一座永久纪念碑。”人们可以自由地进入这个“墓园”，浏览那些逝者的姓名、生平、墓志铭和亲友对逝者的思念。也可以知道曾经有谁，在什么时候来到过这里，在“墓”旁留下过“花”束——多半仅仅是一句简洁的致意以及自己的姓名和电子信箱号码。如果你愿意，也完全可以如法炮制。出现在屏幕上的不仅有文字，而且有图片、声响甚至录像。

因此，逝者的音容笑貌不但在你面前栩栩如生，而且其亲友的啜泣之声和悼亡文字也会使你平添几分伤感。如果你想替某个逝者在这里建“坟”立“碑”，并写上几句悼词或追忆文字，只需花 5 美元。如果想加进图像或音响信息则另外收费。目前国内也已经出现许多类似的网络殡葬建筑 [64]。

有了这些网络殡葬建筑，逝者将不再需要占用任何有形的物质空间，在固定的地点给这个世界留下一点什么。但实际上以这样的方式留存下的记忆将远比坟墓丰富得多，而且意味深长的是：这种怀念与记忆将无处不在，无时不在，任何怀念者只要打开电脑，进入互联网，便能与之相聚，真正具有某种实质性的意义。

3.2.3.5 由外延型向内涵型转变——人文化

公墓是寄托生者哀思的场所，公墓的发展方向应该是具有文化内涵的艺术载体。没有文化内涵的公墓就是一堆花岗石加遗骨，这样的公墓的经营将沦为土地和石头的买卖。在经济社会中，知识和文化能带来巨大的增值，带来丰厚的利润。公墓也应该从外延型的发展向内涵型的发展模式转化。我国当前许多公墓一味追求豪华与奢靡，似乎非如此不足以示孝，甚至演化到“生居墓”的出现，远远失却了古人以天地为棺椁，明月为连璧的境界。

中国古代灿烂的文化成果很多都是通过墓葬的形式传于后世的。其中许多精神层面的精粹仍然值得当代人借鉴。它是传承民族文化的博物馆，需要用抢救历史文物的眼光来建设。墓葬的形式，体现了一个民族的文化修养和道德水平。俄罗斯的新圣母公墓，以其雕塑艺术而闻名于世。除了栩栩如生的墓主塑像，还有很多以墓主毕生事业作为墓前雕塑——一张琴谱、一把小提琴，一艘战舰、一辆坦克，或是一个奖杯、分子运行图……如图 3-12 ～图 3-14 所示为上海福寿园的纪念雕塑，这里让人感觉只有艺术文化的存在而毫无恐怖之感，令人觉得死去只是躯体的消亡，而精神却

图 3-12　上海福寿园的草坪葬

随墓园雕塑长存于世。罗马尼亚拥有一个世界独一无二的“快乐公墓”——每块墓碑上都刻有死者生前一段有趣的故事或最喜爱的最幽默的一句话，其中不乏精彩之作，读之令人叫绝。对死都能一笑置之，足见罗马尼亚人的乐观开朗。也正是如此有特色的民族文化，吸引了众多慕名而至的游人。

无论东方的还是西方的、古老的还是时新的，丧葬文化中都有合理和优秀的成分，选择性地借鉴将对我国殡葬建筑生态化的良性发展大有裨益。

图 3-13　上海福寿园内具有文化内涵的景观

图 3-14　上海福寿园内的纪念雕塑

3.2.4　殡葬建筑生态化的特征

3.2.4.1　循环再生性

循环再生性是指殡葬建筑内的所有物质都参加系统内的自然循环，可以再生。殡葬建筑的生态化将纳入一个与环境相通的循环体系，从而更经济有效的使用环境资源，使其成为所在区域生态系统的一部分，并能够健康的运行，尽量减少对自然景观、山石、水体、植被的破坏，最大限度的利用自然要素，提高能源和材料的使用效率，减少建筑的耗能，充分利用自然通风、采光使其自身成为一个合理的生态系统。同时使殡葬建筑本身的任何一部分也纳入系统生态循环的一部分或过程。如盛装骨灰的容器使用可降解材料，埋入地下后将在短期内被土壤分化，进入自然循环。

3.2.4.2　生物多样性

这里主要是指物种层面的生物群落多样性，即物种的丰富度。殡葬建筑的生态化建设应具备多层级的植物体系，扩大物种的丰富度，营造“生态复活体”，恢复被原有墓地破坏的城市生态系统，使殡葬建筑和其周围环境成为最接近自然环境的场所，最终达到维持城市生态平衡的目的。

殡葬建筑的建设和发展应以恢复所在地生态环境为目的——它将为城

市提供环境服务，诸如保持土表、维护集水区、提供适宜昆虫、鸟类及其他生物生存的地区性气候，并协助复原已被破坏的生态系统和生物物种。生态殡葬建筑自身将成为一个运转良好的小型生态系统。这对于城市化所导致的城市生物组成破坏、自然生物群落及物种不断减少以及城市生态系统稳定性的破坏将起到修复作用。从而促进殡葬建筑生态化，人工环境自然化。同时通过多层级的绿化设计，提高城市的绿化率，保护、修护、恢复、改善建筑基地的自然状况、绿化环境，形成区域内的功能性绿肺，恢复生物物种的多样性，维持生态系统的平衡。

3.2.4.3 园林化

园林化是现代殡葬建筑的生命。可持续型殡葬建筑应以绿色植被为主体建设对象，并具有艺术化的景观效果，是一种特殊形式的城市生态园林。殡葬建筑是缅怀先人的地方，同时应该具有公园的功能，通过对墓园的绿化，可以给殡葬园林带来生机和活力。建设一座现代化的殡葬建筑，要充分利用有限的土地资源，加大绿化覆盖面积，在自然的环境中融入文化艺术并成为一处人文景观，营造公园式的殡葬建筑。

如图 3-15 所示为北京市顺义殡仪馆的潮白陵园，由北京市建筑设计研究院设计。陵园坐北朝南，地势平坦，开阔的环境使逝者与天地相容。由十几个单体精妙构思建筑而成的潮白陵园依势而筑，庄重古朴，达到了自然美与人文美的有机结合。设计中继承了中国传统文化，实现了园区与环境的完美结合；园林式的总体布局又传承了中国古典建筑的精髓，保留了民族传统之神似；同时将现代艺术融入规划设计中，体现了现代风貌，从真正意义上成为百姓可以信赖的万寿之园。

图 3-15　北京潮白陵园的园林化景观

从笔者最近参与编写的《公墓建设标准研究》规划用地比例表中可以看出，除去专属绿地，墓区占去了总用地的 50% ~ 55%（表 3-1）。如果将墓区与园林绿化设计相结合，那么总的绿地面积将上升到 70% ~ 80%，这一比例已接近各类城市园林绿地的指标，使公墓可以成为城市绿地的有效组成部分。这对于用地面积动辄超过 10 公顷（表 3-1）的公墓来说，将成为城市一项可观的生态资产。如图 3-16 所示，是对我国各城市 23 个独立墓地总用地规模的统计图。我国城市人口基数大，人均绿地面积与世界平均水平相比极为落后。在城市内部或周边建设生态型公墓，不仅能够提高城市绿化率，还将形成区域内的功能性绿肺，促进城市生态系统的恢复。

公墓规划用地比例 表3-1

用地分类	规划用地比例
道路、广场、停车场地	10% ~ 15%
墓地	50% ~ 55%
业务、办公、附属建筑占地	＜ 2%
绿地、园林小品、水面	20% ~ 25%

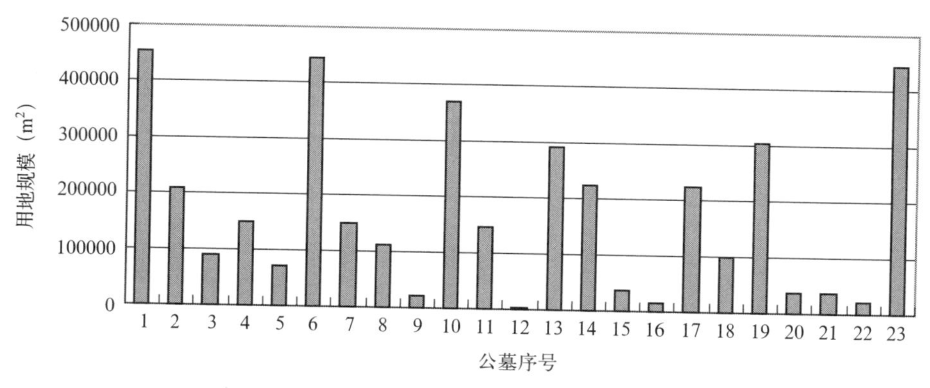

图 3-16 总用地规模及独立墓地总数统计

3.2.4.4 文化休闲性

殡葬建筑的生态化还具有文化休闲性，突出设计的特色与文化意味，把握每一个殡葬建筑的文化主题、空间性质、艺术特点以及人的感受，通过廊道有机组合起来，建立完整的殡葬活动网络，使殡葬建筑除了发挥殡葬基本功能外，还成为可游、可赏、可探的具有文化内涵的特殊场所。同时要保持本土特色、尊重本土文化，既要历史性地继承，又要创造性地发扬。

3.2.4.5 健康适宜性

健康适宜性的内涵包括殡葬建筑环境对使用者生理和心理上的关怀及其对地球环境的无害负责，这就需要综合调度建筑设计与技术参数，多层次满足各种不同的需要。健康不仅指没有疾病，而且是指身体、精神及社会性的一种完好状态。从这个意义出发，健康环境的特征应是与自然相和谐，使人身心健康并富有生气。适宜则是在当前能源环境恶化背景下的一种理性选择，一反以前以人的绝对舒适为目标，凸显了“适度”原则，通过对舒适范围的动态调控达到相对舒适状态。

3.3 殡葬建筑生态化设计原则

3.3.1 系统整体性原则

生态学的真谛在于系统整体性。按生态学观点，自然界是生态系统，而世界是“人——社会——自然”复合生态系统。生态世界观认为，现实中的一切单位都是内在联系着的，所有单位或个体都是由关系构成的。由事物之间动态的、非线性的相互作用组成的复杂关系网络，使世界成为一个不可分割的有机整体。而非机械论所描述的是一个可还原的机械实体。在这个整体中，事物与事物之间的关系都是真实的存在着的，但是事物整体间的关系在逻辑上要比事物的地位更优先。因为系统的整体特性不能由它的组成部分的特性来决定，而事物的性质是由它与整体的复杂关系决定的，系统关系网络上各组成部分间的相互关系比各组成部分更加重要。这个关系网络是它的组成部分存在的环境。“在任何既定情境里，一种因素的本质就其本身而言是没有意义的，它的意义事实上由它和既定情境中的其他因素之间的关系所决定。”

由于自然生态环境的特殊性往往导致殡葬建筑空间的破碎，要在规划设计阶段建立良好的绿色生态骨架，形成一个点、线、面相结合的三维动态景观生态体系，使绿化体系处于一种生长的态势，保证其良好发育，与周边环境保持持续、协调的发展，这不仅有利于殡葬建筑的分期建设，而且还可以通过保护好关键性的地理要素，从长远角度控制殡葬建筑景观生态质量和变化趋势。

3.3.2 适应性再利用原则

建筑物生命周期的长短由它的物质寿命和机能寿命两方面因素决定。建筑的物质寿命是指其结构、维护体系和设备等在充分维护、修缮和改造的条件下能够正常发挥功能的寿命，是其生命得以维系发展的前提和基础。

建筑物的机能寿命是指它适应社会需要而被赋予的使用功能，一旦这种使用功能消失，它的机能寿命也随之消失。有一种观点认为，人们意识形态的改变将改变建筑的功能与形态，这对建筑来讲当然是对的。但是反之并非亦然，因此旧建筑亦不必要因时代进步而必须铲除重建，它的物质性（物质寿命）仍有存在的长久价值，建筑可以根据社会需要被再次（或多次）赋予新的使用功能，从而使机能寿命得以延续。

殡葬建筑适应性再利用是在殡葬建筑的全寿命周期中物质寿命与机能寿命之间差距的调整。殡葬建筑物质寿命和机能寿命之间差距的存在，是既存建筑适应性再利用的动因：当物质寿命仍然存在机能寿命已经消失时，需要通过给建筑注入新功能以延长其机能寿命；相反，当机能寿命仍然存在物质寿命不适应发展需要时，则须通过改造、增建等方式，延长其物质寿命。两种情况，在建筑整个生命周期中此消彼长、互为依存，直至建筑生命的结束。

因此在对殡葬建筑进行总体规划时，要针对墓地的实际情况，出入口的设置、功能分区、山水地形的处理、道路、建筑要适应当地特点。详细设计时的植物配置与种植、园林工程设计等也要注意适应性原则，选择树种应尽量考虑适应力强的原生植物，还要注意季相变化，根据本地的气候条件选择树种。

3.3.3 渗透性原则

生态系统是由自然和人工两部分互相渗透而形成的组合体，各部分之间有着密切的联系。不同的因素对生物群落生境具有一定的影响，特殊的气候和立地条件，为植物生长造成了与自然状态不同的新的生境。在殡葬建筑园林生态系统结构的基础上，可进行生态工程的结构复制与功能模拟，使殡葬建筑园林生态结构优化，整体协调。

在土地及空间利用规划中，运用植物、建筑、水体等物质要素，以一定的科学和技术规律为指导，因地因时进行植物选择和配置，充分发挥它们的综合功能。例如，在山地地形中，有一些地形变化剧烈的不可建用地，道路多劈山而筑，一面倚山，一面临崖，在这些地段合理配置攀缘、垂直、地被植物等立体绿化，同乔、灌木以及最下层的地被植物易形成稳定的多层混合立体植物群落，不仅丰富景观层次，提高绿化率，使植物高低相竞、充满生机盎然的情趣，而且体现出物种的多样性，有利于增强山体生态系统的稳定性。

3.3.4 文化性原则

有形的物质实体是文化的载体和“符号”，殡葬建筑正是殡葬文化在物质实体上的投影。只有在文化观念上更新，树立现代的殡葬文化观念，推动殡葬文化进一步的向前发展，才能有效推动殡葬建筑建设的进步。前文中已经提到了文化错位是当今造成殡葬建筑建设问题的根源之一，加强对传统文化的引导，使其与时俱进是目前解决这一问题的正确方法。

由于殡葬文化是一种传统文化，城市殡葬建筑生态文化建设的核心是传统文化的生态政策导向，特别是风水文化的生态政策导向。事实证明，对传统文化，单纯的命令是不行的。传统文化一经形成，总是有其历史渊源，总是和百姓的伦理、行为规范密切联系，会形成一种巨大的社会力量。中国传统的风水文化的积极因素就是“天人合一”，注重与自然环境和谐。因此，殡葬建筑的生态文化建设，一是传统文化的生态政策诱导，二是建立生态建设的殡葬法律法规，三是公民的生态意识、生态道德教育。

殡葬作为一个特殊的行业，园区的园林建设不能只讲生态而忽视文化，在重视生态环境的同时应与文化建设相结合，使殡葬建筑具有丰富的文化内涵。殡葬建筑生态文化建设的提出，给殡葬建设指明方向并提出更高层次的要求。

3.3.5 健康化原则

健康作为建筑的一种跨种族、泛流派的基本目的，包含的元素和技术不胜枚举，我们不可能掌握所有必要的知识，但我们必须承认健康建筑既包括狭义上建筑空间对人类身心无害，也包括建筑运行过程对地球整体环境的负荷最低而间接有益于人类生存。在深度上包含三个层面的含义，基础层面上指安全的建筑——如果建筑对突发的自然灾害和事故缺乏应有的应对机制，生命财产得不到基本的安全保障，健康就无从谈起；第二层面上指无害的建筑——建筑环境支持人生理的正常活动而无污染和负面效应；第三层面上指有益的建筑——建筑空间环境促进人类身心全面意义的发展，诗意的栖居从而实现生存的意义。1999 年版《辞海》对健康定义为：人体各器官系统发育良好，功能正常，体质健壮，精力充沛，且有健全的身心和社会适应能力的状态。通常用人体测量、体格检查和各种生理和心理指标来衡量。“身”与“心”的健全程度成为评价人身体健康状况所必不可少的两个参数。世界卫生组织的“健康”定义为：一个人在身体、精神和社会上完全处于良好的状态。1988 年首届健康建筑大会定义了“健康建筑”（ Healthy building ）：不只是应当和与建筑相关联的疾病和不适无缘，更应真正地促进环境的健康和舒适，除了它的无害化特征外，健康建筑具有良好的热舒适度、空气质量、声光环境、社会属性和美学品质。健康建筑具有极大的经济、社会效益。不少研究表明：预防费用与治疗费用相比，前者仅为后者的数十分之一到几百分之一。建筑学人奉为圭臬的“坚固、实用、美观”设计原则在大空间建筑设计中附加“健康”已成为客观需要。

人本主义思想熏陶出来的现代建筑，“所要满足的不是需求，而是欲求。欲求超过了生理本能，进入了心理层次，它因而是无限的要求。”当然，消费社会中欲求的适当满足是个体价值得以实现、社会得以整合的重要过程。但是 Freud 认为现实原则战胜快乐原则是文明进步的必要条件，可持续发展目标要求我们必须限制自身的欲望。“对于人类来说，需求只是一个相对的概念。”舒适可看成是一种“欲望”，它总是在追求更高的标准，因而诱使着人们不断“前进”，而健康则可看成是一种“需求”，它允许甚至强调变化，尊重人类自身的调节能力及尽可能自然的状态，是人们合乎情理的、真实的要求。与这种真实相反，欲望是导致人类不健康消费的根源，它像一个黑洞可以吞没人类拥有的一切。因此提倡适度舒适对于生态设计的健康追求具有重要意义。

在热环境方面，根据卫生学的观测数据，在一天之中温度的变化对人体是有益的，它与新陈代谢强度的关系和人体活动特征有关。对殡葬建筑来讲，按舒适要求来规定室内气候标准是不恰当的。因为从生理上说，人们长期处于稳定的室内气候下，会降低人体对气候变化的适应能力，不利于人体健康；另外从经济上也是不现实的。另外舒适标准因人而异，取决于人们的热经历。针对环境工程师与建筑师所追求的“最佳温度”，汉弗莱斯 1976 年曾进行实验证明在一组受调查的人群中适中温度可以从 17℃ 变化到 32℃，因而适中温度与合意温度并不一致，并且舒适是一种不断变化的标准，这是对以往那种认为人的合意温度基本不变的观点的挑战[72]。因此在生态型殡葬建筑设计中，应积极适度地使室内环境开放化，维持室内温度的自然脉动以调动人体的适应本能保持身体健康。

在空气环境方面，由于殡葬建筑室内污染某些污染物浓度又超过室外，而人们平常有 80%的时间处于室内，因此室内空气品质（IAQ）问题日益受到重视。人体卫生学研究表明，正常人安静时潮气量约为 500 毫升，呼吸频率为 12 ～ 16 次／分钟，因此每分钟通气量为 6 ～ 8 升，这是正常健康人在安静时的正常值。运动时在一定范围内，每分通气量将随运动强度的上升而增加，而每分耗氧量与运动速度的平方成正比。这些空气进入人体内，在表面积 60 ～ 80 平方米肺泡里，经物理扩散进入体内交换。如此大的接触面积和空气量，室内污染物即使很低，对身体健康影响仍很大。人们不知不觉地、无奈地吸入这些污染物，在其长期的干扰下在心理上、精神上受到不良影响，导致植物神经系统的紊乱，免疫力减退，造成在行为上和器官功能上的变化，所遭受的潜在危害是无法估量的。因此室内空气品质直接影响了人体的生理健康。为防止建筑关联症和病态建筑综合症等容器负效应，殡葬建筑应在有效的机械辅助通风基础上，在过渡季节积极引入自然通风，在节能的同时保证空气品质。另外，室内环境品质（IEQ）比室内空气品质内涵更广，包括室内空气品质、舒适度、噪声、照明、社会心理压力、工作区背景等因素对室内人员生理和心理上的单独和综合的作用。良好的室内环境品质对于调动使用者的积极性、殡葬建筑功效的深度发挥及二者之间的良性互动起着关键作用。室内环境品质对人的影响分为直接影响和间接影响。直接影响如室内良好的照明，特别是利用自然光可以促进人们的健康；人们喜欢的室内布局和色彩可以缓解使用时的紧张情绪；室内适宜的温湿度和清新的空气能提高人们的工作效率等。间接影响如情绪稳定时适宜的环境使人精神振奋，萎靡不振时不适宜的环境使人更加烦躁不安等。因此在大空间建构中设计师要着意于室内外整合的功能、技术、美学效果，全面实现以人为本的健康化目标。

广义“健康”指一种和谐的存在状况，协调的而非冲突的，积极的而非消极的，建设性的而非破坏性的。除了对人体的健康，建筑对环境的无害化在健康的内涵中具有更强烈的伦理意义。这也是当代生态文化对建筑师提出的新要求。建筑物对环境的无害化表现为在建筑物建造之前，应该进行环境影响评估，亦即是应该对该建筑物建成之后，可能对周围环境造成的影响进行分析，估计其可能造成的负面影响和应该采取的措施。通过设计结合气候和场地，能够在一定程度上有效地减少在生态敏感地带从事建设活动的可能性，对于建筑物对环境可能造成的负面影响能事先采取有效的补偿措施，使不良影响降低到最小的程度。从材料选择、建造方式选择、运行方式选择等入手，减弱消极影响。关注场地，精心处理设计中、施工中对场地的可能影响，对场地中的植被、动物、水系等进行深入安排，设置植被和可渗透性铺地，尽量不大挖大填，涉及地下、半地下的覆土建筑等。建筑系统对周围生态系统环境的影响并不局限在特定设计地段的红线以内，因此建筑师不能将特定设计地段仅看成是与周围区域隔离的地段。从此观点出发，一方面，建筑师应将特定场地看作具有自然边界的生态系统的一部分，而不是将其视为一个隔绝的空间片断或生态系统孤立的组成部分；另一方面，建筑师应认识到建筑系统不但直接影响周边的生态系统环境，而且还可能影响到生物圈中其他生态系统。

3.3.6 经济性原则

殡葬建筑多建在城市边缘或近郊，尽量利用山地中的植被覆盖差的贫瘠地和地形变化剧烈的不可建用地，通过墓地的绿化，有效修复生态，一举两得，在取得环境效益的同时兼顾经济效益。合理配置植物，按照植物生态与造景相结合的原则进行复层结构的植物配置，通过乔、灌、草相结合、阴生与阳生植物相结合的办法，建立科学的人工群落，具有较强的生态性、保存性和多样性，降低维护成本，提高经济性。适当选择药用植物、果树、油料植物等经济价值较高的植物，发挥群落的经济价值。

3.4 小结

殡葬建筑是城市中社会化、产业化处理遗体以及与其直接相关的设施、空间和场所，是安置亡灵、进行祭祀、缅怀等特殊活动的纪念性建筑，是表达人的精神情感的场所空间。殡葬建筑的生态化应具备循环再生性、生态恢复功能性、生物多样性、健康适宜性、园林化、文化休闲性等特征。在对自然资源的利用上，对环境的索取要小，主要是节约土地，在能源与材料的选择上贯彻减少使用、重复使用、循环使用以及用可再生资源替代不可再生资源的原则；对环境的影响要最小，主要指减少排放和妥善处理有害废弃物以及减少视觉污染、噪声污染；能为人类提供“宜人”的室内空间环境，包括健康宜人的温度、湿度，清洁的空气，好的光环境、声环境以及灵活开敞的空间。

在新的时代背景下，中国传统隆重的殡葬方式已经不能适应时代的发展。因此，针对我国殡葬建筑正面临的一系列生态化问题和影响因素，提出殡葬建筑生态化的内涵和特征，新的殡葬建筑体现出了对西方的殡葬文化批判的吸收和对我国传统殡葬文化进行改革，中西合璧，建立具有生态化可持续的殡葬建筑设计思想，搭建了殡葬建筑生态化设计原则的理论框架，更好地为将来的殡葬建筑设计做出正确的指导，从而契合当今全球化发展的目标。

本章通过全面深入的论证，建构出殡葬建筑生态化设计理论框架，应本着系统整体性原则、适应性再利用原则、渗透性原则、文化性原则以及健康化原则。并提出将殡葬建筑的生态化设计内涵扩展为：由平面型向立体型转变的立体化发展；由荒凉恐怖型向人情化转变的人性化发展；由实体型向虚拟性转变的网络化发展；由单一型向多元型转变的多元化发展；以及由外延型向内涵型转变的人文化发展，向文化内核的方向发展。

第 4 章　殡葬建筑外部环境的生态化设计

4.1　殡葬建筑外部环境的特质分析

4.1.1　殡葬建筑与生态景观的联系

殡葬建筑与生态景观有着密切的联系。在西方，未出现景观设计前，殡葬建筑就成为表达景观品味的媒介。墓园的设计创造出几代景观设计师，并对人造环境产生持久的影响。纽约的艺术评论家 Clarence Cook 在 1869 年对 Downing 所说的墓园“大为盛行”深表赞同，并认为墓园是观光者爱去的地方和休闲场所。

美国第一个经过设计的墓地景观是纽黑文市园林街墓园（Grove Street Cemetery），如图 4-1 所示，是园艺师 Josiah Meigs 在 1796 年设计的，是美国墓园史上第一个按规划兴建的住宅式墓园，因为墓区的划分如同街道住宅一样，有路名、有编号。墓园位于耶鲁的中心地带，迄今已有二百多年的历史，耶鲁大学的十二位校长相继长眠于此。墓园坐北朝南，高大的埃及式的园门用红褐色粗石砌成，如图 4-2 所示，门廊顶端的横梁上刻着《圣经》中的一句话：THE DEAD SHALL BE RAISED（死者将会升天）。园内绿树成荫，到处郁郁葱葱，连道路也是青草路面，园内道路均由植物命名，有森林之神路、柏树路、枫树路、椴树路、木兰花路、月桂树路、槐树路、雪松路、云杉路、梧桐路、松树路、柳树路等，墓园完全改变了传统坟地和教堂墓地的荒凉气氛。

图 4-1　纽黑文墓园

图 4-2　纽黑文墓园入口的埃及式大门

如图 4-3、图 4-4 所示为设计师 Dr.Jacob Bifelow 1831 年在波士顿建造的第一个“乡村”花园式墓园奥本山公墓（Mount Auburn Cemetery），受英国花园结构物的启发设计了埃及式大门、哥特式小教堂和诺曼式塔楼。后来在 1836 年设计的 Laurel Hill、1838 年设计的 Green-Wood、1848 年设计的 Holly-Wood 和 Bellefotaine 墓园，基本上都是模仿它而建。

(a) (b)

图 4-3　奥本山公墓内的生态景观

图 4-4　奥本山公墓内绿色草坪上的墓碑

辛辛那提的景观设计师 Adolph Strauch 在 1845 年根据建筑师 Howard Daniels 的设计建造了春天墓园（Spring Grove Cemetery），如图 4-5 所示，是当时最大的乡村墓园，面积达 733 英亩，也是一个群鸟栖息的景观园林，园内有许多上百年的古树，且树种繁多，居于俄亥俄州树种之首。设计师将杂乱的园塔、石头和观赏植物改为大片的草坪、湖、石碑形成的景观。图 4-6 所示为园内湖面水景，由原先的沼泽地、湿地改造而成。他的这个所谓“景观草坪计划”使美学品味成为墓园设计的原则之一，并影响到后半个世纪的墓园设计。

图 4-5 辛辛那提春天墓园

图 4-6 春天墓园中倒影的湖面水景

O.C.Simonds1883 年担任芝加哥 Graceland（1860，Cleveland）的主管时，成为 Strauch 景观草坪计划的有力支持者。他 1887 年创立美国墓园管理协会，并通过 F.J.Haight 的 Modern Cemetary（1890）宣告“墓园设计师”的专业化。

4.1.1.1 殡葬建筑的景观生态学层面

殡葬建筑作为实质生存环境——生态系统的组成部分，同时作为城市景观构架的一部分，又担负着重要的人类殡葬、城市人文景观与旅游、城市开发等重要职责，城市公墓是城市中人与自然相互作用、相互交流的最重要的场所，人为的活动对于自然生态的影响在这一区域最直接的反映出来。所以对于建构一个平衡发展的机制，创造一个和谐的人与自然协调发展的环境，景观生态学的原理在其中发挥的作用是不可忽视、不可替代的。

在殡葬建筑绿地景观中，首先要从整体出发，明确所设计的绿地在景观生态系统中的地位和建成后的生态作用。城市园林中的城市公园、墓园、街头绿地、广场、庭院绿地、道路绿化带、花圃以及城郊公园等在景观生态学中被认为是城市基底中的斑块，斑块之间如果没有足够的连接度，这些孤立斑块的生态功能就得不到很好的发挥。所以在殡葬建筑绿地建设中要通过水系、道路、建设防护林带、林荫道等形成绿色廊道把各个孤立的具有各种使用功能的“绿岛”联结成绿色网络结构，并通过绿色廊道连接城市与城郊的自然环境。殡葬建筑中绿色廊道可以包括绿带廊道、绿色道路廊道以及绿色河流廊道。在我国目前大部分城市环境质量较差的状况下，殡葬建筑中斑块与廊道的设计应在兼顾游憩观光基本功能的同时，将生态环保放在首位。

4.1.1.2 殡葬建筑的城市生态学层面

城市是包括自然和社会的复合生态系统，尽管城市作为现代文明下高度人工化的环境，但自然环境仍然是城市生存的基本前提条件。随着城市化进程的加剧和人类盲目建设，城市中生物区系组成受到破坏，自然生物群落及物种减少，进而影响了城市生态系统的稳定与协调发展。因此，生态化殡葬建筑园林的建设有利于维持城市生态平衡，促进城市生物的多样性保护，使现代市民重新找到回归自然的感觉。

20 世纪 70 年代以来，世界各国的城市改造、城市环境管理和城市设计等工作领域已经普遍开始注意遵循城市地区自然规律的重要性，寻求城市规划的生态学基础，即：城市生态系统的特征，人类活动对城市生存环境和生物群落的影响，土地管理的生态准则等。专家们普遍认为：城市地区应该通过发展政策、机制的调控，使区域生态系统的生物群落具有最大的生产力，使系统内的生物组分和非生物组分维持平衡状态。对于城市殡葬建筑景观生态系统而言，需要注重的工作领域主要有：

（1）城市殡葬建筑景观组成要素（地质、地貌、气候、大气环境、水文过程、土壤、植物、动物等）的改变。

（2）城市殡葬建筑与城乡协调发展的生态学机制。

（3）城市殡葬建筑景观要素的生态调控。

4.1.1.3 殡葬建筑与大地艺术

大地艺术又称“地景艺术”、“土方工程”，是指艺术家以大自然作为创造媒体，把艺术与大自然有机的结合所创造出的一种富有艺术整体性情景的视觉化艺术形式。它是最早出现于 20 世纪 60 年代末欧美的美术思潮，由最少派艺术的简单、无细节形式发展而来。大地艺术家普遍厌倦现代都市生活和高度标准化的工业文明，主张返回自然。大地艺术的的思想与中国的“天人合一”哲学思想不谋而合，大地艺术家认为，艺术与生活、艺术与自然应该没有森严的界线。在人类的生活时空中，应处处存在着艺术。

殡葬的根本在于回归大地本源，因此殡葬建筑也具有这一含义，这与大地艺术有着一定联系。中国的陵寝与山水环境艺术，埃及尼罗河沙漠上的金字塔以及位于英国西南部的平原上的史前巨石阵遗址都将殡葬建筑与其较大范围内的山川环境共同构成了一种环境景观艺术，使建筑与自然亲密无间的联系。我们甚至可以说，殡葬建筑是现代大地艺术的起源。

现代殡葬建筑也是远离喧嚣的都市，运用简单的几何形体或或单一形体的连续重复构成的手法，把组成建筑的要素 融合于自然环境之中，为人们在城市边缘提供一个与景观环境相结合的缅怀与祭奠的场所空间，并在此场所空间实现生者与亡者的对话，成为一处释放情感以及体验与思考生命意义的精神层面的场所。

如图 4-7 所示为日本建筑师吉松秀树（Hideki Yoshimatsu）设计的广岛县三良坂町无名墓地。是一个典型的大地艺术作品。由于原有村庄和墓地在修建大坝时部分被水淹没，建筑师在另外一处现有的墓地东北面修建一座新的墓地——“无名墓地”。墓地呈近似梯形，一组平行的几何状小路沿对角横贯基地，在碎石小路下面安放着死者的骨灰。两条小路中间填满了从当地河床里挖来的大块卵石，如图 4-8 所示，卵石包围着 1500 根 9 毫米直径、2 米高的等距的不锈钢杆，来代表无名的死者。它们形成一个抽象的小树林，在风中微微摇动。由于种植的树围绕着墓地的边界，这些金属杆被植物反衬出轮廓，显得更加生动。在墓地的尽头，有一颗圣树，它与周围新培植的幼树形成对比，使人体会到生命的本质。吉松秀树通过运用石头、金属等自然材料用最经济的手段建立了一个文雅的死者的纪念碑，这个墓地对于这个地点隐含的力量的深刻理解和对日本传统的微妙的回应，都给人留下了深刻的印象。

而在意大利圣贝纳迪诺的厄比诺墓地的扩建设计中，如图 4-9、图 4-10 所示。意大利建筑师阿纳尔多 • 波莫多罗（Arnaldo Pomodoro）设计的中标方案则使这种大地艺术手法表现得气势更为宏大。与附近的墓地不同，这个设计是从山坡上雕凿出来的风景，而不是一系列建筑物或结构物的组合。死者的领域在地下被雕塑般的表现出来。这种从岩石里雕刻出壁龛的思想与高山上的岩穴或裂缝使大地灵魂的起源和最初圣地的思想保持了一致。通过雕刻出的殡葬建筑，设计师波莫多落使风景具有一个固有的形状，使每一块大理石中都释放了一个灵魂。

图 4-7　日本广岛无名墓地

图 4-8　无名墓地中的卵石地面和不锈钢杆

图 4-9　厄比诺墓地扩建

图 4-10　雕凿般的墓地

4.1.2　殡葬建筑外部环境的生态化影响

近来的研究和调查，揭示了以下相关状况墓地对于环境的影响在全世界范围内都被忽视。

（1）墓地产生的污染威胁大大地超出想象；

（2）大量的现存墓地正在污染我们已经岌岌可危的水资源；

（3）在远远超出我们推测的距污染源范围之外，微生物污染物质包括细菌、病毒和寄生虫等在蓄水层中仍能保持活性；

（4）市政当局并未察觉公墓是一个严重的污染源；

（5）不论是外行还是像城市规划者、工程师或者土壤科学家这样的专业人士对这方面问题都普遍缺乏兴趣和知识，这使得情况更为严重。并且在很多国家，也不具备为防止污染而限定公墓选址的立法。

4.1.2.1　对区域气候的影响

殡葬建筑“斑块”在城市绿地系统中的作用：殡葬建筑一般设立在城镇近郊，墓地作为绿色“斑块”应该纳入到城市绿地系统规划中，将其建设布点布局与城市发展形态整合考虑。使其成为构成城市外围楔形或者环形绿带的有机组成部分，不再成为影响城市发展的制约因素。而且，在殡葬建筑的布点中应该充分的利用郊区的荒山、坡地等，这样不仅有助于城市的生态修复，更可以进一步完善城市的生态系统。

4.1.2.2　对土壤的影响

当前，在人们的殡葬观念逐渐过渡的阶段，传统的丧葬意识依然非常强烈，仍有大部分人认为入土是生命终极最佳选择，有相当一部分的地区仍然采用土葬的方式，对土壤造成很大的影响。土葬中腐化的过程实际上包括以下几个阶段：气体阶段、溶解阶段和骨化阶段，分别产生气体、液体和固体遗留物。被埋葬的遗体的生物降解过程及其气体、液体和固体产生物的净化过程都依赖于棺材周围的环境状况等一系列因素。

对蓄水土层的污染：近期研究表明，位置不当的公墓对地下水的潜在污染威胁，其程度相对于传统的垃圾站有过之而无不及。其影响范围和程度都超出了预测。我们必须在情况超出我们掌控能力之前采取措施。

容纳量超过500个墓穴的墓区，尤其是当租用期满墓穴更新较快之时产生很强的污染性。过去的污染问题主要集中在点式污染源及其对周边地区的影响，而如今非点式污染源和其对较远区域的影响需要我们更多的关注。考虑到地下土的深度地层和地下水区都是土壤的组成部分，可以预测埋葬的棺材形成的点式污染源会严重地污染到其所在位置的土壤。实际上这些土层会由于不断进入其中的物质而逐渐饱和并丧失净化能力。然而，地下水将同时受到点式污染和扩散性污染的作用。后者由于其广泛传播的性质给环境带来巨大的威胁，因为水流带动是其主要的运动机制，可以将污染物带到深层土壤、地表水体而最终到达地下水。在此我们已经考虑到了虽然地下水并不是在土壤中无处不在，也不是以很高速度持续流动的事实等。

通过对挖掘出的尸体和土壤样本的研究表明，决定表层土和地下水的弱点并影响尸体腐化过程的因素如下：表层土壤肌理（Texture）；地表降雨量；不饱和带的厚度。研究显示土壤渗透性在污水净化的过程中，通过在深层土和地下水之间的过滤起到了关键的卫生学作用等。

4.1.2.3 对水环境的影响

殡葬建筑中墓碑都是采用石材或混凝土材料，其影响对于整个地下水的污染来说只起到一部分作用，但是其污染方式和性质与传统的污染源截然不同。许多情况下墓地产生的沥出物对健康的危害更大。土葬中尸体腐化过程会产生多种致病有机物，包括细菌和病毒。对于选址不当的墓地，这些微生物有机体对邻近地下水的污染会给使用和接触到这些受污染水体的人们的健康带来严重的危害，造成流行病的传播。

有资料表明，殡葬过程会影响到尸体腐化所必需的微菌群的产生，考虑到其传染性危害，处于潜伏期的病原体可能出现在尸体中。土壤中一些使有机物质腐化的厌氧型微生物（saprophyte anaerobic microorganism ）可以通过暴露的伤口进入人体组织而致病。不论对于病原体还是腐生菌，这些微生物在土壤中的存活时间都是有限的（长的像一些抵抗性孢子，大约2～3年；短的如霍乱病毒，不到4周）。为了保证卫生健康，棺材的埋葬深度应不小于1.5～2米。

4.1.3 殡葬建筑外部生态环境的特性

殡葬建筑是一种较为特殊的建筑景观，它所反映出来的色彩、质感、尺度、使用材料以及空间的特定意境的变化，经常会留给殡葬参与者及游客深刻的心理感受。殡葬建筑往往从某一侧面映射出社会的物质和精神生活，因而它总与当时当地的社会现状紧密结合在一起并带有时代的印记。受到不同地域文化、自然环境、社会政治、经济因素等影响，殡葬建筑的景观表达出不同的景观特征与空间格局。殡葬建筑作为现代化城市不可缺少的组成部分，应形成与当地城市特点相协调并富有殡葬建筑文化的风格。

景观生态学强调维持和恢复景观生态过程，强调景观格局的连续性和完整性，强调景观的系统化。殡葬建筑景观环境是城市中的自然生态景观和以绿色开敞空间为主的人工景观共同构成的景观生态系统。它是城市与大地综合体有机部分，应作为人类生活空间和自然过程的连续体来设计和管理。具体地讲，在殡葬建筑景观中要维持生态斑块与自然山地或水系之间的联系；在郊区景观中要维护自然残存斑块（如山林、水体等）间的空间联系。这些斑块空间通过廊道相联系成系统化、网络化的殡葬建筑景观系统，为生物提供了多条廊道、多种生存或迁移的选择，有利于保证生物多样性，提高生态系统的平衡能力和稳定性。

在整体与连续性原则指导下，殡葬建筑景观环境系统的布局形态对城市的发展、对城市的生态协调能力起到了至关重要的作用。殡葬建筑景观环境系统主要有如下几种基本布局形态：

环绕的形态与方式：殡葬建筑在一定区域范围内发展，绿色景观系统呈环状围绕核心城市，限制城市的扩张蔓延。

嵌合的形态与方式：殡葬建筑景观系统与城镇群体在空间上互相穿插，形成以契形、带形、环形、片状为主要形式的开放空间。

核心的形态与方式：城镇群体围绕大面积殡葬建筑景观绿心发展，城镇之间以绿色缓冲带相间隔的方式。

带形相接的形态与方式（平行带状）：殡葬建筑景观系统在城市轴线的侧面与城市相接，使城市群体保持侧向的开敞，绿色景观系统亦能发挥较大的效能并具有良好的可达性。

这种带形相接的方式，在城市的轴向发展中，大容量快速公共交通系统的建设是不可或缺的。城市的轴向发展由于可以摆脱城市中心城区的核引力，使得绿地对城市的渗透变得更容易做到。

各国的大城市区域由于具体条件的不同会有不同的对策，绝不仅限于上述的几种情况，同时殡葬建筑的发展应对生态环境、林业发展等需要进行战略性研究。如城市自然保护区的建立、风景名胜地区的保护、历史文化遗产的保护、特殊资源的保护、城市生态林业的发展、水环境的规划和保护等，这些对策的制定一般要根据城市的特定情况进行具体的分析，集结历史文化保护、林业、环境、防灾等多学科的经验和成果进行统一的对策制定。

4.2 殡葬建筑外环境生态化的选址

城市化的推进使城镇人口基数和密度不断加大，死亡人口数量的持续增加导致了城市中殡葬建筑的用地扩张需求，而土地稀缺和人类生存环境的恶化使得城市发展面临着死人与生人争地的两难境地。目前我国殡仪馆、经营性公墓等殡葬建筑近 4000 家，数十万个农村公益性遗体公墓和众多殡葬用品经销店。其中大多数技术落后，普遍存在着缺乏完整的规划体系，占用大量土地用于埋葬，带来用地零碎的后果，造成村村建墓，处处见坟，墓地与耕地、墓地与村居混杂的现象，现在还较为普遍。而且由于缺少有效的整合，也带来了巨大的土地和经济浪费。同时“白化”现象严重，缺乏绿化和美化的景观建设，缺乏生态化理念。总体建设水平与欧美国家相比相差较大。传统殡葬建筑的建设，其发展观点往往是片面追求经济增长，以牺牲自然环境为代价换取一时的经济效益。这种急功近利的思想，加重了日益严峻的生态危机，严重地破坏我国自然生态环境与和谐的社会环境。由此看来，对于殡葬建筑做出合理的选址与布局是关系到殡葬建筑生态化、可持续发展建设的重大问题。

4.2.1 选址的相关规定

我国民政部 1998 年颁布的《殡葬管理条例》规定禁止在下列地区建造坟墓：

(1) 耕地、林地；

(2) 城市公园、风景名胜区和文物保护区；

(3) 水库及河流堤坝附近和水源保护区；

(4) 铁路、公路主干线两侧。

规定区域内现有的坟墓，除受国家保护的具有历史、艺术、科学价值的墓地予以保留外，应当限期迁移或者深埋，不留坟头。严格限制公墓墓穴占地面积和使用年限。按照规划允许土葬或者允许埋葬骨灰的，埋葬遗体或者埋葬骨灰的墓穴占地面积和使用年限，由省、自治区、直辖市人民政府按照节约土地、不占耕地的原则规定。

城市公墓在具体选择墓址时，首先要严格遵守国家的有关法律、法规及政策，服从当地的城市建设规划，综合考虑当地的宗教信仰、风俗习惯、经济条件等因素。为尽可能取得社会效益和经济效益的统一，还要考虑以下几个方面：

(1) 以保护自然环境和生态环境为前提，结合地貌、地质，因地制宜，减少建筑成本和资金投入，缩短建设周期。

(2) 应考虑交通的便利和服务范围的广泛性。

(3) 良好的地形和朝向，良好的地质条件，足够规模的土地面积，可以满足殡葬建筑的需要。

4.2.2 基于“生态位”策划的选址

4.2.2.1 从功能可持续出发策划“生态位”

“生态位”是生态学术语，是指在生态系统和群落中，一个物种与其他物种相关联的特定时间位置、空间位置和功能地位[85]。1917 年美国学者 J. Grinell 最早使用“生态位”概念，他强调空间生态位概念。苏联生态学家 GF. Gause1934 年根据生态位现象提出生态学竞争排斥法则：当两个物种利用同一种资源和空间时产生种间竞争，两个物种越相似，其生态位重叠越多，种间竞争也就越激烈，结果将可能导致某一物种灭亡，但只有在外力介入或新物种进入的情况下才可能发生。而更多的情况是通过自然选择使生态位分化从而消除生态位重叠得以共存。所以种内竞争促使两物种的生态位接近，而种间竞争又促使两物种生态位分离，生态位的多样化是生物群落结构相对稳定的基础。

适宜得体的功能是殡葬建筑的立足之本，缺少系统到位的社会服务基础其生命力也将萎缩，其功能定位是关系着社会众多利益主体的百年大计，也是生态位理论范畴研究的对象。很少有两个殡葬建筑景观能在同一时空长期占据同一生态位，所以 Gause 的竞争排斥法则也适用于殡葬建筑之间的竞争。如果能共存于同一个生存环境中，那么它们一定是生态位分化的结果。竞争个体各自从其部分潜在的生存和发展区退出，从而消除生态位重叠，实现稳定的共存，这是殡葬建筑景观功能的竞争法则。因此殡葬建筑生态位策略的核心是错位竞争。

原始生态位也称虚生态位或竞争前生态位，指竞争尚未形成的生态环境。在 Gause 看来，生态位是可以选择的。殡葬建筑的生态位由其功能定位和空间选址所决定。因此要准确把握该建筑的生态位，最有效的策略就应在建设项目策划阶段，由各方面的专家，包括建筑师、规划师、经济学家、社会学家等通力合作，通过理性的城市公共资源的分析，合理配置其在设施种类和地区中的比例，制定出网络化的建筑布局；对项目选址和功能定位的可行性进行论证，以保证该项目在建成之后能最充分发挥其功效，一方面避免资源的重复建设与闲置浪费，另一方面也可避免局部的供不应求。

目前我国由于盲目的追求经济利益到处建墓地，为了规避恶性竞争所带来的无谓的损失可采取积极的态度，选择适合自身生存与发展的生态位，在一个暂时没有竞争的时空范围里去开拓，主动与竞争者进行生态位分化。由于竞争在这里尚未形成，殡葬建筑的市场空间相对较大，生态环境也相对宽松。因此拥有原始生态位的殡葬建筑就等于抢占了先机，能够率先赢得社会的认可与支持，从而在一个相对稳定的生存环境中获取利益。殡葬建筑的生态位功能策划最主要策略就是要应时之需，在城市中根据不同功能建立各自的功能网络体系，这样才能更直观便捷地确定建设项目所处的层级、规模和基调，否则后边的工作无从谈起；并通过社会同业的广泛调研，从宏观上把握社会需求最大的缺口。

4.2.2.2 从城市总体功能布局出发选址

作为城市中重要节点之一，殡葬建筑只有既能独善其身又能兼济天下，才能算得上是全面积极意义的城市建筑，否则其城市层面的潜力就无法正常发挥。基地环境先天决定了殡葬建筑与城市生活的互动关系，因此寻找城市“穴位”的选址是很重要的。在城市建筑功能布局网络中，在保证总量的前提下，应根据其各自的功能、规模层级和服务辐射范围均衡分布，这样才能既满足实际需要、合理发挥其效能，又不至于因分布不平衡造成局部社会资源的不足或闲置浪费。从功能网络张力较大的环节入手，根据当地的气候、土质、水质、地形、地貌及周边环境条件等因素的综合状况来确定，其优劣也决定了该选址是否适宜，而且对于生态型殡葬建筑还要考虑整体的生态环境因素，既要使建筑完成前微气候环境适宜，也要在建筑整个生命周期中保持适宜的微气候环境，不破坏整体生态环境的平衡。在自然条件满足之余，还须进行社会经济条件的衡量。因此要从其满足需求的经济、环境、社会综合效益出发考虑交通可达性、可用性，在综合权衡中做出合理的选址决策。在此基础上，本书根据选址地段位置不同，将殡葬建筑分为城郊结合型、郊野型和城市中心型三种。当然这种分类是动态变化的且仅具有相对意义，最初的城郊结合部和郊野地带随着城市化发展迟早会变为市区，本书只从最初选址时的相对状态角度着眼分类。

（1）城市中心型　选址于城市中心区的殡葬建筑相当有利：城市基础设施完备，环境交通便利，功能辐射范围广阔，可立竿见影地发挥效益；只是周围限定条件颇多，发展空间亦有所抑制。城市中心型的殡葬建筑须敏感于周边特有的城市背景，通过入乡随俗地嫁接城市尺度的建筑细部契合不同的文脉，谦恭谨慎而积极地与环境对话，以整合的姿态融入城市地景中，有机自然地成为城市生活的重要节点。这种选址目前一般多用于殡仪服务中心和骨灰安放所以及一些纪念陵园或纪念馆；而对于火葬场来说，由于受到其功能对环境的严重影响是禁止设置在城市中心的，但也有一些殡仪馆、火葬场由于目前的城市扩大发展，使得原本位于城市中相对边缘位置如今变成了城市中心。对于墓园这种要求占地空间非常的大，并且具有埋葬等特殊功能的要求以及受到传统文化影响的建筑来说，也是无法在城市中心选址建造的，都要选在城市边缘。

如图 4-11 所示为在香港九龙的荃湾骨灰安置所，由建筑师刘荣广与伍振民共同设计，就是建在较繁华的城市中心地段。在中国香港这样一个人口稠密的地区建一幢高密度多层建筑物以容纳死者是最恰当不过的。尽管在这个十层的建筑中运用了建筑上的创新，将一层置于另一层之上，建筑师刘荣广（Dennis Lau）和伍振民（Ng Chen Man）在他们的这个荃湾骨灰安置所（1987 年）中，既成功地尊重了地方风俗，又继承了这个建筑所处的中国公墓中随处可见的传统的梯田系统。梯田，经常交错出现于山边，一块在另一块的上面。看不到支撑结构意味着悬臂的每一层似乎都作为纯粹的水平要素，而悬挂于它们侧面的瀑布状的绿色植物更进一步唤起了人们对于山上梯田的联想。同时，此建筑隐喻的金字塔状代表了对一个圣山的解释，反映了人们的传统观念向往入土为安，这是与公墓所在的山的呼应。

图 4-11　香港九龙荃湾骨灰安置所

北京八宝山殡仪馆也是城市中心型殡葬建筑，如图 4-12 所示。它坐落于西长安街的延长线上，距天安门 16 公里。该馆建于 1958 年，初名为西郊火葬场。1984 年更名为八宝山殡仪馆。殡仪馆总占地面积达到 89510 平方米，建筑面积 21402 平方米。馆内仿古建筑错落有致，亭台楼廊曲折环绕，假山荷塘清波倒影，构成一道亮丽的人文景观。该馆主要担负为已故党和国家领导人、首都党政军干部、社会各界

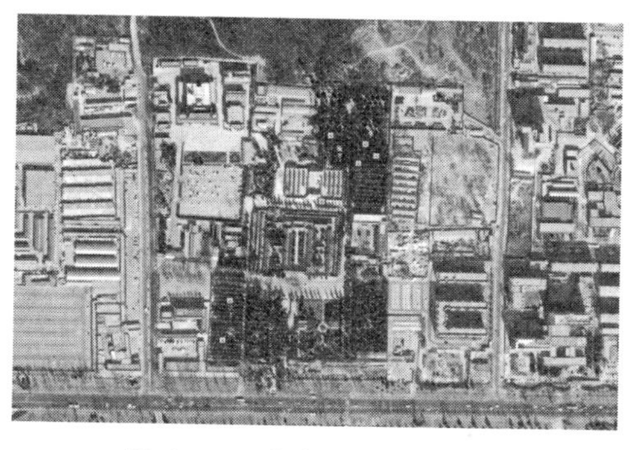

图 4-12　北京八宝山殡仪馆

知名人士、在华外籍人员和北京市民提供遗体接运、整容、告别、火化、骨灰寄存等项殡仪服务任务，并承办国际遗体运送业务。年火化量近2万具，占全市火化总量的四分之一。年接待社会各界参加追悼、吊唁活动的群众达百万人次。

西班牙莱昂的公营葬礼场馆，也是位于城市中心，在急剧发展的基础上建成的高层住宅社区之中。如图 4-13，图 4-14 所示，为了使逝去的人得以宁静，无窗的建筑和独自的空间是必不可少的。为了留住居民和保护居住空间，决定将建筑物以地下结构建造。建筑物上部作为天空的反射，将下面突起的部分均作了被覆，形成了一个协调的、具有神秘平面的水池。长方形的建筑物，由 3 部分构成，用于举行葬礼仪式的教堂位于南面，面向铺有草坪的通风井的门厅部分与北面相连。从有规律设置的 7 个草坪庭院可以进入能采光的内部礼拜堂。西边是遗体安放所，其中设有办公室和交通工具用于进入通道。

图 4-13　在高层住区之中的西班牙莱昂殡仪馆

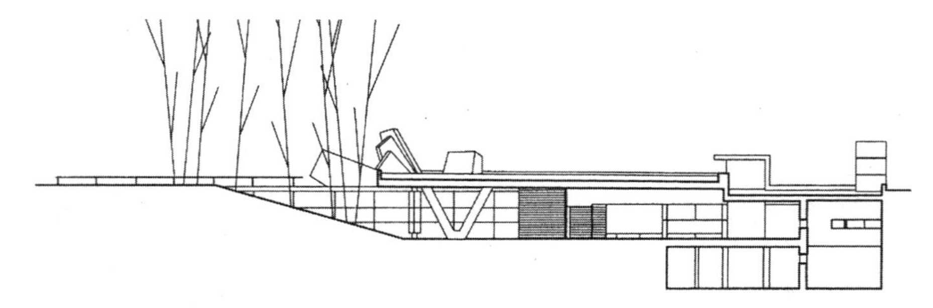

图 4-14　剖面图：无窗的地下结构

（2）城郊结合型　“边缘并非事物的结束，而是显现事物的开端”。城郊结合型的地段对于殡葬建筑而言可谓得天独厚，既有较为成熟的市政设施和交通条件，又有宽广的战略服务腹地和一展身手的机会来整合城市空间、促动地区繁荣。由于少了建成环境的制约，可以更为自由的表现，充当地景的主角。因此这种选址经常用于城市开发战略。

殡葬建筑当然不能只考虑个体暂时的存在，还要顾及其环境场地并留有一定的发展空间，从这种意义上说城郊结合型地段无疑具有明显优势。现代殡葬建筑设计为了便于人们的使用，往往是墓园、骨灰楼、火葬场、殡仪馆等建筑综合考虑，结合设计，这样会需要规模庞大的用地和便利的交通条件，在逐渐的发展过程中，基本形成了处于城市边缘、靠近主要交通干线的选址模式。当然这种选址会随着改扩建的进行而使其发展空间接近饱和，但其经济引擎作用也得到充分展现。

例如上海的福寿园，如图 4-15 所示，地处上海青浦城南、国家级旅游区佘山景畔，沪青平高速公路边。青山簇拥，绿水环抱，是一处绝佳的风水宝地。陵园占地八百多亩，传统的古典建筑和现代建筑相互交映，优美的庭院景色和开阔的绿树草坪，独特的人文景观以及风格迥异的艺术碑雕，气势恢宏，风范典雅，堪称沪上新景观。福寿园立足于建生态、文化陵园，顺应时代的发展，赋予陵园以新的属性：生态性、公益性、文化性、纪念性、经济性，形成现代陵园的新概念。它荟萃着 20 世纪众多名人精英的艺术雕塑、纪念碑石和名人墨宝，浓缩上海百年历史，是一处称誉海外的“仰社会名人、寻文化之根”的人文纪念公园，是与国际接轨的，融中、西造园文化为一体的生态园林，如图 4-16 所示。

图 4-15　上海福寿园鸟瞰

图 4-16　上海福寿园

还有北京的潮白陵园也属于城郊结合型。如图 4-17 所示，潮白陵园始建于 1993 年，位于北京城东，地处潮白河畔，坐北朝南，地势平坦，开阔的环境使逝者与天地相容。园内由十几个单体精妙构思建筑而成的潮白陵园依势而筑，庄重古朴，在千亩林区与万树环抱之中，飘逸着素雅安详的清香，达到了自然美与人文美的有机结合。每逢春季，园内绿树成荫、黄菊馥郁、鲜花争艳、群鸟齐鸣，置身于此如同置身于自然诗画之间；而曲折环绕的楼阁亭台、雄伟的牌坊更是独显匠心。在曲径通幽的园路中漫步，清香飘逸，音乐环绕，完美的景色构筑出“生如春花之烂漫，逝如秋叶之静美”的意境。在这里，安魂息魄，是逝者之幸；恩泽后人，为后辈之福。潮白陵园，让每一位置身于此的生者，都能切身感受到回归自然的祥和与安宁，让每一位长眠于此的故者，都能得到灵魂的完美升华。

图 4-17　北京潮白陵园

西安市殡仪馆始建于1953年，位于大雁塔东南方的三兆塬上，是一处城郊结合型殡葬建筑。如图4-18所示，占地500余亩，建筑面积19048平方米，绿化面积209573.66平方米，绿化覆盖率达62.8%。整体规划错落有致，视野开阔，建有现代仿欧式骨灰公墓和安灵苑。布局合理，结构紧凑，错落有致。墓区内松柏常青，绿树成荫，鸟语花香，满目郁郁葱葱，具有景观生态价值，触发人们对生命生生不息的意念。绿化和建筑小品点缀其中，使人们在祭悼凭吊之余，充分享受生态化、园林化、艺术化情趣。

图 4-18　西安市殡仪馆

奥本山公墓(Mount Auburn)如图 4-19 所示，位于美国波士顿赤褐色山，设计者充分利用了位于该地区的剑桥和水城（Watertown）交界处的查尔斯河两岸的自然景色。1830 年确定了公墓的选址，该地有茂密的树林、山地、沼泽、由连续几个世纪的冰蚀沉淀而成的山脊以及由于冰川退却形成的池塘。在整个区域里面有一处高峰，即赤褐色山，在上面可以俯瞰公墓的景色。这里具有独特的文化氛围，同时给美国的公墓运动带来巨大的影响。波士顿爱国主义情感非常浓厚，有无数的志愿者协会，宗教团体都在此集会，宣扬和实践与自然进行交流；同时家族成员心中对死者的怀念将会铭刻在墓碑上的墓志铭上，从而激励活着的人们更好地生活。

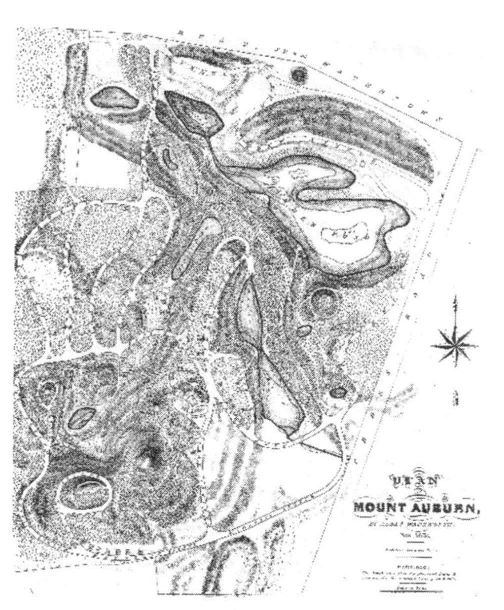

图 4-19　奥本山公墓

（3）郊野型

如果说城市中心型殡葬建筑对城市环境有所影响，而城郊结合型选址对殡葬建筑的发展上有一定制约，那么郊野型地段对殡葬建筑来说则近乎完美，使其获得了前所未有的自由发展的平台，同时郊区的自然条件为殡葬建筑提供了良好的物理气候和景观环境。只是一时的交通状况可能不太尽如人意，不过随着殡葬建筑经济引擎效应的发挥，可达性、可用性问题的改善应该指日可待。郊野型选址还原了殡葬建筑的本来面目。选择远郊一方面能为殡葬建筑的发展储备充足的建设用地，另一方面也带动了城市新区的发展，改造城市郊区环境。

南京的中山陵是属于郊野型的殡葬建筑。如图 4-20 所示为中山陵鸟瞰图，被誉为中国近代建筑史上的第一陵的中山陵鸟瞰平面图呈木铎形，其寓意为“木铎

图 4-20　中山陵鸟瞰图

警世”而“使天下皆达道”。凝重的历史意义，极高的文化价值和优美的园林景致，中西合璧的建筑风格，如同镶嵌在绿茵绒毡之上，深情召唤着世界各地的炎黄子孙和国际友人。

中山陵古称金陵山，紫金山共有三座东西并列的山峰。主峰北高峰，其余分别为天堡山和茅山，著名的中山陵便坐落于此。中山陵是中国近代伟大的政治家孙中山先生的陵墓，由建筑师吕彦直设计。中山陵坐北朝南，其中祭堂为仿宫殿式的建筑，建有三道拱门，门楣上刻有“民族，民权，民生”横额。面积共 8 万余平方米，主要建筑有：牌坊、墓道、陵门、碑亭、祭堂和墓室等。这组建筑在形体组合、色彩运用、材料表现和细部处理上，都取得很好的效果，色调和谐，从而更增强了庄严的气氛。陵墓入口处有高大的花岗石牌坊，上有中山先生手书的“博爱”两个金字。从牌坊开始上达祭堂，共有石阶 392 级，由苏州花岗石砌成。堂后有二重墓门，两扇前门用铜制成，门框则以黑色大理石砌成。进门为圆形墓室，直径 18 米，高 11 米，中央是长形墓穴，上面是中山先生汉白玉卧像，下面安葬着孙中山先生的遗体。墓穴深 5 米，外用钢筋混凝土密封。南京解放后，从湖南运来 2 万株杉树和梧桐树，种植在这里。经过 30 多年地不断整修拓新，整个园林面积达 3000 多公顷。陵墓周围，郁郁葱葱，景色优美。

哈尔滨卧龙岗陵园位于哈尔滨市东南部，如图 4-21 所示，占地面积 300 亩，是座大型的郊野型园林式公墓。园内丰富的自然资源，淳朴、浓厚的乡土气息，得天独厚的地缘优势，为陵园的改革与发展提供了生命之源，发展成为了一座集殡葬礼仪、民俗、艺术、人文景观、园林绿化、观光休闲于一体的永久性文化陵园。卧龙岗陵园的建设，真正实现了墓区园林文化，葬式多样化，造型艺术化，规划建有卧龙区、金龙区、腾龙区、翔龙区、天龙区、九龙区、旺龙区。而且卧龙岗开拓的这种林下建墓，墓间栽树的新格局，将成为国内外现代公墓发展方向所在。作为往生者灵

图 4-21　哈尔滨卧龙岗陵园鸟瞰图

魂的安息地和生者追思悼念先祖的地方，该陵园摒弃了传统阴森、恐怖、凄凉的坟地气愤，代之以簇拥的鲜花和青山绿水、蝶舞蜂鸣、鸟语花香，这里没有尘世的喧嚣，也不再寂寞哀思，只有归根复命的平静、祥和，是一处福寿宝地。

4.2.2.3 从生态合理性出发的整体布局

殡葬建筑景观生态建设是从改善生态环境、维护生态系统平衡出发，以景观生态学理论为指导，强调殡葬建筑景观要以植物为主要材料，掌握植物生态习性并模拟再现自然植物群落，从自然生态系统的审美意识出发，创造优美的自然景观，充分发挥殡葬建筑的综合效益。

首先是人工营造植物群落。按照园林生态学理论营造自然空间和环境，形成不同特点的植物群落，满足人们殡葬活动、休憩、观赏等需求。如图 4-22 所示，贵阳海天园公墓内人工营造的植物群落，根据不同植物的生物和生态学特性组成模拟自然群落的多层次生态群落，可有效地调节植物的生态关系，在功能上起到改善并保护生态环境的综合作用，促进生态环境的良性循环，提高景观质量，适应不同的环境要求和观赏要求。

图 4-22 贵阳海天园公墓内人工植物群落

其次是生态绿地系统的形成。如图 4-23 所示为贵阳凤凰山墓园，墓园应用现代生态学原理分析对墓园生态环境有重大影响的因素，并针对有害因素采取营造相应的大面积绿地的方法加以遏制或抵消，形成极具针对性的大面积生态绿地，最大程度上维护殡葬建筑生态平衡的生态绿地系统。

图 4-23 贵阳凤凰山墓园内生态绿地系统

最后是景观生态建设。殡葬活动者处在一个景观环境中的种种心理感受，也是环境建设所考虑的问题。景观生态学从景观角度关注生态问题，注重人类与景观的相互作用和协调，在景观生态系统结构的基础上，进行生态工程的结构复制和功能模拟，使每一块生态绿地都具有鲜明的针对性，不是绿色植物的堆积，而是在生态群落和审美基础上的艺术配置，从而达到殡葬建筑的园林生态结构优化和整体协调。在土地及空间利用中，运用植物、建筑、水体等物质要素，如图 4-24 所示，以一定的科学、技术和艺术规律为指导，充分发挥它们的综合功能，注重发挥植物的多种效应，将殡葬建筑生态景观的价值体系（生态、环境保护、美学、社会公益和经济等价值）纳入社会经济大系统。

殡葬建筑无论是怎样选址与布局，在实际策划和选址操作中应根据实际情况多角度、多层次地综合权衡、理性决策，才能为生态型殡葬建筑奠定良好的基础。

图 4-24　舒兹伯利殡仪馆内的景观生态环境

4.2.3　基于“风水理论”的选址

风水学从古代一直沿袭至今，去除一些人为造成的迷信思想，仍是一门文化思想与技术相结合的科学，对当今建筑的选址具有借鉴与指导意义。基于风水理论对殡葬建筑的选址就是阴宅风水。阴宅风水中讲究方位，青龙、白虎、朱雀、玄武是风水学中用来表示方位的概念。《葬书》说：“以左为青龙，右为白虎，前为朱雀，后为玄武。”

在风水环境的选址中以龙、穴、砂、水作为四大要素。其中“龙”是最重要的，没有它则“砂、穴”无从谈起，其次是“水”。风水选择的方式方法众多，归纳起来其精髓在于“觅龙、察砂、观水、点穴、取向”，其原理是“龙真”、“穴的”、“砂环”、“水抱”四大准则。“龙”指山脉，“龙真”指生气流动着的山脉。龙在蜿蜒崎岖地跑，水也势必随其势流动。其中的主山为“来龙”；又山顶蜿蜒而下的山梁为“龙脉”，也称“去脉”。寻龙的目的是点穴，点穴必须先寻龙。“穴”指山脉停驻、生气聚结的节点，“山之有穴窍，如人之有鼻窍，气之所出入处”。“砂”指穴周围的山峰、岗峦、墩阜、树木、建筑物等高起物。“砂环”指穴地背侧和左右山势重叠环抱的大好自然环境，可以使地中聚结的生气不致被风吹散。“水”指与穴相关的水流、水向，“水抱”指穴地面前有水抱流，使地中生气环聚在内，而没有走失的可能。

阴宅风水分为山地风水及平洋风水。山地风水讲究的是形势和理气的最佳配合，形势方面必须是：以穴为中心，以祖山为背景，以河流、水池为前景，以案山、朝山为对景，以水口山为屏景，以青龙山、白虎山为两翼。理气方面必须是：以穴的坐向、分金，取五行生尅理论，配合亡人之命卦及水口方位，以及二十四山座向分金。

从现代城市建设的角度上看，也需要考虑整个地域的自然地理条件与生态系统。每一地域都有它特定的岩性、构造、气候、土质、植被及水文状况。只有当该区域各种综合自然地理要素相互协调，才会使整个环境内的“气”顺畅活泼，充满生机活力，从而形成一个非常良好的环境。背后的靠山，有利于抵挡冬季北来的寒风；面朝流水，能接纳夏日南来的凉风；朝阳之势，便于得到良好的日照；缓坡阶地，则可避免淹涝之灾；周围植被郁郁，既可涵养水源，保持水土，又能调节小气候。这些不同特征的环境因素综合在一起，便造就了一个有机的生态环境。平洋风水更多的是理气配合，形势的要求是坐空向实。平洋风水追求的是：风吹水激寿丁长，避风避雨真绝地。讲究的是坟墓自身的坐向、分金及水口的配合。

风水观的阴阳五行对我国的丧葬习俗有重大影响。风水观对墓穴的环境选择通常要求“有山有水”且地形土壤通气排水良好。这样的环境通常被认为是“风水宝地”。“风水宝地”的构成，不仅要求“四象毕备”，并且还要讲究来龙、案砂、明堂、水口、立向等。“玄武垂头，朱雀翔舞，青龙蜿蜒，白虎驯俯。”即玄武方向有绵延不绝的群山峻岭，山峰垂头下顾；朱雀方向有远近呼应的低山小丘，来朝歌舞；左之青龙的山势要起伏连绵、右之白虎的山形要卧俯柔顺；左右两侧则护山环抱，重重护卫，中向部分堂局分明，地势宽敞，且有屈曲流水环抱，这样就是一个理想的风水宝地。这是有科学根据的，因为中国处在北半球，阳光大多数时间都是从南面照射过来，人们的生活、生产是以直接获得阳光为前提的，这就决定了人们采光的朝向必然是南向的。再者，面南而居的选择亦与季节风向有关。中国境内大部分地区冬季盛行的是寒冷的偏北风，而夏季盛行的是暖湿的偏南风，这就决定了中国风水的环境模式的基本格局应当是坐北朝南，其西、北、东三面多有环山，以抵挡寒冷的冬季风，南面略显开阔，以迎纳暖湿的夏季风。

在不具备上述条件的地理环境时古人常使用风水观中的“拆成”术，

即根据环境情况更好地组织空间，或者将不利的环境通过适当的时空重新组织和改造，使其人为地转变为新的意义上的“风水宝地”。因此，我们在将难以利用的荒山秃岭规划为新的殡葬建筑区域时，可利用风水观中的这些“拆成”术，以便符合传统心理要求。

大连的玉皇顶公墓是建于1994年的园林式墓园，如图4-25所示，墓园坐落于大连旅顺龙王塘五龙背山，占地15公顷，建筑规划面积2公顷，天然的地理位置和秀丽风光、园林式的建筑，构筑了一座美丽的生态园林景观，每当晨雾缭绕，犹如仙境。关于它，有一个传说：前往泰山的吕洞宾，途经黄海，见一处紫气灵光四射，遂上奏玉帝，帝闻之，率众仙前往，紫气竟幻化成伞盖形罩于玉帝头顶。太上老君道：“此气乃地脉吸纳日精月华所生，可佑一方人杰地灵、物华天宝。然紫气六十甲子必动，动则遇浊气冲之即散。”闻之，玉帝遣黄海龙王之五子和神龟镇守，因紫气罩于玉帝头顶且山势形同龙椅，故名玉皇顶。传说为“玉皇顶”增添了神秘的色彩，而“玉皇顶”的魅力更多的是来自于其天然的地理位置。坐落于苍松翠柏点缀的五龙背主峰，面向波光粼粼的大海；前有五“龙”一“龟”竞相入海，两侧各有双重护山护卫；六座兆山东西两侧各与龙塘村、盐场村接壤——两村白日炊烟袅袅，夜晚万家灯火齐明，海面渔火点点，是墓区烟火的绝妙象征；小龙塘村东侧、盐场村西侧的两座大山又紧紧合抱着墓区前的六座兆山，形成了第三重护山，此山海大势可谓天造地设，求之不及。每当天晴日丽，蓝天、碧海、青松、黑墓相映成趣，偶尔海雾弥漫，群山便笼罩于岚霭之中，仿佛仙界，成为得天独厚祭葬故人的佳地。墓园整体规划科学合理，车道环山而行，错落有序的人行道，使不同朝向的40多个墓区的坐山都极为饱满。原山地中的自然黑松、常青松柏和花树达八千余株，绿色地砖使墓区实现了立体覆盖，强化了其生态环境和人文景观。

图4-25 大连玉皇顶公墓

浙江遂昌公墓地处浙江西南部遂昌县城西北角古塘源水井埯。如图4-26所示，规划用地面积为3.0公顷，山体占地面积为2.4公顷。遂昌公墓用地选址坐南朝北，地势起伏变化，层次分明，三面环山，一面临水，前有古塘源，后有低凹地带，墓区前面不远处还有一条水道。它由三条山脊环绕而成，在墓区 3 个山峰中，最左边的山峰是它的最高峰，略微高于最右边的山峰，正所谓“左青龙，右白虎”。白虎代表秋天落寞、萧瑟的气氛，青龙略高于白虎，正好像春天的生气勃勃压制着秋天的落寞、萧瑟。左边的青龙山峰就像巨龙腾空，祈求上苍的保佑，右边的白虎山峰比较低，就像卧在那里的老虎非常驯服的样子。中间的山峰就是墓区风水最好的地带，中间的山脊就是龙脉之所在。正如风水学上所云：“青龙报白虎，代代出文武；两山夹一湾，后代出高官”。这种山形山势，符合风水学中福地。

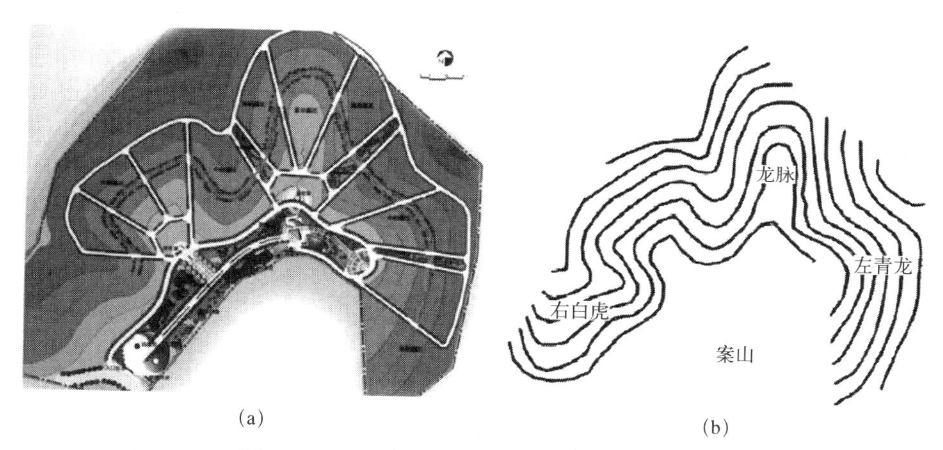

(a) (b)

图 4-26　浙江遂昌公墓的规划及风水分析图

如图 4-27 所示为湖北二龙山陵园，占地面积 34 万平方米，总投资 1.6 亿元。地处于武当山北麓，背山面水，四周都是道教圣地。南北各为一条龙脉，头西尾东双向排列，呈二龙护珠之势，具有得天独厚的地理位置，可谓是“先人安息，双龙庇护”，堪称风水宝地。它是一个集祭祀、踏青、休闲、历史教育于一体的大型永久性园林式公墓，集“名人园”和“福、寿、安、康、青、山、玉、泉”九园一体，形成二龙山陵园独

图 4-27　湖北二龙山陵园

特的陵园文化。园内小路通幽静，碧水聚众灵，楼台亭榭点缀在满山葱郁的树木之中，清新雅致而不失传承古朴，漫步其中让人深切感受到“追索前思，激励来者”的进取精神。

哈尔滨的卧龙岗陵园也是因循风水理论而建的一处陵园。卧龙岗原名“王宝岭”，相传唐开元年（即713年）唐玄宗册封大祚荣为渤海郡王，渤海国建立，并每年向唐朝贡，是年渤海郡王去唐朝贡，途经松花江南岸“王宝岭”叹曰：“此岭如巨龙横卧，真乃天杰地灵之地也”。故后人将王宝岭改称为卧龙岗。卧龙岗陵园在设计上秉承了风水理论和天人合一的生态理念，传承了中华传统文明伦理，所以不论是园址的选择，牌坊的朝向都为知音者提供了一种最佳选择，其龙脉走势奔腾活跃，穴场山环水抱，气骤风藏，水口紧锁——左青龙，右白虎，前朱雀，后玄武。天地造化之机生生不息，卜葬于此，儿孙必福报绵长，财丁两旺。让往生者安宁、安息、让后人放心慰藉。

这些风水思想用来对殡葬建筑的选址已深深扎根于具有几千年文明史的民众之中。因此，我们从科学的角度理解与应用风水理论，因势利导，发扬这些中国传统而淳朴的生态思想精华，保持殡葬建筑的水土，调节小气候，从而形成一个良好的生态环境，将有利于殡葬建筑的生态化设计研究，也将有利于推行当代的殡葬改革。

4.3 殡葬建筑外部环境的空间景观结构

殡葬建筑外部环境的景观生态化往往通过空间景观结构来表达。景观生态学为殡葬建筑外部环境的生态化研究带来很多新思想、新理论和新方法，比如等级结构、尺度效应、时空异质性、干扰的作用以及人类活动的影响等等，均与殡葬建筑外部空间景观结构密切相关。殡葬建筑外部空间景观结构的研究就是将殡葬建筑外部环境作为一个生态系统，研究其外部空间景观单元之间的空间关系、相互作用与动态。即指与殡葬建筑生态系统的大小、形状、数量、类型及空间配置相关的能量、物质和物种的分布，以及殡葬建筑外部空间景观斑块镶嵌结构与功能随时间的变化。殡葬建筑外部空间景观结构是殡葬建筑外部景观环境生态化的基础研究内容。

殡葬建筑外部环境的景观格局的变化反映了景观生态的过程，景观结构对生态过程的影响主要表现在：景观格局的空间分布，将影响到局地空间气流、地表温度、养分丰缺或其他物质（如污染物）在景观中的分布状况；景观结构将影响景观中生物迁移、扩散、物质和能量在景观中的流动；景观结构还影响由非地貌因子引起的干扰在空间上的分布、扩散与发生频率；景观结构变化将改变各种生态过程的演变及其在空间上的分配规律。从某种意义上说，殡葬建筑外部环境的景观格局是各种景观生态演变过程中的瞬间表现。然而由于生态过程的复杂性和抽象性，很难定量地、直接地研究生态过程的演变特征。因此通过景观格局的变化来反应景观生态过程。

殡葬建筑外部环境的空间景观建设和发展应以恢复所在地生态环境为目的——它将为城市提供环境服务，诸如保持土表、维护集水区、提供适宜昆虫、鸟类及其他生物生存的地区性气候，并协助复原已被破坏的生态系统和生物物种。殡葬建筑外部环境将成为一个运转良好的小型生态系统。这对于城市化所导致的城市生物组成破坏、自然生物群落及物种不断减少以及城市生态系统稳定性的破坏将起到修复作用。从而促进殡葬建筑生态化，人工环境自然化。同时通过多层级的绿化设计，提高城市的绿化率，保护、修护、恢复、改善建筑基地的自然状况、绿化环境，形成区域内的功能性绿肺，恢复生物物种的多样性，维持生态系统的平衡。

4.3.1 殡葬建筑外部空间景观环境的结构组成

虽然不同学者对景观生态化的描述并不完全一致，但都强调了空间结构的重要性。对于殡葬建筑外部空间景观生态化多从宏观的角度关注于大的空间尺度、区域以及生态系统空间格局的生态效应，研究殡葬建筑外部空间景观斑块空间镶嵌格局对一系列生态学现象的影响。在景观生态学中经常用“镶嵌”一词来表示生境或植被的空间配置。殡葬建筑外部空间景观生态化促进了空间关系模型和理论的发展，新型空间格局和动态数据的收集，以及其他生态学领域很少涉及的空间尺度的检验等。其基本组成要素包括殡葬建筑外部空间景观斑块、殡葬建筑外部空间景观廊道和殡葬建筑外部空间景观基质，它们在时空上的配置所形成的镶嵌格局即为殡葬建筑外部空间景观结构。

4.3.1.1 殡葬建筑外部空间景观斑块

由于研究对象、目的和方法的不同，生态学家对斑块的定义也不同，其中比较有代表性的是 Forman 和 Godron（1986 年）对斑块的定义：“一个均质背景中具有边界的连续体的非连续性。”“强调小面积的空间概念”，为“外观上不同于周围环境的非线性地表区域，它具有同质性”，是构成殡葬建筑外部空间景观的基本结构和功能单元。“依赖于尺度的，与周围环境（基底）在性质上或者外观上不同的空间实体。”实际上，强调的是斑块的空间非连续性和内部均质性。广义上，殡葬建筑外部空间景观斑块可以是有生命的和无生命的；而狭义上则认为，斑块是指动植物群落。由于在不同的殡葬建筑外部空间景观中，斑块的起源和变化过程不同，它们的大小、形状、类型、异质性以及边界特征变化较大，因而对物质、能量和物种分布和流动产生不同的作用。将殡葬建筑外部空间景观斑块定义为一种可直接感观的空间实体利于比较和研究。

（1）殡葬建筑外部空间景观斑块化与斑块动态

殡葬建筑外部空间景观斑块结构是殡葬建筑外部空间景观格局的基本特征。人们在殡葬建筑环境中的干扰、环境资源的异质性以及人为引进物种都可能产生景观斑块，最终形成殡葬建筑外部空间景观斑块中多种多样的物种动态、稳定性和周转格局。在殡葬建筑外部空间景观环境中，景观斑块化是指殡葬建筑外部空间景观斑块的空间格局及其变异，普遍存在于殡葬建筑外部空间景观生态环境系统的每一个时空尺度上。如墓园中的森林、草地、湖泊等生态系统通常镶嵌形成殡葬建筑外部空间景观，如图4-28 ～图 4-30 所示。而每一空间景观内部又由大小、内容和持续时间不同的各种类型的斑块组成。殡葬建筑外部空间景观中许多空间格局和生态过程都由景观斑块和斑块动态来决定。

在殡葬建筑外部空间景观环境中，斑块大小是影响单位面积生物量、生产力和养分贮存，以及物种组成和多样性的主要因素，而斑块的物种多样性主要取决于生境多样性和干扰状况。殡葬建筑外部空间景观斑块形状在殡葬建筑外部空间景观中也具有重要意义，特别是在考虑边缘效应时更是如此。

这种景观斑块化强调了生物和非生物实体的空间分布格局及其变化，同时认识到时间维和空间维的相互作用以及时间维对景观斑块化形成的重要性。殡葬建筑外部空间景观斑块动态观点强调生态系统的空间异质性、非平衡性、等级结构以及尺度依赖性。

图 4-28　林地墓园中森林生态系统镶嵌形成的景观

图 4-29　草地纪念墓园中草地生态系统镶嵌形成的景观

图 4-30　波士顿的奥本山公墓内湖泊生态系统镶嵌形成的景观

（2）殡葬建筑外部空间景观斑块分类

影响殡葬建筑外部空间景观斑块的主要因素是环境异质性、自然干扰和人类活动。根据殡葬建筑外部空间景观斑块的不同起源可区分出三种类型：环境资源景观斑块、干扰景观斑块、引进景观斑块。环境资源景观斑块相对持久，其他类型斑块变化较大，其持续性取决于形成殡葬建筑外部空间景观斑块的干扰是瞬时的还是长期的。

① 环境资源景观斑块。殡葬建筑外部空间景观环境异质性导致环境资源斑块产生。环境资源斑块相当稳定，与干扰无关。如许多殡葬建筑建在山坡荒原上如图 4-31 所示，其外部环境中存在一些裸露山脊上的荒原，有的殡葬建筑中存在的湿地，如图 4-32 所示为布鲁克林的绿色森林墓园中的人工湿地，以及在位于山谷内殡葬建筑外环境中聚集的传粉昆虫等，都属于殡葬建筑外部空间景观环境资源斑块。环境资源斑块的起源是由于环境资源的空间异质性及镶嵌分布规律。由于环境资源分布的相对持久性，所以殡葬建筑外部空间景观斑块也相对持久，周转速率相当低。

图 4-31　建在山坡荒原上的墓地

图 4-32　布鲁克林的绿色森林墓园中的人工湿地

图 4-33　上海福寿园的公墓斑块

图 4-34　大连乔山墓园的公墓斑块

②干扰景观斑块。殡葬建筑外部空间景观基质内的各种局部干扰都可形成干扰斑块。许多自然变化如风暴、冰雹，人工建筑物，以及人们的殡葬活动，都可以形成殡葬建筑外部空间景观的干扰斑块。在殡葬建筑中，用水泥石料建造的公墓，在墓园中不断扩充，如图 4-33、图 4-34 所示为墓园中的公墓斑块，成为殡葬建筑外部环境中主要的长期干扰斑块，对殡葬建筑外部环境的生态化具有很大的影响。如图 4-35 所示为清明节人们在墓园中祭扫的场面，一天之内各墓园达到几十万人次，来往的车辆达到几万车次，拥挤的人们在祭祀场的各种祭祀活动以及在祭扫活动中燃烧的各种祭祀品产生对环境的污染等都可以形生殡葬建筑外部空间景观的干扰斑块。同时，对于结合森林景观而建的森林墓园，当对森林进行采伐、对草地进行烧荒等都是干扰殡葬建筑外部空间景观的斑块。干扰殡葬建筑外部空间景观斑块具有较高的周转率，持续时间短，通常是消失最快的斑块类型。但这类殡葬建筑外部空间景观斑块也可由长期持续干扰形成。长期干扰殡葬建筑外部空间景观斑块可以由人类活动引起，中国传统的纪念节日会形成大量人群周期性的聚集于殡葬建筑中进行祭祀、慰藉，人们对于殡葬建筑外部环境中植被的踩踏，使殡葬建筑外部空间景观斑块上的物种适应于干扰状态，与周围殡葬建筑外部空间景观基质保持平衡。

图 4-35　祭祀活动的干扰形成干扰斑块

③引进景观斑块。殡葬建筑的外部景观环境中常常把某些生物引进某一地区，就相继产生了引进斑块。它与干扰殡葬建筑外部空间景观斑块相似，小面积的干扰可产生这种斑块。在所有情况下，新引进的物种，无论是植物、动物或人等，都对殡葬建筑外部空间景观斑块产生持续而重要的影响。

殡葬建筑外部空间景观中引进的景观斑块有种植斑块，如农田、人工植被等，都是在殡葬建筑外部空间景观基质上形成的种植殡葬建筑外部空间景观斑块。在种植殡葬建筑外部空间景观斑块内，物种动态和殡葬建筑外部空间景观斑块周转速率取决于人类的管理活动。如果不进行管理，那么殡葬建筑外部空间景观基质的物种就会侵入斑块，并发生演替，同干扰斑块一样，最终也将消失。不同的是，引进物种（如在人工林中）可能长期占优势，延缓了演替过程。

（3）殡葬建筑外部空间景观斑块镶嵌

殡葬建筑外部空间景观斑块一般不是单独存在于殡葬建筑外部空间景观之中的，某些特定的斑块镶嵌结构在不同的空间景观中重复出现，在殡葬建筑外部空间景观中，不同类型的斑块之间存在正的或负的组合，并且呈现随机、均匀或是聚集的格局。探求这些格局不仅能深入了解殡葬建筑外部空间景观斑块成因，而且能了解殡葬建筑外部空间景观斑块的潜在相互作用。

殡葬建筑外部空间景观斑块镶嵌格局具有重要的作用。如果一个斑块成为一种有害的干扰源（如火灾或植物害虫爆发的干扰源），那么当它被隔离时，干扰就不会进一步扩散。反之，如果相邻斑块与之类似，则干扰很容易扩散。而不同类型的殡葬建筑外部空间景观斑块镶嵌在一起，就能够形成一种有效的屏障。不论某一特定的景观斑块是干扰源或是干扰的障碍物，其空间构型对干扰的扩散都有很重要的影响。

4.3.1.2 殡葬建筑外部空间景观廊道

几乎所有的殡葬建筑外部空间景观都会被廊道分割，同时又被廊道连接在一起。殡葬建筑外部空间景观廊道是线性的空间景观单元，如图 4-36 所示为贵阳海天园公墓内的直线型道路形成的景观廊道，具有通道和阻隔的双重作用。此外，殡葬建筑外部空间景观廊道还具有其他重要功能，如物种过滤器、某些物种的栖息地以及对其周围环境与生物产生影响的影响源的作用，如图 4-37 所示。它的作用在对人类影响较大的殡葬建筑外部空间景观中显得更加突出。其外部空间景观廊道的结构特征对殡葬建筑外部空间景观的生态过程有着强烈的影响。殡葬建筑外部空间景观廊道是否能连接成网络，景观廊道在宽度、连通性、弯曲度方面的不同都会对殡葬建筑外部空间景观带来不同的影响。

图 4-36　单一方向的直线型道路形成的景观廊道

图 4-37　贵阳凤凰山公墓内景观廊道

（1）殡葬建筑外部空间景观廊道结构特征

① 曲度。殡葬建筑外部空间景观廊道曲度的生态意义与生物沿景观廊道的移动有关。一般说来，廊道越直，距离越短，生物在空间景观中两点间的移动速度就越快。而经由蜿蜒景观廊道穿越殡葬建筑外部空间景观则需要很长时间。

② 宽度。殡葬建筑外部空间景观廊道宽度变化对物种沿景观廊道或穿越廊道的迁移具有重要意义。窄带虽然作用不很明显，但也具有同样的意义。

③ 连通性。连通性是指殡葬建筑外部空间景观廊道如何连接或在空间上怎样连续的量度，可简单地用殡葬建筑外部空间景观廊道单位长度上间断点的数量表示。殡葬建筑外部空间景观廊道有无断开是确定通道和屏障功能效率的重要因素，因此连通性是殡葬建筑外部空间景观廊道结构的主要量度指标。

④ 内环境。以殡葬建筑外部景观环境中的树篱为例，太阳辐射、风和降水通常为树篱的三种主要输入。从树篱的顶部到底部，从一侧到另一侧，小环境条件变化都很大，树篱顶部更易受极端环境条件的影响，而树篱基部的小生境却相当湿润。在沿着殡葬建筑外部空间景观廊道的方向，由于廊道在空间景观中延伸一段距离，其两端往往也存在差异。一般来说都有一种梯度，即物种组成和相对丰度沿殡葬建筑外部空间景观廊道逐渐变化。

(2) 殡葬建筑外部空间景观廊道分类

殡葬建筑外部空间景观廊道有三种基本类型:线状景观廊道、带状（窄带）景观廊道和河流（宽带）景观廊道。从功能角度，殡葬建筑外部空间景观的这三种廊道的划分界限并不十分清晰。例如，边缘物种可在这三种廊道之间迁移，宽河流廊道也可起到内部物种迁移的景观带状廊道的作用。

① 线状景观廊道。线状廊道是指全部由边缘物种占优势的狭长条带，如殡葬建筑外部空间景观小道、人工水流、公路、树篱、排水沟等都是线状廊道，如图 4-38 ~图 4-40 所示。在殡葬建筑外部空间景观线状廊道中，没有一个物种是完全局限于线状廊道的，相邻殡葬建筑外部空间景观基质

图 4-38　森林墓园中的十字架之路形成的线状廊道

图 4-39　墓园中的人工湖形成的线状廊道

(a)

(b)

图 4-40　潮白陵园中的绿篱形成的线状廊道

的环境条件，如风、人类丧葬活动以及物种和土壤对殡葬建筑外部空间景观的线状廊道的内部空间和物种影响较大。殡葬建筑外部空间景观中的狭窄河流或河岸廊道有时也可能具有线状景观廊道的特征。

图 4-41　森林墓园中的宽林带形成的带状廊道

图 4-42　俄亥俄州辛辛那提的春天墓园中河流廊道

② 带状景观廊道。殡葬建筑外部空间景观带状廊道是指含有较丰富内部种的内环境的较宽条带。带状廊道较宽，每边都有边缘效应，足可包含一个内部空间。线状廊道与带状廊道的基本生态差异主要在于宽度，具有重要的功能意义。在殡葬建筑外部空间景观中，带状廊道出现的频率一般比线状廊道少，常见的有宽林带等如图 4-41 所示。除了中间有一内部空间外，它们与线状殡葬建筑外部空间景观廊道具有相同的特征。

③ 河流景观廊道。殡葬建筑外部空间景观河流廊道是指沿水道或河流两侧分布而不同于周围景观基质的植被带，其宽度随河流的大小而变化。包括河道边缘、河漫滩、堤坝和部分高地。殡葬建筑外部空间景观河流廊道控制着水和矿质养分的径流，可减少洪水泛滥、淤积、土壤肥力损失，其宽度的变化具有重要的功能意义。

如图 4-42 所示为俄亥俄州辛辛那提的春天墓园中河流景观廊道（河岸植被），通过这一廊道可以控制墓园内的水流和矿质养分流动。另外河流到高地的环境梯度比较明显，在墓园中一些适应高水位和土壤湿度剧烈变化的河流景观廊道的植被和动物通常沿河分布，在这里具有营养物质丰富的沉积物。因此，在墓园水流沿岸的植物生产力较高，生长迅速。

在墓园中的廊道植被对水流也有直接影响，植被郁闭可以保持河水清凉，往往为水流中生物所必需；凋落物沉积在河水中，会成为许多河流食物链的基础。在高级河流范围内，植被冠层疏散，各种蝴蝶、鸟类和其他物种可广为利用。同时，廊道两侧的小气候和土壤梯度变化明显，这些都提高了殡葬建筑外部空间的生境多样性和物种多样性。

4.3.1.3　殡葬建筑外部空间景观基质

殡葬建筑外部空间景观由若干类型的空间景观要素组成。其中景观基质是面积最大、连通性最好的外部空间景观要素类型，因此在殡葬建筑外部空间景观功能上起着重要作用，影响能流、物流和物种流。殡葬建筑外部空间景观基质与殡葬建筑外部空间景观斑块区别在于它们的相对比例和构型。在整个殡葬建筑外部空间景观区域内，基质的面积相对较大。一般来说，它用凹形边界将其景观要素包围起来。在其所包围的外部空间景观斑块密集地，它们之间相连的区域很窄。在整体上，殡葬建筑外部空间景观基质对空间景观动态具有控制作用。

（1）相对面积

面积最大的殡葬建筑外部空间景观要素类型往往也控制殡葬建筑外部空间景观中的流。殡葬建筑外部空间景观基质面积在景观中最大，是一项重要指标。因此，采用相对面积作为定义殡葬建筑外部空间景观基质的第一条标准：通常殡葬建筑外部空间景观基质的面积超过现存的任何其他殡葬建筑外部空间景观要素类型的总面积。殡葬建筑外部空间景观基质中的优势物种也是殡葬建筑外部空间景观中的主要物种。如图 4-43 所示为美国玫瑰山纪念墓园，占地 2500 英亩（约合 1012 公顷），号称为世界上最大墓园。在这个墓园中草地景观面积在整个墓园景观中占据最大的面积，是典型的美国式草地墓园，形成草地景观基质，这里有上万株的玫瑰成为基质中的优势物种。

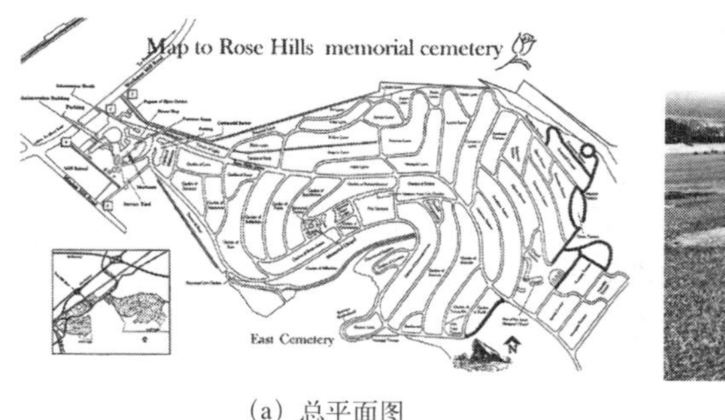

（a）总平面图

（b）墓园中大片的草地

图 4-43　美国玫瑰山纪念墓园草地基质

如图 4-44 所示为大卫•奇普菲尔德（David Chipperfield）建筑师事务所设计的圣•米歇尔公墓，它位于威尼斯和穆兰诺（Murano）之间的一个小岛上，整个岛屿所建都是墓地，这个公墓的一、二期工程被运河隔离，由两座桥连接。整个公墓都被运河包围着，在运河上具有最大的连通性，形成了运河基质。当涨潮的时候，水也会慢慢吞噬地面，使景观斑块产生动态的变化，有利于物种的丰富度的提高。

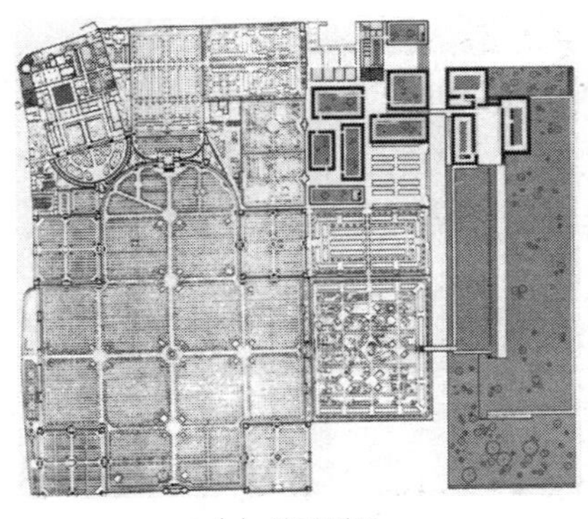

(a) 总平面图

(b) 鸟瞰图

图 4-44　威尼斯圣·米歇尔公墓运河基质

(2) 连通性　相对面积作为殡葬建筑外部空间景观基质的唯一判断标准可能使人误入歧途。比如，即使树篱所占面积一般不到总面积的 1/10，然而直观上人们往往觉得树篱网格就是殡葬建筑外部空间景观基质。因此，确认殡葬建筑外部空间景观基质的第二个标准是连通性，殡葬建筑外部空间景观基质的连通性较其他现存空间景观要素高。

(3) 控制程度　判断殡葬建筑外部空间景观基质的第三个标准是一个功能指标，看殡葬建筑外部空间景观元素对其景观动态的控制程度。通常景观基质对其景观动态的控制程度较其他殡葬建筑外部空间景观要素类型大。

这三个标准中，相对面积是最容易估测的，而动态控制最难评价，连通性则介于两者之间。从生态意义上看，控制程度的重要性要大于相对面积和连通性。因此，确定殡葬建筑外部空间景观基质时，最好先确定殡葬建筑外部空间景观要素类型的相对面积和连通性。如果某种景观要素类型的面积较其他景观要素大得多，就可确定其为殡葬建筑外部空间景观基质。如果经常出现的景观要素类型的面积大体相似，那么连通性最高的类型可视为殡葬建筑外部空间景观基质。如果计算了相对面积和连通性标准之后，仍不能确定哪一种殡葬建筑外部空间景观要素是其外部空间景观基质时，则要进行野外观测或获取有关物种组成和生活史特征信息，通过估计现存哪一种殡葬建筑外部空间景观要素对其景观动态的控制作用最大来衡量和判断。

4.3.2 殡葬建筑外部环境的景观格局要素的空间联系

殡葬建筑外部空间景观要素之间的空间联系通过网络结构实现，包括由殡葬建筑外部空间景观廊道相互连接形成的殡葬建筑外部空间景观廊道网络，和由同质性或异质性殡葬建筑外部空间景观斑块通过殡葬建筑外部空间景观廊道的空间联系形成的殡葬建筑外部空间景观斑块网络。网络（network）把殡葬建筑中不同的生态系统相互连接起来。通常意义上的网络是指殡葬建筑外部空间景观廊道网络。殡葬建筑外部空间景观廊道网络由节点和连接殡葬建筑外部空间景观廊道构成，分布在殡葬建筑外部空间景观基质上。节点位于连接殡葬建筑外部空间景观廊道的交点上，如图 4-45 所示为上海松鹤园的中心广场，它连接了松鹤园中的景观廊道形成节点；或者位于交点之间的连接空间景观廊道上，网络功能的重要性，不仅在于物种沿着它移动，而且还在于它对殡葬建筑外部空间景观周围基质和斑块群落的影响。

图 4-45　网络节点连接墓园中的景观廊道

殡葬建筑外部空间景观的连接廊道连接着交点，而廊道相互连接形成环绕殡葬建筑外部空间景观要素的网络。如果殡葬建筑外部空间景观基质所围绕的殡葬建筑外部空间景观要素较大，或孔隙度较高，殡葬建筑外部空间景观基质也会互相连接成带状，可以看作殡葬建筑外部空间景观廊道网络。许多殡葬建筑外部空间景观的线性特征（如道路或沟渠）可相互连接形成网络。

图 4-46　葛天陵园中各种类型的网络节点

（1）网络交点

网络连接类型有十字形、T 形、L 形和终点，这些交点或终点的连接类型是网络重要的结构特征。如图 4-46 所示为葛天陵园总平面图，该陵园位于河南省长葛市，在图中我们可以看到“十”字形、“T”形、“L”形的网络连接类型。图 4-47 为大连市殡仪馆外环境中的祭祀场，位于廊道的尽端，成为终点型网络连接。在殡葬建筑外部空间景观环境中，有些交点可以起到节点的作用，比廊道宽，但作为独立的景观要素又太小。网络交点上的物种丰富度一般比景观廊道其他地方大。网络中有时也出现一定长度的间断带。

（2）网状格局

相互连接并含有许多环路的殡葬建筑外部空间景观廊道构成一个网状格局。图 4-46、图 4-48 所示就是一个由殡葬建筑外部空间景观要素组成的格网。还有上海福寿园也具有网状格局，如图 4-49 所示为福寿园鸟瞰图，在这个殡葬建筑外部景观环境中由线状的道路景观廊道和河流景观廊道相互连接、围合形成福寿园的网状格局。

图 4-47　作为终点型网络节点的祭祀区

图 4-48　池州市公墓山网状格局

图 4-49　上海福寿园网状格局

（3）网眼大小

在殡葬建筑外部空间景观网络内要素的大小、形状、环境条件、物种丰富度和人类活动等特征对网络本身有重要影响。网络线间的平均距离或网络所环绕的景观要素的平均面积就是网眼的大小。网眼大小与物种粒度的关系都很重要。物种在完成其功能，如觅食、保护领地或吸收阳光和水分时，对网络线平均距离或面积相当敏感。粒径多样性与粒径大小一样具有生物学价值。粒径多样性越高，生境多样性越高，适宜于更多的生物生存，殡葬建筑外部空间景观会更加稳定。

如图 4-50 所示福寿园中，树篱网围绕的公墓斑块与周围生境具有不同的小气候，从树篱到河岸方向上，物种组成发生一系列变化。树篱中植物的多样性影响着昆虫与鸟类的分布，比如双翅目的物种，从树篱边缘到河流对岸，丰富度增加。

图 4-50　网眼大小对墓园廊道网络的影响

（4）网络结构的决定因素

殡葬建筑外部空间景观的历史和文化通常是决定网络空间结构的重要因素，网络总是随着经济、社会以及环境的变化而变化。景观廊道网络在殡葬建筑外部空间景观中的作用反映在现有的交点类型、廊道的网状格局和包含的景观要素的网眼大小等方面。殡葬建筑外环境空间景观的多数网格结构主要取决于人类活动的影响。

4.3.3 殡葬建筑外部空间景观结构的生态交错

在殡葬建筑外部空间景观环境中，不同的斑块空间邻接会产生与其特征不同的边缘带，即生态交错带（ecotone）。生态交错带的概念最先由Oements（1905年）提出，用来描述物种从一个群落到其界限的过渡分布区。1987年1月，在法国巴黎召开的一次会议对生态交错带的定义是："相邻生态系统之间的过渡带，其特征由相邻的生态系统之间相互作用的空间、时间及强度所决定"，它强调了时间和空间尺度与相邻生态系统的相互作用及其强度，成为生态交错研究的理论基础。

殡葬建筑外部空间景观单元大小是有限的，它们的交界处体现着不同性质系统间的相互联系和相互作用，具有独特性质。在不同的交界处，如森林和草地交接处，城市与乡村交接处等，普遍存在边缘效应这一自然现象。生态交错带是殡葬建筑外部空间景观格局的特殊组分。生态交错带上的生态过程与殡葬建筑外部空间景观斑块内部不同，物质、能量以及物种流等在生态交错带上明显变化。①殡葬建筑外部空间景观斑块的边界对殡葬建筑外部空间景观流有影响，进而影响殡葬建筑外部空间景观格局和动态；②生态交错带上可能具有独特的生物多样性格局，因此对生物保护具有重要意义。

4.3.3.1 殡葬建筑外部空间景观生态交错带的特征

作为殡葬建筑外部空间景观要素的空间邻接边界，生态交错带具有一些特征：生态交错带是一个生态应力带。它代表着两个相邻群落间的过渡区域，两种群落成分处在激烈竞争的动态平衡之中。其组成、空间结构、时空分布范围对外界环境条件变化敏感。

（1）殡葬建筑外部空间景观生态交错带具有边缘效应

在生物与非生物力作用下，生态交错带的环境条件趋于异质性和复杂化，明显不同于两个相邻群落的环境条件。如森林墓园中的林缘风速较大，促进了蒸发，会导致边缘生境干燥。在生物多样性方面，生态交错带不但含有两个相邻群落中偏爱边缘生境的物种，而且其特化的生境导致出现某些特有物种或边缘物种，物种数目一般比殡葬建筑外部空间景观斑块内部丰富，生产力高，即边缘效应。植物种类及群落结构的多样性和复杂性，为动物提供了更多的筑巢、隐蔽和摄食的条件。如有些树上筑巢地面觅食的鸟类，森林墓园中，森林和草地交错带成为它们良好的栖息地。

（2）殡葬建筑外部空间景观生态交错带妨碍物种分布

殡葬建筑外部空间景观生态交错带犹如栅栏一样，对物种分布起着阻碍限制作用。如我国大量墓园中的公墓形式形式多以石材，混凝土等材料制成，墓园中的林木、植被都被其分隔开，阻碍了物种的扩散分布。生态交错带在结构和功能上与殡葬建筑外部空间景观廊道有很多相似之处，比如，一些生物物种喜欢平行于生态交错带活动，因此应当对生态交错带内部平行于生态交错带的生态过程予以重视。殡葬建筑外部空间景观生态交错带概念的重要之处主要在于它强调生态系统之间的相互作用和相互联系。生态交错带的内涵主要指群落交错带，特别是那些明显的大尺度交错带。

4.3.3.2 殡葬建筑外部空间景观生态交错带的功能

殡葬建筑外部景观环境的生态交错带功能作用主要体现在对生态系统间流的影响，是对流速和流向施加控制，沿存在压力差的方向流动。所有生态系统间生态流流动都通过生态交错带，它具有对流的通透能力，为相邻生态系统提供能量、物质和生物有机体来源，并受其影响使流速和流向发生改变，起着流通渠道的作用。同时，它还具有过滤器或屏障作用，如同半透膜，在生态系统间生态流流动中使一些可顺利通过，而一些则受到阻碍。

根据边缘效益理论，处于不同介质交叉地带的区域景观敏感度最丰富。因此，尽可能利用殡葬建筑中滨水带与陆地交界的空间，通过开辟游步道来实现景观利用的最大化。绿化上以驳岸种植垂柳、碧涛等植物，局部节点通过灌木的变化来实现景观多样化的审美要求，并结合水岸种植垂枝灌木来柔化驳岸。

4.3.3.3 殡葬建筑外部空间景观生态交错带的尺度效应

殡葬建筑外部空间景观生态交错带的确定与监测依赖于尺度水平。不同尺度水平上生态交错带的特征及功能作用不同。如小群落间交错带形成和维持的因素主要是小地形等微环境条件，而地带性植被交错带则主要是大气环境条件。一些中小程度的环境变化，如群落动态、干扰、小环境变化等可能对群落的结构、功能和稳定性具有重要影响，而对后者影响不大。

不同尺度不同类型的殡葬建筑外部空间景观生态交错带具有较高的生

物多样性。天然或人为的森林边缘植物和动物种类异常丰富。水陆交错带，包括河岸带和湖岸带等湿地生态交错带，往往形成物种富集区。

殡葬建筑外部空间景观大尺度生物群区生态交错带对研究生物多样性具有特定的价值。在生物群区生态交错带会有新的微观生境，导致有高的物种多样性生物群区生态交错带的位置相对稳定，允许物种有适当的时间散布和定居；生物群区生态交错带的范围大，与小尺度的生态交错带相比，具有较高的生物多样性。

在殡葬建筑外部空间环境中，人类的殡葬活动也会改变外部空间自然景观格局，引起景观生态交错带的变化和生物多样性降低。墓地斑块的建造把异质的自然空间景观，变成大范围同质的人工殡葬建筑外部空间景观，消灭了自然生态交错带，扩展了人为生态交错带，改变了原有的优势物种，破坏了自然的生态关系。由于不断增加和扩建墓碑，部分树木被砍伐，导致原有的空间景观的破碎，其大部分面积变成景观生态交错带或边缘，这一过程对生态系统中的生物，如鸟类或者对于有些森林墓园中的哺乳动物影响很大。生态景观的破碎，使生态系统内部的生物赖以生存的环境丧失，这些生物将被林缘或开阔地的物种代替，使得与生态系统内部有关的物种减少，相反那些林缘栖息的种类增加。当生态系统破碎到一定程度，则会导致物种减少，甚至导致许多物种的灭绝。

生物多样性保护要考虑到殡葬建筑外部空间景观生态交错带与邻近系统的相互作用及联系，不仅要保护物种本身，更要保护物种的生存环境——殡葬建筑外部空间景观生态系统，并根据受保护的目的物种的生活习性来确定。

4.4 殡葬建筑外部环境的生态化设计取向

4.4.1 设计理念

殡葬建筑不仅应该给逝者一个优美宜人的安息环境，更重要的是应给生者一个生态的、绿色的、可持续发展的缅怀空间。它不再是一个孤立、有边界的特殊场所，而是正在溶解变化成为城市中的景观生态，开放的绿地，融合于城郊自然景观，渗透于居民的生活，成为弥漫于城市中的绿色液体。同时功能的转变要求不再把墓地景观改造视为孤立的造景过程，而应该把系统观视为整体生态环境的一部分。

4.4.1.1 绿色的溶解

色彩最能引起人们的情感联想，生态学以绿色为象征，而绿色又是自然界植物的象征。人类与生俱来的对自然与绿色植物的强烈认同感与亲近感，使绿色植物在整个人类社会的发展和营造活动中始终占有不容忽视的地位，尤其是在生态环境备受关注的今天，绿色植物更是借助于各种技术手段融入建筑设计和建筑环境中，成为生态要素的主角。在对植物所代表的自然环境的认同中，不能排除人的主观能动性，因为美不仅是人类社会实践活动所引起的“人化自然”的产物，也是人脑思维活动的结果。正是人与植物之间这种超功利情感关系的存在使得绿色植物从来就是建筑的有机组成部分。绿色植物千变万化的色彩更增添了殡葬建筑景观空间的迷人魅力，使建筑造型和空间环境在一年四季变幻出生动的表情，带给人们层出不穷的心理和视觉感受。

在德国，殡葬建筑已经不是单纯的埋葬死者骨灰的公用设施，在他们的心目中也不会把殡葬建筑当作可怕的地方敬而远之。在柏林鲍姆舒伦韦格陵园，宜人的绿色景观空间，精致的雕塑作品，让人看到更多的是人们在其中散步、健身、园艺、沉思，那种静谧安详的气氛让人们深受感动。

贵阳凤凰山公墓是一个生态的、绿色的场所。如图 4-51 所示，到处是绿树环抱，树木因为它在空间上的向上升起，也由于它的成长预示着勃勃生机与生命的创造，使得天与地相结合。“在原始的宗教心灵中，树即宇宙，由于树使得宇宙能再生，同时总括了宇宙……”正是人与植物之间这种超功利情感关系的存在使得绿色植物从来就是建筑的有机组成部分。绿色植物千变万化的色彩更增添了殡葬建筑景观空间的迷人魅力，如图 4-52 所示为德国某乡村墓园，墓园的设计使建筑造型和空间环境在一年四季变幻出生动的表情，带给人们层出不穷的心理和视觉感受。

图 4-51　绿树环抱的生态墓园

图 4-52　不同季节里植物丰富的色彩增添了墓园的魅力

在斯德哥尔摩森林墓园中，如图 4-53 所示，东南部缓坡大草坪很注重树丛的疏密、林相、林冠线（起伏感）、林缘线（自然伸展感）结合地形的处理，整体效果既舒展开朗又融和了自然情趣，且具有流动感，创造出“流淌的绿色”。西南部墓区则为自然野趣，水边和草地上大量配置乡土植物群落，形成了可持续的生态群落。

图 4-53 森林墓园中“流淌的绿色”

景观作为一个主体，景观的变化作为一种相对独立的过程，有其本身的速度、动能及空间模式，决定景观结构的正是这几个要素之间的互动关系。设计的目的在于建立一个自然的过程，有意识的接纳相关自然因素的介入，将自然的演变过程和发展进程，纳入开放的景观体系之中。景观自然诞生、发展，不为人的意志所改变，甚至不被意识，我们感受到的只是局部。

4.4.1.2 时间的流动

人与自然的关系是永恒的话题，自然是“万物皆流，无物常驻”，人生亦然。建筑师正尝试着让时间在空间上的痕迹通过一系列的手法得以体现，也使人在其中体会到当融入了各种自然介质时，景观作为一个主体变化的独立性，及这种变化给人以丰富的感受。从时间、空间、人的角度去契合了主题。去深层次的挖掘变化的内涵，展示动态的过程，使建筑作品与自然融为一体，具有特色。

殡葬建筑场所空间的体验实质就是人们在运动中去体味和欣赏不断呈现殡葬建筑的空间和景观。殡葬建筑中的空间和景观由于建筑师的设计有机地组合、承接起来，从而在整体空间环境效果上产生深邃、优美的意境。有机体现在殡葬建筑空间各个部分在总体意境创造中的先后顺承搭接关系上，第四维空间要素即时间在运动中表现出来。殡葬建筑空间环境以一定的顺序出现，从而显示出空间的有组织性和总体的意境效果。总体的意境效果必须由殡葬建筑空间的各组成部分以巧妙的手法衔接和相互衬托而得以反映。殡葬建筑空间序列应强调其体现出的场所精神，使之满足于人的心境，其空间序列组织可以像园林空间一样，是一种无形的、宏大而连续流动的客观存在。它随欣赏的需要可放可敛，带有时间的因素，是流动和变化的。因而具有三维空间的可感形象，能使人们直接进入殡葬建筑中进行审美活动。

逝者如斯，不舍昼夜。生与死之间的变化，涵盖了整个自然界，通过墓园这一个处于生与死共存对话的特殊场所为载体，将变化的过程展示给人类自身，引起对人生无常，自然景观变化的思考，通过一系列的设计手法表达，见证新的存在的开始。时间是景观变化形成的材料，它将其他景观要素组织起来，形成变化演进的过程。通过对墓园设计，完成对人生的无常，自然变迁的表达。

4.4.1.3 寻求生死的对话

万物皆流，无物常驻。生死的界限是不可逾越的，但“之中”这个变化的过程赋予了生命、自然以丰富的意义。寻找一种方式来弱化人们观念中生与死的绝对概念，在这一个生者、死者、自然界共存的空间里，在变化中达到协调与统一。能够通过时间的体验，生与死的对话，对人生的意义定位，在过程里诠释生存的意义。

生死观的转变使得殡葬建筑的情感发生了多层面的拓展，现代殡葬建筑再也不仅仅是个“死者的城市”了，而更多的是为了生者而存在的空间，无论从实际空间的利用或是精神情感的承载等各方面而言都是如此。因此，殡葬建筑作为城市中的特殊类型的公共空间，成为现在和过去交汇的空间，生者与死者对话的空间，也是生者与生者相逢的空间。

殡葬建筑与生者的生活空间的交界、空间的转换以及殡葬建筑内部各功能区或不同墓区之间的过渡等在情感上均可理解为生者与死者、生者与生者的对话这两大类之间的过渡和渗透。并且以生者与死者的对话为基础，引发生者与生者的交流才是殡葬建筑情感设计的目标之所在。这里的“生者与生者”包括：与死者有着血缘关系的亲人、朋友以及有着同样情感体验的陌生人。每个人都有往去的亲人，亲人的离开带来的悲痛、对亲人的思念在最初占据绝大部分情感体验。然而随着时间的流逝，这种悲痛渐渐的淡化，这种思念已经抽象为一个家庭或族群的凝结核，扫墓是家庭、朋友聚会的形式，殡葬建筑是其特殊的场所。不同的人、家庭、族群在这里萍水相逢，非语言性的交流隐约的向对方述说着自己的故事，个体的、家庭的情感的涟漪慢慢地逸散开去，成为社区或是某一地域所有人的共同精神成分。

在巴塞罗那市郊工业区的伊瓜拉达墓园（Igualada cemetery)，如图 4-54 所示，多年以前地理运动的结果使其拥有一大片蜿蜒裂缝的山谷为墓区提供了独特的自然景观空间。自然的地形被保留但加以整形，山谷中的裂缝挖掘成为下沉的墓区核心空间。墓地依地形沿周边分层设置，各层由楼梯相连，成为三面围合的 U 形空间。中空的体积依山体走势向外砌筑，其中搁置棺木。建筑师从传统空间的约束中解放出来以垂直方向的多层墓棺和门洞的形式取代了入土安葬的形式。生与死的隔离从地上和地下的转换变为室内和室外的转换。逝者成为空间永久的一部分，而生者还继续在这空间里徜徉和缅怀。

图 4–54　墓园中生死对话的场所

人们对于生命与死亡的认识常常与对自然物如天体、植物、动物、矿物等的认识发生直接联系，自然界运动规律解释着生与死的含义。殡葬建筑将自然元素引入空间中，通过围闭、渗透、因借等手段使其穿插于空间序列之间，当其在连续的葬祭仪式过程中不断展现的时候，纪念性随即产生。日本建筑师相田武文设计的玉县央广域葬仪场如图 4-55 所示，沿着一条微妙但是动态的流线进行戏剧性的平面布局，光、水、天空被贯穿于整个内庭空间中，成为建筑的构图中心，象征着人生的起点和终点。一个铺满卵石的带状庭院将建筑分为葬礼服务区、火葬区和等候区，与出殡仪式的顺序相一致。黑色的陶面砖曲墙贯穿仪式的通路，暗示着空间的表情。在整个仪式进行过程中，空间内外交融，恰如其分地营造出一幅自然送行的场景。

4.4.2 设计手法

4.4.2.1 体会生命之源——水之谷

“水”是殡葬建筑中最神秘的自然要素，水面下暗伏着一个诡异的世界。在古代宇宙进化论中对天堂的意象通过“水”这一元素来表达，认为水是所有造型的原始本质，是生命的源泉和归宿。水被视为生命地起源和归宿，如活泼的水象征生命，静水就是对逝者的世界最好的象征了。

图 4-55 光、水、天空形成的空间

意大利建筑师卡拉•斯卡帕设计的家族纪念墓园如图 4-55 中就运用“水”这一元素，借助其自身特征不断反复映射、镜射、投射等物理现象，及其隐含的意义，即“水是所有生命之源”，也是生命的终点，因此水面作为隐喻阴阳两界的界面，把水面以下看作是另一个世界的开始，宇宙中的生命在不断重复。通过运用一些不断重复的几何形态来呼唤这种设计理念，传达出对水中世界的幽冥意向的另一种诠释。水底由黑色的大理石墓碑铺成，水面映射着的现实世界中的天光花影，只隐约透露出下面的神秘世界，分别被生死两界的人们占据着，浮水植物，挺水植物，绿篱多层次交织，在安静的氛围中呈现动态，为人提供了一个冥想的空间。

如图 4-56 所示的英国舒兹伯利墓园，顺着地形，利用该地丰富的降水条件和北面河流良好的引水条件，让水贯穿于整个墓园中，随着季节变换，降水的变化，河流的盈涸，使各季的水态大不相同，通过浓淡不同的植物绿色为基本调子，色彩鲜亮曲线花床在其间自由地伸展流动，小溪在其间蜿蜒穿行，通过对比、重复、疏密等手法取得协调。溪流使内外空间隔而不围，分而不断，内外融合，扩大生态空间。随着时间不断地变化，人获得的体验也大不相同。在常水期：春（2 ~ 5 月）降水量在 62.5 ~ 67.9 毫米，水边的水仙、漫坡的杜鹃花绽放，东南部缓缓的草坡斜侵入水，树丛呈团状散布在修整的草坪上，创造出丰富的透景线，加深景致和空间通透感，能从多角度看到教堂的尖塔。而墓地区则附以开花的地被，以乡土的草为基础，蔽以参天的树木创造出另一种更加自然，更加野趣的景致，两者对比，创造出丰富的视觉效果。枯水期：夏（6 ~ 8 月）降水量在 51 ~ 66 毫米，溪道变窄，甚至有局部的断流，椭圆凹地的水面下降，平台、栈道呈现，地形呈现，树木浓密，林荫下蓝紫色花盛开。丰水期：秋冬（10 ~次年 1 月）降水量在 73.9 ~ 91.9 毫米，溪道变宽，增多，局部扩大成小水面，椭圆凹地积满了水，平台、栈道被淹没，小路戛然而止。

图 4-56　生命之源在墓园中流淌

4.4.2.2　体验空间的再生——光之场

在人们的意识中，光代表生命和天堂，而黑暗则代表死亡和地狱。“光是极其独立的、自主的和自为的生命，很多时候它和建筑的结合成就了艺术，给予感知。”正是光在葬祭仪式中的戏剧性演出，赋予了殡葬建筑空间以特殊的表情和含义。告别仪式需要静寂肃穆的空间气氛，等候区则需要轻松温和的空间气氛。通过光的明暗、强弱和引入方式的序列化组织，使不同的空间气氛能够自然过渡，可以强化葬祭仪式中的心理变化。

太阳的移动是自然节奏的体现，透过光传达着时间。光在角度、强度、色彩上无休止地变化着，其无限变化使光成为自然的象征。光之场要让人感受到，光线与阴影交错，不同空间的转换会给人以印象。硬质景观中突出的是混凝土实墙、玻璃隔墙、铁的运用，混凝土实墙有很强的反射性，玻璃有对光反射、折射、透射等特性，夜晚色性不同的光源在不同材质面上反应的差异，让我们在真实与虚幻之间游移，生与死之间对话；铁在自然中生锈、风化让我们体味时间的流逝，自然介入带来的演变，用新的现代的语言和新的形式唤起知觉和记忆，使精神空间再生。

康通过一句颇耐琢磨的“静谧与光明”来说明那不可言说的存在感受：“静谧并不是十分安静”，“静谧是不可度量事物之所在”，是“存在的愿望，被表达的愿望”。而海德格尔说：“我们用‘此在’这个名称来指这个存在者，并不是表达它是什么，而是表达存在。”让我们不妨再把“静谧与光明”与海德格尔的下面这句话作一番比较：“当我们……沉思人和空间的关系，这时，就有一道光线落到作为位置而存在并且被我们称为建筑物的那些物的本质上去了。”静谧与光明，抹平了那个人与周围世界对立的缝隙，而以一种境界去替代那个人与周围世界的媒介物——空间。人在此境界中思考与存在，于无声处倾听世界，感受时空中的他之“此在”。

如图 4-57 所示是位于斯德哥尔摩附近的恩斯科特（Enskede）森林墓园，以“场所”和“时间”中的自然光线表现空间的纵深度，创造出丰富、激动人心的场所。穿过整个场地，参观者被置于一种光影之旅中，阳光从树林中透过形成一道道的光芒，人走在其中体验着生命从自然中孕育最终又回归自然、融于自然的循环过程。在这样的场所中，时间、光影、空气和生命的运转在墓园空间中被钝化，场所在此凝固，生者的呼唤与亡者的灵魂在这静谧的场所中融为一体。这样的场所使人、自然、建筑物与场地合而为一，使墓园的功能与建筑师和体验者的理想形成共鸣。墓园中的小教堂简单的白粉墙使得空间环境安逸、淡雅，如图 4-58 所示，在阳光下，墙的白色使树影、花影尽染其上，远望去有种阴阳交织，情趣盎然的感觉。视线也能使人产生一种对照的感觉：控制与释放，光与影，神秘与发现。正是因为有这样的两两对照，所以容易吸引人们。来到这种场所同时也暗示着到达与离开，开始与结束，过去、现在和将来。在视觉上总能给人们更深远的暗示，应用这种变化的视线可以产生强大的进程线，以加强神圣感。

(a)

(b)

图 4-57　阳光穿过树林带给墓园的魅力

图 4-58　林区小教堂中光与影的结合对墓园气氛的烘托

4.4.2.3　感悟时间的流动——风之岭

时间和空间一样也是观念之物，时间的经验起源于人对物质世界运动变化的感知，或者说，时间是经验主体对存在于世界的感知。在海德格尔看来，正是时间构成了一般存在的意义所在，而我们询问存在，就是要询问存在的意义，也就是询问时间的本质。如果把时间当成客观存在之物，则任何存在之物都沐浴在时间的河流中，建筑也不例外。但是建筑和时间的关系却常常被遮蔽在建筑的恒持性当中，建筑所表现出的永恒的姿态、坚固的形象、稳定的处所使人难以觉察到其在小尺度时间范围内的变化，正因为如此，建筑经常被认为是独立于时间之外永恒之物，它的纪念性似乎是天生的。

对于建筑来讲，大尺度的时间感觉是容易被觉察的。我们在面对老房子时总会幽然生出思古之情。然而对于生活在万千琐碎中的人来说，关键是如何建立起日常生活中的存在体验，如何捕捉空间中的瞬间，如何感知时空之中人之“此在”的那一刻，从而获得对自身存在的关照。

安藤认为当绿化、水、光和风根据人的意念从原生的自然中抽象出来，它们即趋向了神性。在殡葬建筑中光往往与其他自然元素结合，以抽象的形式在建筑空间中表达出人与自然、生命与死亡的关系，形成一种特殊的叙事风景。

在殡葬建筑的设计中，国外的建筑师更加关注建筑环境对人的关怀和影响。“风之丘”火葬场如图 4-59 所示，是桢文彦于 1997 年设计建造的，位于日本南部中津的一个公园里。火葬场由在一个很大的公园里的一个斜坡上的三栋建筑组成，砖砌的殡仪馆，混凝土的火葬场，以及露天的红色钢架等候区和防护墙。在这个亡者的空间，通过桢文彦对仪式路径自身的操作和对光线的微妙调制而成为一个敏感的精致物。如图 4-60 所示等待的场所则成为可眺望前庭景观及周围群山之外延性空间，在等待逝去的亲朋火葬之时，令人感受到自然的无常及风之韵味，回想过去的时光。因此相对于火葬场的部分的硬质且具仪式性的设计，等待区部分则塑造为柔和光线包围而宽敞的空间。粼粼的水波和广阔的天空使灵魂得到展开和解脱。正如桢文彦所说“是在寻求空间的连续性质和对人的反应的唤起。而且火葬场还通过对控制自然光线来合成方向和深度给人一种深邃的感觉。”

图 4-59　风之丘火葬场外部景观

图 4-60　在等候区感受自然中的光与风

同时，逐渐升高的自然地形，刻画了生者渐渐脱离现实世界，逐渐洁化到一个在精神上能与死者完全平等的抽象世界的心理境界。植物序列的不同，造成视觉的差异。植物随风而动，且发出声音，表达了场所中风的存在与力量，注意一般用肉眼体会不到的变化，而非用一些人工的设施，经过精确的观察从知觉中可以感受到一些容易放过的敏感的东西。

4.4.2.4　感受心灵的慰藉——思之地

殡葬建筑的最终目的是要传达给人一种“感觉”，即一种永恒及理想的场所环境，营造一种和谐宁静、回归自然的气氛，并通过人的感知得以体验，给予生者心灵的安慰。今天的殡葬建筑已成为公共活动的场所，也是建筑艺术创造的重要组成部分，人们一生中在悲哀时进入此门，并在这里为亲人们找寻一处适宜的最后安息之所，在庄严的仪式中埋葬那些逝去的亲人，当悲哀时人们在这里寻找安慰。在这里，他们为悲伤而哭泣，为团圆而喜乐。如果说人们利用宗教建筑以沟通心灵的不安、受伤或者恐惧，并以其空间引介生活的告解，那么殡葬建筑不仅安置亡者的灵魂，也给予生者体验生命的启示与慰藉。透过殡葬建筑外在的神秘表象，我们可以从中寻求对人生的思考，对来世的设想，释读出蕴藏在其中的文化心理特征，体验置身其中的场所精神。

4.5 殡葬建筑外部环境生态化设计策略

殡葬建筑景观环境生态化建设是当今我国殡葬建筑业发展的目标，也是城市建设可持续发展的方向，现代殡葬建筑不仅应该给逝者一个优美宜人的安息环境，也同样应给生者一个生态的、绿色的、可持续发展的缅怀空间。在德国，墓园已经不是单纯的埋葬死者骨灰的公用设施，在他们看来墓园绝不是可怕的、敬而远之的地方，相反那里是他们心目中美丽的地方。在柏林鲍姆舒伦韦格墓园，宜人的绿色景观空间，精致的雕塑作品，看到更多的是人们在其中散步、健身、园艺、沉思，那种静谧安详的气氛让人们深受感动。

殡葬建筑景观环境生态化要通过节约并有效利用土地资源，提高绿化率，建设多层级绿化体系，同时兼顾经营性殡葬安置业务等生态可持续策略，使之起到城市绿肺的作用，从而改善城市小气候。对于旧有的殡葬建筑的改造也应针对其对环境的破坏机理加以控制和改造，运用生态补偿设计和生态适应设计逐步实现恢复生态环境的目的。

4.5.1 节约土地资源，有效利用土地

中国传统的最为普遍应用的土葬公墓采用水平方向平面式布局，无论是单个坟墓还是公墓群整体的占地面积都比较大。在火葬制度推行以前的土葬方式，是将死者整体装入棺木之中，再埋葬到墓地中。这种公墓中每人大约占地 3 平方米左右。进入新中国，火葬制度推行后，随着人们观念的逐渐改进，公墓中的主要埋葬方式被一种先火化后土葬、传统与现代结合的方式所取代。这种形式虽然还是一种平面式的布局方式，但较先前的土葬方式已有了很大改观。

在笔者的调查研究与编制的殡葬建筑标准中，对公墓建设规模和独立墓地每穴用地标准做了相应的规定，见表 4-1、表 4-2。

公墓建设规模 **表4-1**

类型	Ⅰ类	Ⅱ类	Ⅲ类
占地面积（公顷）	8 ～ 10	6 ～ 8	6 以下

独立墓地每穴用地标准　　表4-2

类型	A	B	C
独立墓地每穴用地面积（平方米）	5	3	1

即便在面积上做出了这样的规定，但是依然不能缓解我国人多地少的紧张局面，许多公墓为了能容纳更多的死者，向周围扩张的速度依然十分显著。因此，一种更能节约土地、提高土地利用率的方式被人们所期待。

殡仪馆的建筑用地同样存在着需要节约土地的问题。殡仪馆的用地规模也分为三类，各用地规模面积指标如表 4-3 所示。

殡仪馆用地规模　　表4-3

类型	一类	二类	三类
总用地面积（公顷）	5 ~ 6	4 ~ 5	2 ~ 4

在调查的全国 25 个城市 50 所殡仪馆建筑中，由于火化数量的剧增，殡仪馆的建筑面积与用地面积也在逐渐地扩大，见附表 4-1。表中 50 所殡仪馆，年火化量 4000 具以下的殡仪馆共有 19 所，占调查馆总量的 38%；年火化量 4000 ~ 6000 具的殡仪馆共有 11 所，占调查馆总量的 22%；年火化量 6000 ~ 10000 具的殡仪馆共有 11 所，占调查馆总量的 22%；年火化量 10000 具以上的为 9 所，占调查馆总量的 18%，见图 4-61。

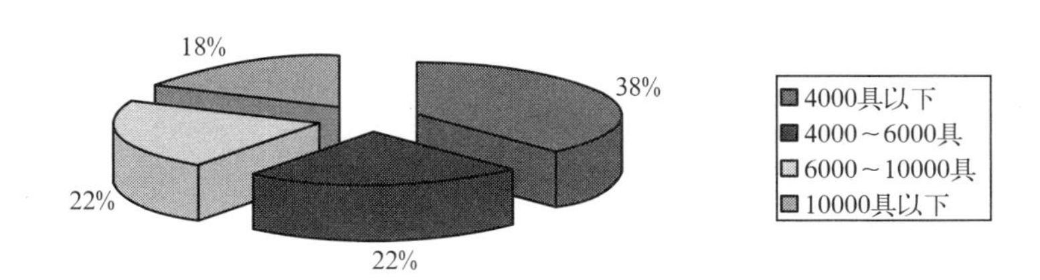

图 4-61　殡仪馆规模现状分析

上述被调查馆按火化量分析其用地面积结果如下：年火化量 4000 具以下的殡仪馆平均用地面积为 6.63 公顷；年火化量 4000 ~ 6000 具的殡仪馆平均用地面积为 4.34 公顷；年火化量 6000 ~ 10000 具的殡仪馆平均用地面积为 6.56 公顷；年火化量 10000 具以上的殡仪馆平均用地面积为 5.23 公顷。

由以上统计可看出，中小型规模的殡仪馆与大型殡仪馆在占地面积上的区别并不是很大，这是由于大型殡仪馆主要分布在上海、南京等用地紧张的大城市，而中小型殡仪馆分布在用地相对较为宽松的小城市。这说明小城市还缺乏节约殡葬建筑的土地资源意识，随着人口老龄化比例的扩大，无论是大城市还是中、小城市都将面临土地资源的大量稀缺，建设节约型城市的理念应该渗透到每个人意识中来。

4.5.1.1 城市理论指导——节约型城市

节约型城市的概念源于循环经济理念和可持续发展思想。循环经济理念表现为一种“资源——产品——再生资源”的循环发展模式，体现了一种可持续发展的理念。我国于 20 世纪末引入“循环经济”概念,并通过“五个统筹”及科学发展观将这一概念进行推广。

节约型城市的直接思想来源是节约型社会。两者不仅在构词上存在传承关系，在很多概念和方法手段上也雷同。节约型社会是循环经济在社会最大层面上的体现，因此我国十分注重节约型社会的建设。2005 年6 月，温家宝总理在《高度重视加强领导加快建设节约型社会》的报告中明确了建设节约型社会的战略意义，并对近期工作重点进行了部署，主要表现在节能、节水、节材、节地、资源综合利用及发展循环经济五个方面。

因此，节约型城市也可称为资源节约型城市。而与节约型城市相关度最大的是易耗竭且不可再生的能源资源，可补给但也面临耗竭的水资源及可再生的土地资源,这也是节约型城市的中心议题。目前,国际上产生了“紧凑城市”、“精明增长”等城市可持续发展理念，其思想内核无一不蕴涵着对资源的有效利用。节约型城市的理论内核不仅包含了可持续发展的思想，同时也包含了循环经济的思想，它对我国的城市发展具有重要价值与指导意义。

(1) 城市土地集约利用

对于土地的合理利用是建设节约型城市的一项重要内容。针对我国人多地少，耕地后备资源不足的国情，在城市化的过程中，如何提高土地使用效率，集约利用城市土地，已引起规划和土地管理部门的高度重视。

(2) 城市立体化建设

城市立体化建设是城市土地集约利用的有效途径之一。它可以有效地缓解城市生存空间的短缺问题，使城市原有基面向空间发展，变原有的水平布置发展模式为三维立体发展模式，提高土地利用综合经济效益，整合城市元素，优化城市布局和用地结构，使土地在节约的同时，却能创造出更高的自身价值。

4.5.1.2 有效利用土地的措施

(1) 使用公墓集合建筑

公墓集合建筑就是一种类似生者集合住宅的死者的“集合住宅”，它将原有土葬形式的公墓水平布置模式改变成为立体的空间建造模式。这是在公墓建筑设计方面对城市立体化的直接体现，有效地缩减了城市中用于死者住宅的建设用地，并且在利用的单位土地面积上可以充分发挥土地的利用效益，达到城市土地集约利用的效果。

具体说来，公墓集合建筑有以下几点优势：

第一，平均每人占地面积小。对于土葬式公墓的占地问题，在公墓集合建筑中得到很好的解决。在此，以大家所熟悉的骨灰墙为例说明这个问题。骨灰墙是我国最为常见的一种立体式墓葬形式，它通常与公墓的围合院墙、分割墙结合设置，有的在设计上还结合了中国传统的长廊样式。供单人使用的穴位宽 40 厘米，进深 36 厘米，高 27 厘米，底面积约为 0.15 平方米。在垂直方向上，根据人的身高、视觉、舒适度等，一纵列可设置 7 穴位。按单层建筑考虑，折合到地基面上则每个穴位仅占地 0.02 平方米，如图 4-62 所示，大大提升了土地的使用效率。这仅仅是单层，若建筑层数有所增加，则人均占地面积将更小，土地的利用率将更高。

第二，墓园绿化面积大。在我国现行公墓中，为节约用地，土葬式公墓的墓穴、墓碑排布较密。起初的墓地中间还可以栽种几棵树木；现在新建墓地排布越来越密，相邻两个墓之间几乎无距离可言，前后之间也仅留了够一个人通行的走道，单片区域中几乎没有绿化。主要绿化集中在分隔区域的大路两侧，绿化形式比较简单。建造公墓集合建筑，如图 4-63 所示为中山市公墓集合建筑，可以使公墓中用于埋葬的部分集中起来，在周围大量的土地开展绿化，其绿地利用率比以前提高 30 倍以上，这是土葬公墓无法达到的。

图 4-62 占地面积很少的骨灰墙隔位

图 4-63 中山市公墓集合，周围大量绿化

第三，优化公墓整体形象。公墓集合建筑是现代公墓建设的体现，它顺应现代建筑设计思想，采用现代建筑设计手法，体现纪念死亡建筑的内涵与美感。与此同时，由于集合建筑为绿化创造了大面积的空间可以展开更为丰富的绿化造型，提高了公墓内的整体景观质量。公墓集合建筑的使用，使墓园内建筑与景观的形象都有所改善，整体改善了公墓的视觉形象，提升了公墓的品质。也可以使公墓在城市中的地位有所提升，在一定程度上减弱人们心理对公墓的排斥感，柔和生者与死者的关系。

第四，有利于现代化管理。在公墓集合建筑中可以采用计算机管理，配备中央空调、升降电梯等设施。生者祭奠亡人时，可以通过计算机调出逝者生前的录像、录音、相片等资料，在祭奠场所播放，形成一种新的祭祀仪式，体现出一种现代文明。

（2）建筑与景观结合，立体与水平互补

中国传统殡葬文化中讲究入土为安，天人合一，使得土葬成为我国传统殡葬的主要形式。当前，在人们的殡葬观念逐渐过渡的阶段，传统的丧葬意识依然非常强烈，仍有大部分人认为入土是生命终极最佳选择。因此在公墓的规划布局中可以考虑在景观环境的设计中配以树葬、花葬、草坪葬等入土葬法。这样，公墓集合建筑立体式的殡葬方式与景观中水平的殡葬方式结合出现在公墓整体设计中，如图 4-64 所示为长春市息园中立体墓葬景观与水平景观相结合，在视觉形象上相互融合，在功能上实现互补，既优化了公墓的整体形象，又提高了土地利用率，一举多得。

图 4-64　结合景观立体与水平互补

（3）建筑与网络结合，有形与无形互补

从土葬到火葬，人们的思想已经有了相当大的进步。而网络安葬是一种更为先进的殡葬方式。它随着科技的发展和人们观念的进步而产生，在节约土地的基础上为人们提供了一个虚拟的理想墓地场所，同时实现了殡葬零占地。但是这种超前的殡葬形式目前还不能被大多数人所接受，人们还是希望可以为死者保留遗物。因此公墓建筑依然是公墓的主体。在公墓集合建筑中，我们可以加入虚拟公墓的成分，给现代人们多元的思想意识以更广泛的选择余地，同时也提高了城市土地利用率。

综上所述，新的现代城市公墓可以采用建筑、景观、网络相结合的三位一体的方法建设。既在基本方向上节约了城市土地，符合我国当前集约型城市的建设精神，同时也丰富了公墓中殡葬方式的选择范围，改善了公墓的面貌。公墓对生者与死者多方面的关怀，体现了柔和的丧葬氛围，柔化了人们对死亡的排斥。

4.5.2 提高绿化率，建设多层级绿化体系

人类与生俱来的对自然与绿色植物的强烈认同感与亲近感，使绿色植物在整个人类社会的发展和营造活动中始终占有不容忽视的地位，尤其是在生态环境备受关注的今天，绿色植物更是借助于各种技术手段融入建筑设计和建筑环境中，成为生态要素的主角。在对植物所代表的自然环境的认同中，不能排除人的主观能动性，因为美不仅是人类社会实践活动所引起的“人化自然”的产物，也是人脑思维活动的结果。正是人与植物之间这种超功利情感关系的存在使得绿色植物从来就是建筑的有机组成部分。

殡葬建筑是每个城市必不可少的公共服务设施，对于经营性墓地应严格限制公墓墓穴占地面积和使用年限，按照节约土地、不占耕地的可持续发展的原则，提高绿化率，修复荒山，改善城市生态环境，应把这类墓地划入城市其他绿地类型。由于我国城市人口基数大，导致人均绿地面积与世界平均水平相比相差很大。我国绿化最好的大中城市人均绿化面积不足10平方米，这与联合国生物圈生态与环境组织提出的城市绿化面积人均达到60平方米为最佳居住环境的要求相差甚远。为此，笔者在参与编制的殡葬建筑建设标准中，规定了植物种植应乔、灌、草相结合，以乔木为主。乔灌木种植面积比例原则上控制在绿地面积的70%左右，其余为非林下草坪和地被植物。绿地率应在20%～25%以上，绿化覆盖率应在80%以上。

城市殡葬建筑多依山傍水，靠近城市。其所处山地尤其是降雨较多的地区，经常存在浅层土体易被侵蚀的不稳定现象，水土流失极为普遍。研究表明，林木绿化可以缓冲降雨对土壤的侵蚀，稳定土层，甚至可以减少有效降雨。但单纯的树草植被成活率低，养护困难，其生态效应也不甚显著，

而由乔、灌、草结合组成的绿地，其综合生态效益是纯草坪的5倍。据研究，1:6:20:29的乔灌草结合比例是比较科学的，即在29平方米的面积上，种一棵乔木，6株灌木，20平方米的草地或其他地被植物。

同时，在土地及空间利用规划中，运用植物、建筑、水体等物质要素，以一定的科学和技术规律为指导，因地因时进行植物选择和配置，充分发挥它们的综合功能。例如，在山地地形中，有一些地形变化剧烈的不可建用地，道路多劈山而筑，一面倚山，一面临崖，在这些地段合理配置攀缘、垂直、地被植物等立体绿化，同乔、灌木以及最下层的地被植物易形成稳定的多层混合立体植物群落，不仅丰富景观层次，提高绿化率，使植物高低相竞、充满生机盎然的情趣，而且体现出物种的多样性，有利于增强山体生态系统的稳定性。

（1）墓区树种选择

树种的选择除了要满足一般功能的要求外，还应结合纪念性的主题，用一定的植物种植来象征示意某种纪念意义。墓地在常绿树种中一般选用松柏类，由于树种单调显得过于肃静。因此，绿地植物种植应因地制宜，采取多种配置形式，注重按植物群落结构进行科学配置种植设计，应以公墓总体设计对植物组群类型及分布的要求为根据，并通过多彩多姿的植物景观，渲染积极而高洁的纪念文化氛围。

美国的玫瑰山墓园就是一个森林墓园，它位于洛杉矶东部，始建于1914年。墓园占地面积2500英亩，大约为1012公顷，是世界上最大的公墓之一。据统计，每天埋葬30个人，还能埋葬三百年。墓园中种植大量植被，如图4-65所示，到处郁郁葱葱，开满了各种颜色的玫瑰花，如图4-66所示。

（2）墓区树形选择

墓地绿化树木种类繁多，体态各异。但总的说来，具有尖塔形及圆锥

图4-65　玫瑰山墓园中的各种植被

图4-66　玫瑰山墓园中各种颜色的玫瑰竞相开放

形的，多具有严肃端庄的效果，例如松类，雪松、金钱松、水杉等；具有柱状且较狭窄树冠者，多有高耸静谧的效果，如龙柏、铅笔柏、池杉等；具有圆钝、椭球形树冠者，多有雄伟、浑厚的效果，如小叶黄杨、大叶黄杨等；而拱形及垂枝形者，常可以表示哀悼和悲痛，如柳杉、线柏、垂柳等。由于各地区气候、土壤、文化等差异，不同地区的殡葬建筑中种植的树种也不同，笔者在研究中调查统计的各殡葬建筑中所种树种见附表 4-2。总的看来，以松柏居多，还有少数其他树种，像新疆哈密市殡仪馆种植了葡萄等果树，内蒙古呼和浩特市殡仪馆种植了丁香、玫瑰，将其融入一种生态经济效益之中。

(3) 季相花色选择

色彩最能引起人们的情感联想，绿色植物千变万化的色彩更增添了建筑空间的迷人魅力。不同季相的不同的花色变化给人以不一样的感觉。春季欲滴的青翠，夏季蓬勃的盛绿，秋季灿烂的金红，冬季寂静的冷绿，使殡葬建筑造型和空间环境在一年四季变幻出生动的表情，带给人们层出不穷的心理和视觉感受。殡葬建筑一般选用白色系、黄色系、蓝色系的花，因为白色象征着纯洁，黄色象征着高贵，蓝色象征着幽静。白色花系的树种较多，如深山含笑、玉兰、石楠等，黄色花系的树种，如连翘、鹅掌楸、桂花、十大功劳等，蓝色花系的树种，如紫玉兰、紫荆、木槿、瑞香等。当然，随着观念的进步，花树色彩的选择也变得更加丰富，红色的吉祥去秽的暗喻，粉色宁静浪漫的情怀等也会越来越多地进入祭祀文化场景之中。

殡葬建筑的景观环境只有通过建设多层级、多种类的绿化体系，发展生物种群的多样性，才能使墓区环境形成一个稳定而有机的系统，并在其所处生态环境中承担起一定的生态职能。

4.5.3 景观水环境的生态净化策略

殡葬建筑中的水体是创造良好景观环境的重要手段之一，同时水体也具有良好的生态功能，如水可净化空气、调节温度、降低能耗，对改善小气候起着重要的作用。由于受到自然风水观的影响，所谓“山水环抱”、“藏风聚气”，许多殡葬建筑在选址与规划时多考虑水体在殡葬建筑环境中的作用。如图 4-67 所示为大连的乔山墓园中的景观水环境，在外环境建设中让开放的水面作为生态系统的一个重要组成部分发挥其重要的生态功能。同时必须防止地表水污染，促进水体的净化。天然或人工水面加以保护，有意识栽植或保留净化能力强的水生植物可以有效抵御水体污染。

创造水景作为积极发挥水体景观效益的一种方式，在殡葬建筑中被广大设计师广泛应用，但北方的水池、喷泉到了冬季，大部分必须放干水，防止冻裂，大面积池底、喷泉管道暴露在外，有碍观瞻，可以在冬季池底

图 4-67　乔山墓园的景观水环境

铺卵石用作健身步道。南方殡葬建筑中室外水面相当普遍，可以做成瀑布与假山、叠石等景观相结合，作为水景观赏。

殡葬建筑中对遗体的各种处理方式都需要使用水的辅助，而这些用水中会含有细菌、病毒等污染物，会影响到人体的健康，因此，是不能与普通生活用水同时排放的，需要进行消毒或净化。

4.5.3.1　发挥水体自净能力

自然水体作为一个独立的生态系统，对污染具有一定的抵抗作用。一般认为，当水面超过 1000 平方米，水深超过 1.5 米时，就可以通过自净能力防止水体腐败、变质。另外，水体的形状也很重要，方形、圆形比长条形有更好的内部空间与边缘环境的比例，因此面积较小的水体，应该使之形状尽量趋近于方形和圆形；面积较大的水体，水面形状可以比较自由分散，充分发挥水体的边缘效应。另外，应避免水面完全处于周围高大建筑或岸边成片树林的阴影中，让阳光能照到水面，微风能吹到水面上。

4.5.3.2　利用植物净化

殡葬建筑景观环境设计中，水景常与绿化相结合，在创造良好的自然景观的同时，也发挥着更强的生态效益。一方面，水面通过蒸发和渗透为植物提供充足的水分，促使植物生长更旺盛；另一方面，水边的植物也能阻滞泥水，净化雨水，有意识地栽植或保留净化能力强的水生植物，可以有效地减少水体污染，例如，芦苇就有很强的吸收某些污染物的能力。

4.5.3.3 促进水循环

促进水自身的循环也是防止水污染的重要措施。一方面考虑将雨水收集系统和景观水系结合起来，并配合水生植物和土壤过滤进行水的处理，使景观水系统流动起来并保持清洁，形成优美的水景。另外也可采用机械装置使之流动起来，与喷泉、瀑布等形成循环水流，不仅会使流水不腐，而且也会增强景观的观赏效应。

殡葬建筑的外部水环境景观是殡葬建筑景观环境生态化设计的一个中亚组成部分，对提高殡葬建筑生态环境质量也是一条重要的、有效的途径。水环境的设计不仅从景观视觉的角度出发，更结合生态学原理将景观效益与生态效益相结合，即创造了殡葬建筑环境景观的美化，同时也发挥了其最大的生态作用，真正将生态化、可持续发展的设计理念落到实处。

4.5.4 葬式多样性的生态化策略

在殡葬建筑设计中，由于葬式葬法不同，给殡葬建筑的生态化设计带来很大的影响。目前世界范围内葬式与葬法的种类依然很多，但绝大多数还是采用火葬和土葬的方式。而我国受殡葬体制改革和国家政策规定的影响，大力倡导火葬，将遗体火化形成骨灰后安葬。因此，对于殡葬建筑的生态化设计来说，骨灰的安放方式在很大程度上占据着举足轻重的位置。骨灰作为一种特殊的物质，对其处理方式可以多种多样，包括树葬、草皮葬、壁葬、海葬、天葬、太空葬等等，还有将骨灰做成各种饰品随身佩带，留作纪念。我国的殡葬传统和改革都充分体现“回归自然”这一生态观念，无论采取何种方式对其进行处理和安放，都应该本着少占或不占土地的原则,实现生态化殡葬建筑设计策略。发展到今天，具有生态意义的葬式策略有以下几种。

4.5.4.1 生态埋安葬策略

在我国农村可以推广生态埋的殡葬方式。死者遗体不经火化，而是以可降解的环保材料制成的棺装殓，深埋在田地中，不留坟头，不立墓碑，上面种庄稼或树木，这种方式也可形成家族或村寨种植园公墓。分林埋、花埋、草埋等多种形式，将死者遗体用玉米秆、麦草秸制成的降解材料环保匣装殓后深埋地下，而以植树、种花、种草予以纪念。这方面我国山西省长治县的种植园公墓是值得借鉴的。在我国的西双版纳傣族的龙山就是村寨公墓人死后在村寨旁的龙山火化不留坟头，使得龙山永远是郁郁葱葱的森林。这种方式与我国传统的天人合一的观念是一致的，与我国的宗族观念也有契合之处，并且避开了人们对于火葬的抵触，易于文化引导。此外在相当程度上减少了火化所带来的能源消耗和环境污染。

4.5.4.2 骨灰安葬策略

图 4-68 结合传统园林中的“亭”为元素进行安葬

“入土为安”一直是我国几千年以来形成的殡葬传统观念，直到今天仍是多数人所信奉和接受的殡葬方式，因而骨灰安葬在我国目前的状态下仍具有较大的殡葬市场。按照传统的殡葬观念，将骨灰封入骨灰坛或骨灰盒安葬于地下，地上多设有墓志，这种传统的墓地安葬造成严重的白化现象，形成白色的视觉污染，影响了城市生态环境，因而在现代殡葬建筑的设计中结合一些园林小品可作为骨灰安葬的地上标志物。如结合殡葬建筑中的亭或塔进行设计如图 4-68 所示，布置于主要的观景区和风景区。骨灰亭或骨灰塔的主要做法是：在亭或塔的下方预先建有地下室，可作为安葬骨灰的空间，地下室可以是传统的用于夫妻合葬的墓穴形式，可以是用于家庭墓葬的多层结构，还可以将地下空间的四壁做成骨灰壁葬形式用于骨灰地下壁葬。亭的平台中心可以设置墓碑，作为墓志。亭的柱子、栏杆、栏板、美人靠等部位也可作为集体葬刻制墓志之用。同样，园林的雕塑、小品、散置的山石等也可作为墓志之用，其地下用于安葬骨灰。

4.5.4.3 骨灰壁葬策略

骨灰壁葬是一种以壁葬墙为载体进行骨灰安放的形式，可以大量地节约土地资源。壁葬墙比普通墙体略厚，墙体正面通常均匀分布着“井”字形的壁葬格，骨灰盒可放入其中。格位口用石板或其他建筑材料封闭，并可作为墓碑刻上碑文。其建筑形式十分丰富，有回廊式、亭式、四合院式、多层复合式等，并结合殡葬建筑中的墙、台、廊等设计成骨灰墙、骨灰台、骨灰廊等形式。

4.5.4.4 骨灰散撒策略

骨灰散撒是不保留骨灰的处理方式，不需占用土地资源，是未来殡葬改革的发展方向之一。有一些伟人都将骨灰撒播在大海中。在殡葬建筑中实行骨灰散撒时，一般选择绿地和水体。可以选择在树木旁散撒，并在树上挂纪念性标志牌，或在树下设立一块小巧的标志物，刻上已故人的生平或是趣事以示纪念；在草坪或疏林草地中散撒，可以依托绿地中散置的山石、小品等园林物质作殡葬标志物；在路旁树木或绿地中散撒，可以依托道牙石、路灯杆、休息椅等园林物质作为殡葬标志物。在花坛绿地散撒骨灰，花坛建筑可兼作殡葬标志物。

借助水体作为散撒骨灰的媒介时，一般包括风葬、江葬、海葬，即将死者的骨灰抛撒到山川湖海中，不需要占用任何土地的葬式。在殡葬建筑中的水体进行骨灰散撒要考虑到骨灰的污染性（包括心理污染），尽量辟出专用水域并做相应的防污处理，而临水园林物质（如驳岸、水际散置的山石、树木、雕塑、小品、护栏等）可作为殡葬标志物，特殊的水榭、舫、桥等大型水际建筑及其构件也可作为殡葬标志物。

4.5.4.5 绿色安葬策略

绿色安葬是采用植树葬、花坛葬、草坪葬等形式进行骨灰处理的方式，是一种保护土地资源和自然环境的生态葬法。具体形式如下：

树葬：骨灰埋入地下，地上不留标记物，以树、花等代碑，以达到节约土地资源、保护生态环境的目的。

草坪葬：是一种公园化墓园的葬式。墓园环境主要为草坪，墓葬看不到墓碑，代之以草坪上的一块铜牌或石板。当然这种葬式受到气候的影响，更加适用于南方气候温暖的地方，以便草坪可以常绿。

园林化集体葬：是一种彻底园林化的墓葬方式，即不设墓碑，几百人的骨灰埋在风景点，在接待大厅内标示亡者姓名和所在景区。

人们把骨灰埋入树木的间隙或草坪内，以花草树木代替墓碑，不占或少占土地资源，可节约大量的殡葬费用，减轻人民群众负担，有利于移风易俗，树立厚养薄葬的新风尚。同时，充分利用现有的殡葬建筑中的绿地，把节约土地资源和保护生态环境有机结合起来，既满足人们入土为安、回归自然的愿望，又能缓解骨灰安置设施的压力，是代表着文明的进步、生存的需要和殡葬发展的必然。

4.5.4.6 其他葬式策略

除了上述主要的生态化葬式策略之外，还有少数人采用如下的其他生态化策略。

基因舍利：把先人的基因资料保存在有收藏价值、小巧精致、玲珑剔透、个性化设计的各种艺术品例如琉璃制品、金属制品、玉石、陶瓷之中，保存先人的基因，为家族史和民族史的研究提供了生物基因库资料，寻找富国强民、振兴民族的良策。从小的方面讲，可建立家谱档案，甚至从遗传学角度来改善家族遗传基因缺陷，从而寻找提高后代智商、增强体质、甚至减肥、防病、治病的途径等等，用先人的基因图谱来造福后人。

冷冻生态葬：死者遗体首先被放入用淀粉制成的特殊棺材内，用液态氮冷冻。经过这种方法的处理后，遗体很快成为粉末。随后，对这些粉末进行干燥处理，然后将其掩埋到坟场中，粉末很快便会化作土壤的一部分。

生命宝石：利用现代高科技技术，通过物理、化学等方法将骨灰或毛发中的碳分子，结晶成纯度更高的彩钻，制成体积小巧、晶莹剔透、钻石般坚硬的人造宝石。

人是大自然的产物，最终也将回到大自然中去。人类的遗体处理方式从土葬发展到火化是社会的重大进步。它有利于改革旧的传统习俗；有利于节约宝贵的土地资源，增加城市的绿化面积，改善城市的自然环境；同时也有利于推动和加强绿化林带的管理。

4.5.5 景观环境铺地的生态化策略

铺地景观是构成殡葬建筑景观的重要组成部分，是其存在的一种物质形态，是界定景观空间或场所的第一要素，是人类为了其某种需要或目的而给予地面以某种特定形式，是一种典型的文化景观。因此本书所说的铺地景观是指在各种景观空间中，为了某种需要而被人为改变了的地面，分硬质地面、软质地面及软硬结合地面。

（1）硬质地面

地面铺设成水泥面、沥青面或用硅制砖进行封闭处理，其特点是地面清洁，但弊病是减少了植物生长面积，减少了雨水下渗，不利于地下水的补给，无形之中提高了地表温度，增加了墓区小气候的调节难度，因而在墓区尽量避免盲目选择这种封闭的处理方式，如图 4-69 所示。但是有些硬质铺地是为了某些特殊的需要而设，体现设计者对已故者的一种精神情感。

图 4-69 墓穴旁铺着的拼花地砖

在恩里克·米拉雷斯设计的伊瓜拉达墓园（Igualada Cemetery）中，如图 4-70、图 4-71 所示，墓地地面上杂乱分布的木条与碎石随机结合，虽然每一根线条呈现无序的状态但总体却是指向一个方向——墓地尽端，从无序中产生有序。线条编织成金属网：平面的网包裹住石墙表面，有犬牙交错边缘的网是墓区的大门；立体的网构筑出墓区的门柱和墓地的雕塑。麦克古尔（Pennv McGuire）在关于米拉雷斯的一篇文章中将他的建筑创作与意识流文学相提并论，但是在伊瓜拉达墓园中地面上仿佛是散落的无规则嵌入地面的金属板的偶然性和随机性确实使人联想起意识流小说中常用的手法。在分析米拉雷斯的伊瓜拉达墓园时经常被提到的艺术家麦克尔•海则（Michael Heizer）做过的一件大地艺术作品：在一张纸上掷火柴，将其位置精确记录并放大，用不锈钢板取代火柴并嵌入地下。米拉莱斯采用了类似的方式作为对于生命的无规则、随机性和无限可能性的模拟和对于凝固一切可能的死亡的暗示。

图 4-70　地面杂乱分布的木条与碎石随机结合

图 4-71　乱杂铺地直指向墓地的尽端

如图 4-72 所示是著名建筑师赫曼•赫兹伯格和阿姆斯特丹的比吉尔默米尔（Bijlmermeer ）设计的一个殡葬建筑。在 1992 年 10 月 4 日，居民区受到了一个现代工业技术社会最可怕的噩梦般的撞击：一架波音 747 货机从天空坠下，撞上了格朗尼温和克鲁伊堡公寓大楼。悲剧发生后，这个地区立即成为成千上万的哀悼者和观看坠机所留下的破坏痕迹的人的集合地。当时人们自发地表达哀痛的聚集地点是一棵树，它距离坠毁中心非常近，却奇迹般地站立着。这棵树成了悲剧的象征：在这次毁灭中仅有的一个活物的标记。当政府决定在这个地

图 4-72　马赛克硬质铺地

方建一个殡葬建筑作为纪念之用，很自然这棵树仍是纪念活动的焦点。建筑师兼雕塑师赫尔曼•赫兹伯格（Herman Hertzberger）选址于被飞机撞毁的十层公寓的小区内，小区之间的空间现在已经成了一个小型的城市公园。作为一个较大的综合体建筑和互相结合的空间的一部分，这个场地不得不与周围建筑区别开来。这棵树仍保留在这个方案的中央，被马赛克地面包围着。如图 4-73 所示，地面是由 2000 块被这个悲剧深深感动的当地居民制作的奇特的小马赛克块铺成。这成了一种表达感情的行为，更能使当地人也参与建造这个永久的殡葬建筑，因此，这个参与建造的机会使这个建筑方案与社会更紧密地联系起来，并且保证了它持续地具有真正的含义。

(a)

(b)

图 4-73 市民参与马赛克铺地的拼图

（2）软质地面

地面种植耐踩踏的以木本科植物为主的草坪，这种处理方式有一种亲切感，是现代文明公墓的理想化模式，它可以发挥植物的社会效益与环境效益，但祭奠人数、次数较多的公墓会因过分踩踏而影响草坪的生长。这种通过草本植物的种植而形成的软质地面在国外的很多殡葬建筑中都有应用，如图 4-74 所示为芝加哥墓地中的可供人们踩踏的软质铺地，国内近几年也开始有个别殡葬建筑中采用软质铺地，如上海福寿园就局部采用这种方式，如图 4-75 所示。

（3）软——硬结合形式

土表覆盖是防止由于土表裸露而导致游人过度踩踏，增加地面的透气性，促使植物与环境进行能量交流、循环与转换的重要环节，可以通过改变过去大面积地面硬化的做法，充分考虑到人与自然的协调，铺设花砖并

图 4-74　芝加哥墓地的软质铺地

图 4-75　上海福寿园的软质铺地

在空隙内植草，形成软硬结合的单层植被空间。把生长力较强的禾草根茎植入硬质材料（具有各种花纹图案的水泥预制品或石块）的缝隙内，可充分发挥两者优势，无论从绿化角度，还是从公用地面的发挥作用角度来讲，其效果都是很好的。如哈尔滨卧龙岗陵园中，如图 4-76 所示，中间通旁墓碑处的地面采用镂空花砖，形成软硬结合的铺地，利于植被的生长也可有效保护地表。还有采用草间铺装的，如天津市塘沽殡仪馆在游园小径上进行“草间铺装”，形成动感极强的观赏效果。草坪同花岗岩色彩与质感的对比，又形成特殊的视觉效果。

图 4-76　软硬结合铺地

4.5.6 多种经营的发展策略

殡葬建筑由于其环境的特殊性，往往成为众多市民和政府部门所回避或忽视的对象。只有正确认识城市殡葬建筑的地位和作用，确定殡葬建筑在生态环境中的定位，充分发挥其生态作用，才能进一步推进城市生态化的建设，并成为可持续型殡葬建筑的一个发展方向。或建成城市的森林绿肺，或开辟为市民的休闲娱乐场地，或开发成文化旅游区域，或建设成禽鸟栖息地，形成各具特色的新型生态殡葬建筑，使其向公园化方向发展，成为文化休闲、旅游观光的去处。

（1）作为城市的森林绿肺

殡葬建筑作为城市绿化系统的重要组成部分，很大程度上可以成为城市中的森林绿肺。

目前我国正处于一个大规模的如火如荼的现代化建设的过程中，城市土地的稀缺，以及寸土寸金的商业效益使得城市中绿体正在迅速缺失。为了改善城市环境，还自然之魅，提高人居环境质量，城市中需要大量绿体的存在。现代殡葬建筑正在摒弃以往的白色污染和荒凉恐怖的气氛，代之以绿色的生态空间，变荒山瘠地为青山绿水，大量的绿色植物借助于各种技术手段融入殡葬建筑设计和建筑环境中，占有举足轻重的地位，成为城市中的森林绿肺。

殡葬建筑中的绿色植物能有效地降低风速，使空气的携带能力大大降低，从而使空气中的粉尘沉淀下来。树木还可以消散放射性现象，因此大面积的森林能够减少空气中的放射性危害。组成绿体的每一片叶子都在其与大气的物质交换中吸入二氧化碳，排放氧气，以此净化空气。1 公顷阔叶林制造的氧气，可供 1000 人呼吸。绿体在自身的呼吸过程中为人类的呼吸提供保障。而且许多植物的芽、叶等都能分泌一种挥发性物质，杀死细菌、真菌和原生物；许多种植物具有吸收有毒气体的能力，减少殡葬建筑中排放出的有害气体的污染。

殡葬建筑作为城市的森林绿肺，还能带给人们降温、保湿以及缓和城市小气候的功能。研究表明，即使在绿带最窄处，冠大荫浓的树叶覆盖的区域，在中午和下午也有显著的降温效果；而大面积的草坪其效果最差。另一方面，带状绿体，如在殡葬建筑的道路和临水绿地，常常成为绿色通风渠道，形成“通风管道”，使空气流速增加，为夏季炎热的环境创造良好的通风条件。降温还会带来相对湿度的提高，使人们感觉舒适。

同时，绿色植被能遮蔽地表；保储降水以利制冷；保护土壤和环境不受冷风侵袭；通过蒸腾作用使燥热的空气冷却、清新；吸收热量，提供遮阳、荫凉和树影；有助于防止地表径流快速散失和重新补充土层含水量；抑制风速；保护现存植被，并在需要的地方引进植被。这种方法非常直接简单，却常常会因为人们的其他欲望的膨胀而受到忽视。

（2）作为文化旅游观光的特殊园林

生态旅游是针对旅游业对环境的影响而产生和倡导的一种可持续发展的全新的旅游业，它注重与自然的和谐，旨在使当代人享受旅游的自然景观与人文景观的机会与后代人相平等。城市殡葬园林的生态建设，恰好满足了生态旅游发展的这种需要。

殡葬建筑在城市发展中逐渐成为以殡葬为主要功能的特殊公园，并成为城市生态园林特殊组成部分，与生态文化旅游有着密切的关系。在我国当今的殡葬改革中，城市园林公墓已成为城市居民处置骨灰的首要选择。在倡导生态旅游的今天，建设城市园林公墓，发展以纪念逝者为主题的文化旅游观光公墓，既减少了殡葬用地，又能开辟新的风景区及旅游景点，在重塑城市的绿色氛围的同时，推进城市生态园林建设。

现代殡葬建筑设计不仅仅是为死去的人建造的，更多的是为活着的人和墓地的来访者提供的。通过墓葬的形式，可以体现一个民族的文化修养和道德水平。美国的梅泰里墓园是美国最大的墓园，以其雕塑艺术而闻名于世，如图 4-77、图 4-78 所示。我国殡葬建筑中也开始通过设计一些人物雕像、墓志记载其生平轶事方式来弘扬民族文化和精神，吸引了众多游人，

图 4-77　梅泰里墓园内的雕塑

图 4-78　通过墓碑上的雕塑反映文化与艺术品位

如图 4-79、图 4-80 所示。殡葬建筑不再是一个冷冰冰的地点，而是一处人们熟悉并愿意来访的场所，是一处安静的风景，可以在此回想逝者一生走过的路，思考自我存在的意义，成为放松人们心情的场所。

图 4-79　福寿园中的雕塑文化

图 4-80　福寿园中的雕塑文化

如图 4-81、图 4-82 所示是位于英国剑桥的美国军人纪念公墓，这里安葬的是美国的军人，一排排白色的十字架整齐而有序列，如同军人的阅兵仪式，在这里完全感受不到墓地的阴森恐怖，有的只是对军人的敬仰与崇拜，对历史文化的追思。这里不仅仅只是满足城市公墓的需求，更多地使墓地成为社会价值的精神体现，吸引无数的游客在这里驻足。

殡葬建筑作为文化旅游观光的特殊园林，有利于保护和创新现有旅游景观。由于受中国传统风水文化的影响，在土葬区，不少人选择环境优美的地方安葬，而这些地区往往具有较高旅游价值。此外，我国每年有 436 万人实行火葬，城市殡葬园林是在城市近郊划出一定的荒山荒地，主要办理骨灰安葬和存放业务，完全可以把殡葬园林建设成为城市的近郊花园和旅游区。

图 4-81　英国剑桥美国军人纪念公墓

图 4-82　英国剑桥美国军人纪念公墓内整齐的十字架

（3）作为户外健康运动的场所

现代人的生活节奏变得越来越快，生活压力也在不断增大，人们大多数的时间都是处于室内办公环境之中，很少走到户外场地去运动与放松。同时，我国城市人口过密，人均绿地占有量较小。而城市中户外运动的景点较单一，使得广大市民难以找到周末户外运动的场地。我国部分城市周围存在既不宜耕作、又不宜大型建筑开发的荒山瘠地。将这些难以利用、生态条件恶劣的区域纳入城市殡葬建筑规划之中，通过规划建设，科学合理地配置花草树木，合理布局墓穴墓碑，扩张殡葬建筑的功能性，建设成为宜人而又别致的殡葬园林，使得荒山秃岭变为人们户外健康运动的生态园林，既达到缅怀先人的目的，又保护了城市生态环境，增加了市民户外运动的空间。

国外有许多墓园早已成为人们心中的户外健康运动的场所，我国也正试图努力向这一方向发展。如图 4-83、图 4-84 所示为上海松鹤墓园内的户外运动空间，设计师认为墓园不仅仅是为死去的人建造的，更多是为活着的人和墓地的来访者提供的。他们希望墓园是安静的风景，是一处人们熟悉并愿意来访的户外运动场所，可以在此回想逝者一生走过的路，思考自我存在的意义。墓园就像个自然公园，让人们放松心情，寻求一片宁静的空间，摆脱过去生活中的压抑与不安。

图 4-83　墓园内的有氧步道空间

图 4-84　墓园内户外运动空间

（4）作为禽鸟栖息的生态公园

城市化进程的加剧和人类的盲目建设，使城市中的生物组成受到破坏，自然生物群落和物种不断减少，城市生态系统的稳定也随之遭到严重破坏。殡葬建筑作为城市生态园林的一个特殊组成部分，它的建设好坏直接关系到城市生态园林建设的成败和城市景观的完整性以及城市生态环境的质量。为保护生物多样性，维持生态系统平衡，殡葬建筑也需要纳入一个与环境相通的循环体系，促进城市生态系统的恢复，维持生态系统的平衡。

生态公园是当代城市殡葬建设的发展趋势，它以保持生态平衡、美化城市环境为指导思想，主张充分利用空间资源，让各种各样的生物有机组合成一个和谐、有序而稳定的人工群落。

4.6 小结

殡葬建筑是一种较为特殊的建筑景观，是城市必不可少的重要组成部分。它在城市环境的影响下产生，对城市具有重要的作用，体现了城市新的地域环境特征。而在现代的城市背景下，殡葬建筑也承载了城市生态环境建设、休闲空间拓展等新的任务，因此经常会留给殡葬参与者及游客深刻的心理感受。殡葬建筑不仅应该给逝者一个优美宜人的安息环境，同样应给生者一个生态的、绿色的、可持续发展的缅怀空间。它不应该是一个孤立，有边界的特殊场所，而应该溶解变化成为城市中的景观生态，开放的绿地，融合于城郊自然景观，渗透于居民的生活，成为弥漫于城市中的绿色液体。

本章在当今城市建设思想的指引下，结合景观生态学理论，分析了殡葬建筑景观受到不同地域文化、自然环境、社会政治、经济等变化因素的影响，表达出不同的景观特征。同时面对当前我国城市发展的现状，城镇人口基数和密度的不断扩大而导致用地紧张的问题，在对其进行选址与规划时，提出从功能可持续出发策划生态位，从城市总体功能布局出发选址，从生态合理性出发进行整体布局。在宏观上，从空间的构成、空间序列、空间界面和空间组织提出了殡葬建筑外部环境的空间格局，在微观上提出了殡葬建筑外环境要遵循绿色的溶解、时间的流动和寻求生死的对话的生态化设计理念，以及体会生命之源、体验空间的再生、感悟时间的流动和感受心灵的慰藉的设计手法。以及从合理有效利用土地，提高绿化率，适应多样的葬式葬法，景观环境铺地以及发展特色经营等方面提出了具有可操作性的生态化技术策略。

第5章　殡葬建筑内部空间的生态化设计

在城市殡葬建筑规模日趋扩展的今天，殡葬建筑内部空间也具有越来越强的社会意义，许多在城市空间中发生的活动已有相当部分移到了内部空间。殡葬建筑内部空间越来越大的包容性则需要处理好内部与外部的关系，空间构成等因素，以获得良好的内部物理环境，从而满足人的生理、心理的要求。

殡葬建筑内部空间是由建筑各界面直接围合而成的，其平面布局、立面构成、剖面形式、空间形态、使用性质、硬件设备、使用与维护质量等，可以说建筑本身的任何元素都是内部空间形成的介质，直接关系到内部空间的生态质量。因此，建筑师与室内设计师必须加强学习，注重自身素质的提高，使自己除了具有广泛的建筑知识以外，对其他相关学科也有尽可能多地了解。在具体的实践过程中，也能与其他学科的专家们协同努力，只有这样才能使殡葬建筑内部空间向着生态化更深更广的方向发展。本章主要对殡仪馆、火葬场以及骨灰堂建筑的内部空间展开研究。

5.1　殡葬建筑内部空间的生态化因素剖析

5.1.1　自然因素与内部物理因素

建筑的外部和内部向来都是不可分割的。当建筑追随“可持续发展”原则时，内部同样受到深刻影响。在城市，随着建筑密度的增大，环境负荷的日趋沉重，城市环境质量的下降促使人们越来越追求内部空间的健康与自然。健康与自然对于殡葬建筑内部而言无论从生理还是心理上都是更加重要，意味着更加充分地利用自然的气候条件，光线和空气的流动，减少细菌和空气污染，减少对人工能源、不可再生能源的依赖，从而取得更适合人活动的微环境。

5.1.1.1　自然因素

自然因素所涵盖的范围相当广泛，但从建筑的角度来分析，可概括为地理因素、气候因素、场所环境三个方面。

（1）地理因素

建筑的内部空间与其所处的地理环境有着十分密切的关系。殡葬建筑所处的地理位置直接关系到作用于建筑物的一些物理指标，对建筑物内部空间的影响，正是通过这些物理指标来实现的。

殡葬建筑所处的地理位置决定了建筑物所在区域的日照环境，直接决定了一年四季的日照变化情况，如处于南、北方不同地域的建筑，日照时间的长短有很大差异，直接影响到室内能源的获得，影响到建筑师、室内设计师对自然能源的选择和利用方式。而由地理位置所决定的太阳方位角、高度角的不同，导致太阳光线射入方向角度以及射入建筑物内深度的不同，从而影响到建筑物的间距、房间的朝向、自然采光的方式等各个方面。此外，地理位置往往与气候、自然资源、地质条件等直接相关，从而通过这些因素影响到殡葬建筑的内部空间。

（2）气候因素

殡葬建筑所处的气候条件对内部生态环境的影响极大，可以根据气候特征划分为湿热、干热、温热和湿冷、干冷等不同的分区，进行内部空间设计时，必须进行具体的分析，根据内部空间的用途，对其进行缓和、加强和利用。气候因素包括：自然气候、城市气候和局部小气候。

自然气候指由于不同经纬度、大气环境、海陆位置和区域地形所形成的区域性气候。没有经过太多人为改造的郊外气候一般较真实地反映着该地区的自然气候。显然，自然气候直接决定了该地区的总体气候趋势，如雨雪量、主导风向、日照条件、四季变化等，这些因素都是形成殡葬建筑内部空间的基础条件。

城市气候是在自然气候的背景下，在人类活动特别是城市化的影响下而形成的一种特殊气候。城市气候的形成，主要是由于城市里昔日的林带、绿地、水面等逐渐被高楼大厦和成片的工厂所替代，城市里密集的交通系统、繁忙的交通流量、人口的高密度聚集、能量消耗的剧增等人为因素造成的。在城市化地区，人类活动对气候的影响，首先是通过对下垫面性质的改变来体现的。下垫面是气候形成的重要因素，它与空气存在着复杂的物质交换、热量交换和水分交换，又是空气运动的边界面，它对空气温度、湿度、风向、风速、风质以及环境辐射、地面反射都有很大影响，这是导致城区与郊区气候不同的重要原因之一。城市气候虽然仍处于区域性大气候的主宰之下，但在许多气候要素上，则表现出明显的城市气候特征，这些特征将会不可避免地作用于城市建筑与内部空间，对内部空间的生态特性产生一定的影响。这种特征在各气候类型中往往是共同具备的，其中最基本的特征，可概括为：气温高、散射强。

不管城市大小、人口多少、性质如何，城市的高温化却是共同的。一般来说，高处的温度由市区向郊区逐渐降低，其分布呈岛状，因此称为“热岛效应”。导致城市温度提高的主要原因是“大气逆温层”和“温室效应”。“逆温层”中空气呆滞。污染物积聚而不能迅速扩散和稀释，这是造成环境恶化的重要原因之一。

局部小气候是指由于建筑物场地周围因受自然环境（地形、地貌、植被等）、人为环境（如邻近建筑物的布局、街道形态、走向、邻近建筑的性质）等的影响，而在建筑物周围甚至组群内部所形成的微气候。局部小气候形成的因素与城市气候在许多方面比较接近，但范围更小，与建筑及内部的关系更为密切，相应地所应该采取的技术措施也更具体。如：场地的局部风向、风力等可能因为场地周围的环境而发生变化，当地的主导风向可能不再作为场地风力因素的主要考虑依据，而应该根据场地具体的风力风向分布状况来考虑建筑及内部空间的布局、房间开口的位置与大小等。在设计室内空气处理系统或使用被动式太阳能制冷时，也必须认真地测量风荷载和风压差等。

（3）场地条件

从生态角度来说，场地上的一切特征，包括地形、地貌、自然资源、道路体系、空气质量、邻里建筑或社区环境、文化和历史资源、基础设施、局部小气候等都会直接或间接地影响建筑及其内部空间。

地形、地貌：场地的地形、地貌会影响建筑物的朝向、布局、体块组合形式、室内外地坪的变化，从而影响到每个具体房间的物理性能。再者，特殊的地形、地貌会引起局部小气候的变化，从而直接影响到建筑的通风、采光、隔声、温湿度等物理指数。通过地面辐射辅助系统，建筑能有效地利用太阳能和水加热设施、自然通风以及自然采光。地形、地貌还会影响到建筑场地的排水方式，从而影响建筑室内外及场地管线的走向及铺设方法。

自然资源：自然资源包括场地及周围的植被、动物物种、可获得的当地材料（土、石、木、砂等）以及矿藏、风能、水能、太阳能等自然能源。应该考虑到场地的植被不被建筑物所破坏，而且当地植被一般来说是在当地最具适应性的植被，容易成活，生长良好，可以降低灌溉和养护成本。在进行建筑设计时，还应该考虑到当地的动物物种，不至于因为建筑的干扰而影响动物物种的生息繁衍，影响生态平衡。

建筑的室内外采用场地上的自然材料，一般来说是最“生态”的。其一：这样做能够降低材料的加工运输成本。其二：采用出自于基地本身的材料，可以将由材料的危害对人体产生的影响降低到最小，如用采自于场地的泥土做成砖，用采自于场地的石材来砌坡，这些材料与建筑场地具有相同的成分特性，只要经过论证、检测，确认了场地的安全性、确定建筑物建造的可行性，那么，使用这些直接采自场地的材料无疑是安全的，从而避免了来自于其他地方的材料可能存在的安全性问题，如可能含有的放射性或其他有害成分。在考虑当地大气候的同时，应该充分重视场地范围内及邻近区域的小气候，这种由场地的特殊条件，如由烟囱效应引起的局部风向的改变，可能会影响窗洞的开设位置和方式，考虑穿堂风的室内布局等。

而场地所能获得的能源如风能、太阳能以及由水流瀑布产生的水力等都可以影响内部空间设计的能源策略。

道路系统：殡葬建筑的场地周围的道路系统会影响殡葬建筑的入口、朝向、布局、立面形式、内部空间布局等，从而也对殡葬建筑的内部空间产生影响。

空气质量：殡葬建筑的内部空间的空气质量直接受到建筑或室外所处环境的空气质量的影响，如果所处环境的空气质量较差，在考虑内部空间时，则需要采取相应的空气净化、隔离措施，以保证内部良好的空气质量。

5.1.1.2 物理因素

殡葬建筑的物理因素包括殡仪馆、火葬场内的通风、采光、日照、温度、湿度、噪声影响等，这些因素直接构成了殡葬建筑室内的物理环境，这些因素物理指标的变动直接导致作用于使用者的物理环境的变化，刺激人们的感官和心理，从而影响到人们的生理和心理健康。

物理环境对人的刺激主要是视觉、听觉、热觉、嗅觉和纯粹的心理感觉等方面的刺激，以及冲击、振动等动力学刺激等。研究结果表明，人们正常的生理、心理功能以及能够有效地从事各种工作的能力，取决于所处的环境条件，而人们对于物理环境刺激的精神和物质的调节能力都有一定的限度，所以，作为使用者直接所处的内部空间环境，必须严格控制物理环境的特征，使内部的通风、采光、日照、温度、湿度以及噪声水平处于最佳的范围，达到最佳的组合，保证为人们提供最适宜的物理环境，使人们能够达到最满意的舒适度、最高的工作效率、良好的健康状况、最佳的心理状态。这就要求设计师必须运用设计手段及技术手段，尽可能使内部物理环境条件对人的生理和心理的不良影响减到最小。

5.1.2 殡葬建筑内部功能因素

殡葬建筑因其殡葬服务功能的特殊性而成为一种特殊的建筑类型，“在特定的地点、特定环境下，用特定的服务方式、特定的服务行为、特定的技术等，为特定的对象服务”。这种功能的需求，是以逝者为载体，通过在殡葬活动中的一系列行为活动，表达和实现生者的愿望。

殡葬建筑的平面布局、立面构成、剖面形式、空间形态、使用性质等直接关系到内部空间的生态质量。殡葬建筑的功能分区及空间组成包括悼念区、遗体处理区、火化区、业务办公区以及公共服务区等，如图 5-1 所示为殡葬建筑流程示意图。

悼念区由悼念厅与守灵堂组成，其中灵堂可根据当地的民俗分为有棺木的和无棺木的两种；遗体处理区主要包括整容室、停尸间、停车间、解剖室、化验室、冷藏间、防腐间、接尸间以及卫生间和员工休息室等辅助房间；骨灰暂存区应单独建设骨灰暂存楼，包括骨灰寄存间、祭祀堂、业务厅、办公室、休息厅和卫生间；火化区包括骨灰整理室、监控室以及工人休息室、卫生间、更衣室、淋浴间、油库、设备间等，如图 5-2、图 5-3 所示为殡仪馆与火葬场平面图，展示了各空间布局关系。

根据笔者参与的殡葬建筑标准研究，在全国 25 个城市 100 个殡仪馆的调查统计中，按国家标准评出的三类殡葬建筑每年的火化量如图 5-4 所示。

图中我们可以看到在 I 类殡葬建筑中年火化量大约在 8000 ~ 13000 具，II 类建筑中年火化量大约在 4000 ~ 6000 具，III 类建筑中年火化量在 4000 具以下。这样每年总火化量在 4 百多万人，此外还有 400 万左右的遗体进行土葬。如此多的遗体需要流经整个殡葬建筑流程，并依次经过各个功能分区。然而大量死亡后的躯体内的微生物向外界传播扩散，对室内空气造成很大的污染，这给送葬的亲友及殡葬服务人员和工作者带来了极大的危害。 图 5-1 为殡仪馆内各功能空间的空气中所含细菌的量。

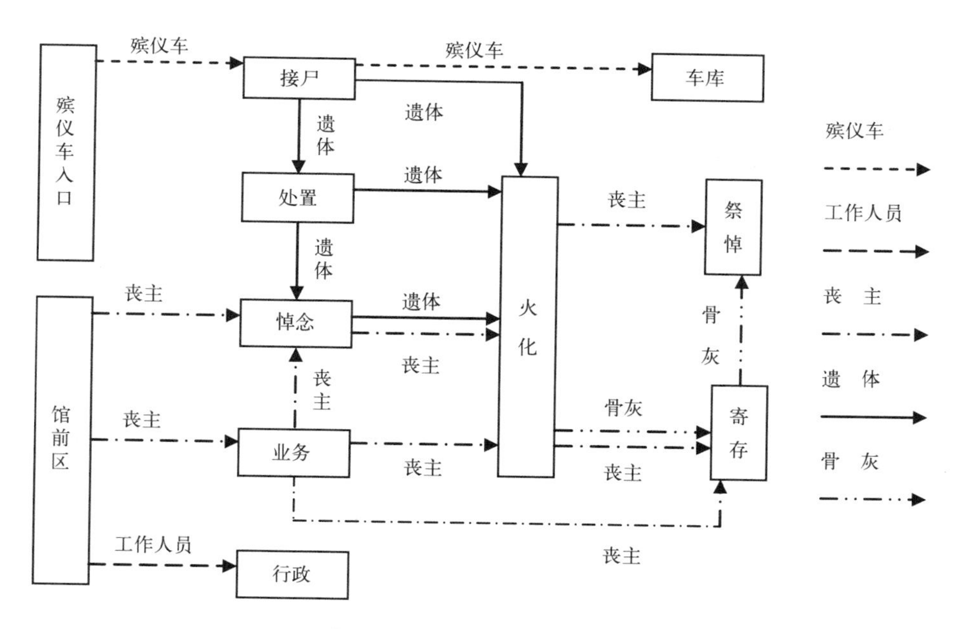

图 5-1 殡葬建筑流程示意图

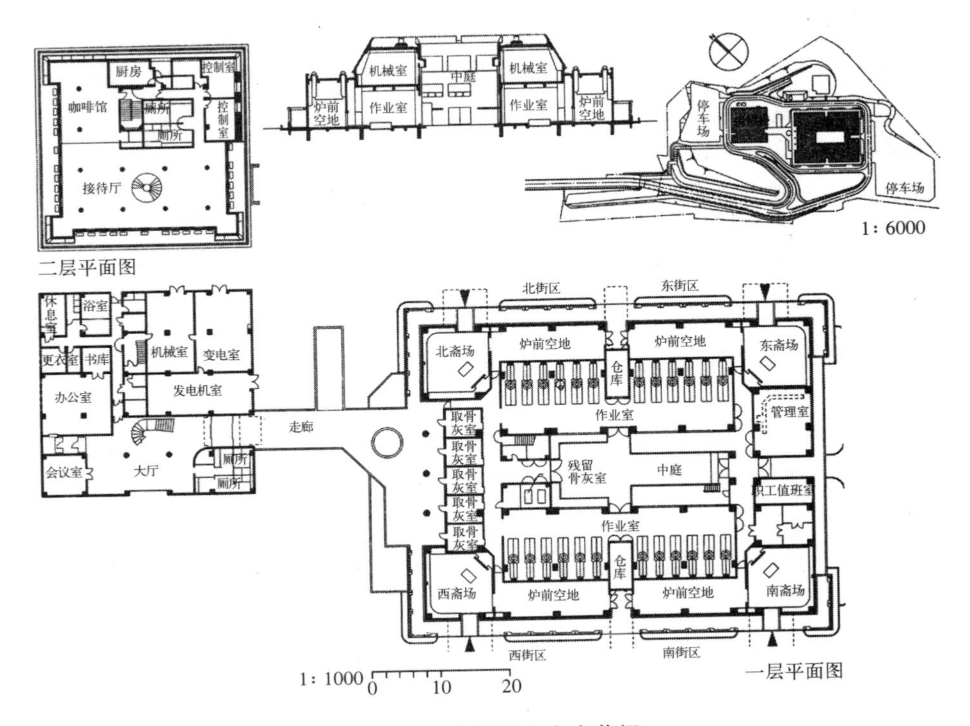

图 5-2　京都市中央火葬场

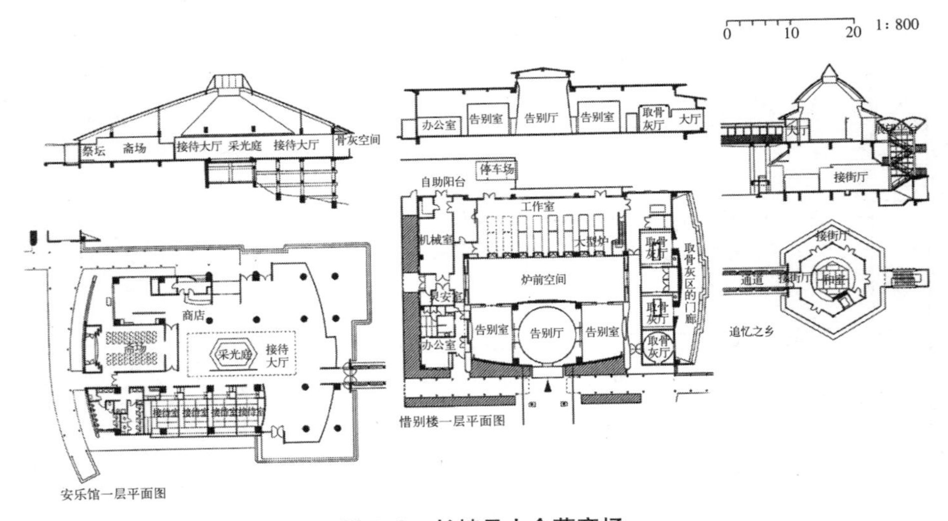

图 5-3　长崎县小仓葬斋场

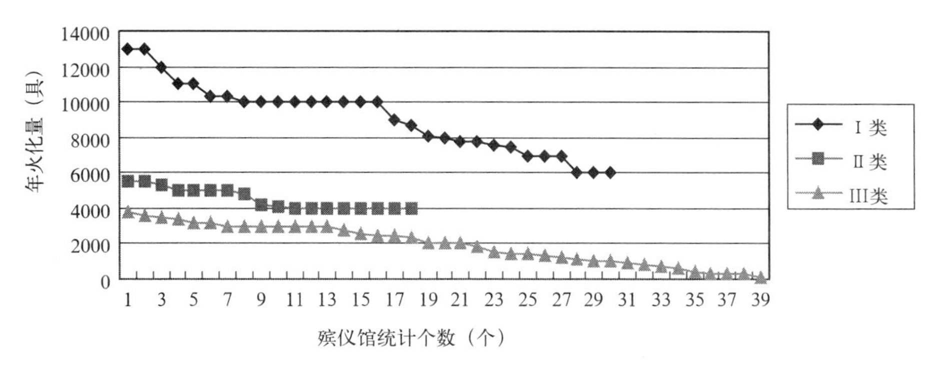

图 5-4　国内不同类型殡仪馆的年火化量

殡仪馆内各部位空气中所含细菌情况　　**表5-1**

分析地点	服务区	休息室	火化间	追悼厅	停尸间	防腐整容室	骨灰寄存室	殡仪馆边界
空气中细菌含量（cfu/m^3）	348	432	1261	763	3547	4583	126	274

注：cfu 为菌落形成单位，表示菌数，计算方法 cfu/m^3= 塑料培养基条上菌落数 ×25/ 采样时间。

从表 5-1 中我们可以看出，在防腐整容室中细菌含量最多，其次是停尸间的细菌含量较多，火化间细菌含量也相对较多，而追悼厅、休息室、服务区、骨灰寄存室内的菌落数同其他公共场所差不多，值得注意的是殡仪馆边界的细菌数不是很大，可见对殡仪馆周边环境影响不大。这是因为虽然单个尸体内微生物数目极多，但殡仪馆内日处理尸体量并不大，尸体在殡仪馆内停留时间不长，最终又被高温焚烧灭菌，所以对周边空气环境影响不大。

由此看来，殡葬建筑不同于其他建筑的特殊功能，它会对内部的生态环境造成严重的影响，因此必须采取措施，使得对内部空间影响最小，向生态的可持续方向发展。

5.1.3　使用者的自身因素

影响殡葬建筑内部空间中使用者的自身因素十分复杂，可归纳为生理因素和心理因素两个主要方面。

生理因素指人在体能、感官、健康，如人的舒适感、疲劳感、热感、冷感等方面的因素：由人的生理特征所决定的人体尺度所造成的在各个工作面上工作的方便程度、合理程度、人的生理健康因素等。心理因素指人在特定环境下所产生的心理感受，如惊惧、恐慌、烦躁、欢乐、轻松、沮丧、松弛感、压迫感等，这些心理感受与工作和生活的质量有着十分密切的联系，不健康的心理因素会导致生理上的危害。

殡仪馆和火葬场的主要目的是满足丧主和工作人员的使用，而使用的实际场所主要是殡葬建筑的内部空间。在过去，当人们提到殡仪馆或火葬场时都会使人心里产生恐惧、压抑、悲哀、阴森恐怖的感觉，主要是由于建筑内部空间环境造成的。如图 5-5 所示为哈尔滨市东花苑殡仪馆的普通悼念厅，悼念厅中悬挂着黑色的挽联，摆放着白色的花圈，给人一种凝重而沉痛的气氛，使丧主变得更加悲痛。而图 5-6 所示为另一个大型的豪华悼念厅，在这里可以看到不仅室内空间开敞，光线柔和，到处布满鲜花，刻意地去创造一种格调高雅的默立和悠然温馨的氛围。如图 5-7 所示为日本和歌山葬斋场，日本人更加注重殡葬建筑室内空间带给人们的精神感受，给人感受到的不再是亲人离去的痛苦，而是脱离尘世的一种超然。

图 5-5　普通的悼念厅给人沉重的心理感觉

图 5-6　豪华的悼念厅

建筑内部空间中任何一个部分的尺寸，除了构造要求外，绝大部分与人体尺寸有关，因此符合生态要求的殡葬建筑内部空间设计应该把人的因素放在重要地位，在保证可持续发展的前提下，运用人类工效学原理，以人的使用为最终目的，安排每一寸空间，积极地创造更舒适、更合理的建筑内部空间环境，使处于不同条件下的人能够有效地、安全地、健康

图 5-7　日本和歌山葬斋场的炉前室

地和舒适地进行工作与生活。

以往对于建筑的理解，往往多注重于形态风格等视觉效果。但是对于殡仪馆和火葬场建筑来说其内部空间是建筑的主角，但所讲的空间却是狭义的概念，更多的是从空间的视觉效果上来考虑，其尺度也主要是从比例、体量关系上来讲的，所以是不全面的。殡葬建筑的内部空间环境的生态设计应该是指“可使用的空间”（Workable Space），它不只是空间本身，还应该包括其中的环境条件，家具、设施等具体尺寸数据，以及内部空间中温度、湿度、通风、采光、噪声、空气质量的物理性能和人的心理感受。

5.1.4 社会经济因素

殡葬建筑内部空间要获得广泛接受，必须具有经济上的可行性。经济上的可行性不但是可持续发展的一个根本因素，而且也是一个不可忽视的问题。美国建筑师协会环境委员会主席，盖尔•林赛（Gai L. Lindsey ）就曾坦率地承认：直到最近，由于经济上的原因，绿色设计还是件奢侈的事情，是富有阶层和上流社会的特权，显然以巨大的代价和成本来利用能量或利用资源并非是对环境问题有根本意义的解决之道。从长远观点来看，可持续发展的建筑与室内必须是经济的。

然而经济并不仅被局限于金钱方面，健康、生产率、安全性和公共形象都是现实而且颇具价值的利益。殡葬建筑内部生态环境设计往往是在污染、能量消耗、成本以及建筑材料的耐用性之间寻求折中方案，实质上是在寻求经济上与使用上的平衡点，和谐地应用诸多现有的技术和工艺。自然采光、太阳能装置，先进的机械系统以及光电池等，都应根据气候、能源需求，以及当地能源成本等多种因素综合加以应用。

正如任何其他事物一样，生态环境与经济之间的矛盾始终存在。在经济发展初期，发展水平较低，人们对生态环境不关注，全国各地的许多殡仪火葬场都存在有一座被熏黑的突兀的大烟囱，冒着浓浓的黑烟，一片凄凉、阴森暗淡的景象。一首《天净沙——殡仪馆》是当时的写照，“枯藤老树昏鸦，荒野歧路人家，断壁黑烟破瓦，夕阳西下，送行人悲泪洒。”我国前几年只重经济效益而不顾环境效益，大面积毁林开荒，开发土地建造殡葬墓地，盲目的追求着每一块墓地带来的经济效益，使得青山白化，生态环境和景观遭到严重破坏，开始明显地影响到人们的眼前利益时，人们才开始醒悟，盲目地发展经济将给生态环境带来严重的恶果，非但会影响目前的生存环境，更严重的是会给将来的环境发展带来难以逆转的严重后果。事实上这种因只看眼前利益而不顾长远目标，导致最后自食苦果的现象也大量表现在微观的环境上，这几年如火如荼的室内环境设计与装修中就表现出了许多类似的问题，殡葬建筑也不例外，如为了暂时的利益而在材料选择上以次充好、在施工质量上偷工减料；在考虑能源策略时，许多工程只因为会增加少量的初期投资而放弃了利用可再生资源、在建筑内部采用节能装置等绿色做法。

随着经济的起飞，在饱尝了由于自己目光短浅的行为而导致环境退化的恶果之后，人们开始意识到问题的严重性，开始自觉地考虑生态的因素，而当经济发展到较高水平时，人们便开始把更多的注意力集中在环境的保护上。要使经济对环境的影响减到最小，人们首先必须树立良好的生态伦理观，从人类发展的总体角度出发，在考虑自己目前既得利益的同时，时时把与己关系不大的未来人的利益放在心中，努力寻求一种新的平衡。

保护生态环境所产生的经济效益，往往是在一个相当长的时间周期中体现出来的。有时，为了长远的生态效益，还会影响到目前的经济利益。在殡葬建筑内部空间的创造中，使用无毒、无害的绿色材料，可能会增加室内装修的造价，利用可再生资源会增加技术上的难度，从而延长设计与施工的时间，增加建筑的初期投资。不过，从长远的角度来看，这种暂时的“浪费”是完全可以在今后的运行中得到回报的。而因为近期少量投资的增加而消除了对未来环境的不良影响，其间接的社会效益和经济效益却是巨大的、有时甚至是无法估量的。

5.2　殡葬建筑内部空间生态理性的彰显

5.2.1　背离传统殡葬建筑设计观念

传统殡葬建筑室内设计更多关注如功能布局、形体尺度、外部形象、结构布置、色彩变化等，是以满足人的感官享受，实现人类的美学需求为目的。在建筑手法上大都以追求外在的或传统图像语汇的运用来表达殡葬建筑的纪念性。由于殡葬建筑的营造所造成的是资源问题，内部空间与健康问题，这对未来的发展影响是致命性的。因此，在现代殡葬建筑室内生态化设计中，已不再只限于此，而更重视生态意识、生态品质、精神气质、生态哲理等具有生态理性的更深层次内容的表述，是一种对旧有观念背离的发展趋向。如图 5-8 为八宝山公墓骨灰堂，建筑从内部到外部运用传统符号语言，如传统的门窗、屋檐雕刻设计成仿古建筑，表达其纪念性和庄严性。图 5-9 所示为其平面图，其中图中的中一室也称瞻仰厅，位于建筑的正中央，是等级最高的骨灰安放厅，里面主要安放党和国家领导人、元帅及副国级以上干部和知名民主人士、科学家、统战对象。骨灰堂内各个安放室的存放等级略有不同，除中一室外，存放副部级或军队副大区级以上干部的骨灰安放室中正部级、军队正大区级要放置正面位置，副部级、军队副大区级放置在两侧。也具有中国传统殡葬观的等级观念的色彩。

图 5-8　八宝山革命公墓骨灰堂

当今以经济利益驱动的部分开发正在盗用发展的名义，以其最快的速度摧毁着环境、社会文化、经济和道德体系的协调状态。殡葬建筑生态化在与人类中心主义保持适当距离的同时弘扬了生态中心主义，将生态理念吸纳入殡葬建筑内部空间设计的范畴，为其注入了积极而具体的功能营养，实现了互动整合的有机一体化，以期超越传统殡葬建筑只关注外在的设计观念。表 5-2 为传统设计观与生态设计观的比较。

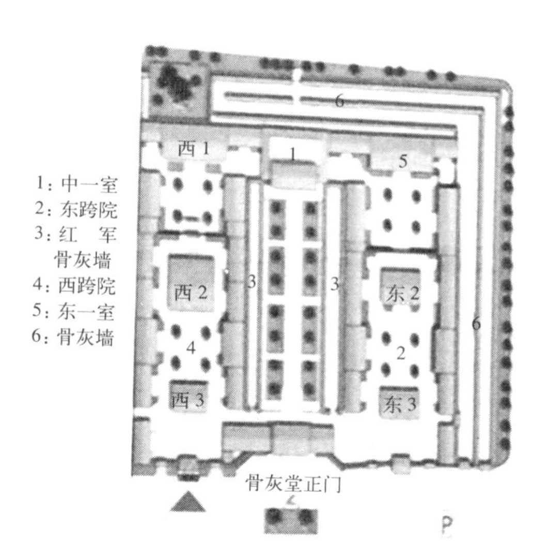

图 5-9　八宝山革命公墓骨灰堂平面图

自然是人类的良师，其关键在于以最小的代价获得最大程度的丰富多样性的内在机制，因此以“少费多用”为旨归的殡葬建筑内部空间的生态理念开创了殡葬建筑的新篇章。同时，殡葬建筑生态理念对美的感知建立在生态影响等大是大非问题之上，人们所欣赏的不只其外形，而是透过其“形”，欣赏其“德”——使其形者，这也就是“道”，欣赏所得也并不是耳目心意的愉悦感受，而是“与道冥同”的超越的形上品格，从而在生态伦理基础上达到超道德的“万物与我为一”的永恒境界，即达到悦神悦志的层次。

传统设计观与生态设计观的比较 **表5-2**

比较因素	传统设计观	生态设计观
对自然生态秩序的态度	以狭义的“人”为中心，意欲以“人定胜天”的思想，征服或破坏自然。人成为凌驾于自然之上的万能统治者	把人当作宇宙生物的一分子，像地球上的任何一种生物那样，把自己融入大自然之中
对资源的态度	没有或很少考虑到有效的资源再生利用及对生态环境的影响	要求设计人员在构思及设计阶段必须考虑降低能耗、资源重复利用和保护生态环境
设计依据	依据建筑功能、性能及成本要求来设计	依据环境效益和生态环境指标与室内空间的功能、性能及成本要求来设计
设计目的	以人的需求为主要设计目的，达到建筑室内本身的舒适与愉悦	为人的需求和环境而设计，其终极目的是改善人类生活环境，创造自然、经济、社会的综合效益，满足可持续发展的要求

通过对传统设计观念的语言中心主义、视觉中心主义、主题中心主义的消解，殡葬建筑室内环境的生态设计理念否定了人类中心主义。首先，它认为在建筑中存在比语言及建筑本身的表意策略更为深层次的东西，将语言强加于建筑上也未免过于武断。殡葬建筑生态设计理念的意义不仅在于它自身，而且蕴含于观者、使用者与建筑内部空间接触时的体悟。因此它所带给人们的不再是某种预设的意义，而是一种心灵的解放。其次，殡葬建筑生态设计理念对视觉中心主义的消解与其说是表现主义的，不如说是未来主义的；它所追求的不是主观意态，而是在更大范围内的视觉解放；它要达到的不是基于现代性上的美学量变，而是基于生态哲学上的美学质变。因此，殡葬建筑室内环境生态设计可能给人们带来一种强烈的审美愉悦和视觉冲击，也可能采取一种极其平淡的造型，但它肯定会在建筑内部体现一种生态智慧，使人的身体和精神获得一种超越感官享受的审美体验。最后，对主题中心主义消解的目的是卸载强加在殡葬建筑上的意义，从而使其能自在地对更为深刻的意义进行追问。殡葬建筑室内环境生态理性内涵通过全方位的真实体验而非虚设的概念译码来传达，作为一种体验美学，它将视角直接针对人类心灵的本性和主观的解放。在这种意义上，殡葬建筑生态化的内部空间成为人类解放的一种积极力量，对人类生活和环境伦

理给予深入的关怀，并试图建构一种人境交融、与物同化的豁达且意味深远的境界。

基于环境伦理和人文关怀的殡葬建筑的“关系”内涵将内部空间微生态圈内的所有关系都包罗其中。林林总总关系构成的内部空间网络系统成为塑造殡葬建筑室内生态环境的拓扑原型，顺其自然地保持各种关系之间的张力而非斩断环境伦理正是殡葬建筑生态美学的内在价值所在。正因为这些真实关系对殡葬建筑从内到外的彻底重塑，使得伦理关怀实现了殡葬建筑内部空间设计的升华。

殡葬建筑室内生态设计观就是能够充分体现关乎室内环境生态秩序与建筑空间的多维关系的一种新的、综合的功能主义观念。没有一种建筑会比生态建筑更细致、更深入、更全面地协调人与建筑、人与自然、人与生物以及人和建筑与未来的关系。也没有一种建筑会为了人类的舒适而推及自然及生物的舒适，更没有一种建筑会为了人类空间的美而顾及非人类生物环境的美。凡是那些来自眼睛所能直接看到的东西的快速解答——这一度被建筑师称作“文脉”——都只涉及了我们所面临的问题的表层，建筑师的义务是把殡葬建筑放在一个不断发展的、由所有人造物与自然物所构成的系统中考虑问题，进而将进步的技术起点固化为连贯理性的优雅建筑，并把对“新时尚”的判断建立在健康的环境因素上，从而超越狭隘的人类中心主义，在生态圈这个更大的坐标系中还原殡葬的本来面目。

殡葬建筑室内设计的生态理念打破了旧有审美思维囿于人类中心主义而只重物质属性和感官感受的僵化模式，将深层的生态理性和环境人文关怀提到应有的重视高度并将其升华。

5.2.2 提升殡葬建筑内部空间的生态品质

5.2.2.1 殡葬建筑界面的生态品质

人类来自于大自然。尽管经过了数百万年的进化，然而最适宜人类生存的舒适健康的环境仍然存在于大自然，而不是人工建筑环境。在很多情况下，自然环境的温度、湿度、风速可能比室内气候更能满足于人类的舒适需要，而且室外的自然新鲜的空气等也都更能符合人类的健康卫生要求。

建筑界面是建筑的表层物质形态，一方面它决定了建筑的物质组成，另一方面它是建筑与内部空间之间物质和能量交换的通道，因而直接决定了建筑内部空间的生态品质。

（1）殡葬建筑界面的生态品质的解析

① 自然环境的界面品质。在殡葬建筑产生之前，自然环境中的界面围合了原始的空间，形成了对生命的包容，庇护了生命的生存和繁衍，也曾

经是人类成长的摇篮。在地理学中，自然界中的地表界面被称为“下垫面”，下垫面根据其热物理性质的差异可以区分为水体、植被、土石、冰原。

水体：包括江河湖泊以及大洋，约占地球表面积的2/3以上，由于水的热容量大且可以通过流动快速传热，因而水体的温度环境最为稳定，也包容了全球最为多样的生物种类。临近大洋的陆地由于水体的热稳定性的影响而拥有冬暖夏凉的舒适宜人气候。

植被：包括各类林地、草原等等，植被在太阳辐射下由于水分蒸发能产生“蒸腾作用”释放热量，能够对小气候起到稳定作用，而且随外界气候的变化植物能够产生形态的时空变化，成为生命的庇所。

土石：包括沙漠、山体等，由于没有植被覆盖和水分调节，土石缺少蒸腾作用而在日照辐射下能迅速升温，因而沙漠和山地的气温变化剧烈，易于形成冬冷夏热的大陆性气候，甚至冬夏极端温差高达100℃以上，气候严酷，不利于生物生存。

冰原：存在于高纬度极地和高海拔山区，在特殊的低温气候下生成，生物多样性低，不适于生命存活。

综上所述，自然界中的地表界面可以大致归为两类：一类是由水体和植被构成的地表，随太阳辐射的温度变化很小，而且能够积聚储存能量，成为吸收和转化气候能源的加工器，最适合生命生存繁衍。另一类如沙石以及冰原地表则相反，对气候能量不能转化，即得即散，特别是沙石，由于缺少水分蒸腾散热作用，太阳辐射下温度极易升高，连低等植物都难以生存，更不要说人类。

建筑作为自然气候的过滤器和人工气候的掩体，应该在界面品质上从自然界面的品性中有所借鉴。

② 殡葬建筑环境的界面品质。在人们赖以生存的城市中，人类集中聚居的场所，由于人口密集，殡葬建筑和众多其他建筑物一样由各种硬质铺地构成了特殊的下垫面，其热物理品质已经不同于自然环境中的下垫面。其特点之一是大面积品质单一，材料性能相近；二是渗透性差，缺少自然地表的“呼吸”作用，由此改变了该地区原有的小气候状况，形成一种与自然气候不同的局地气候。随着技术的发展，我们可以制造大量的在自然界中原本不存在的均质下垫面，比如大面积沥青路面、广场、停车场，这会对生态环境和室内外气候产生很多不利的影响。

由于殡葬建筑的下垫面多为建筑物表面和人工路面，其主要组成材料无外乎混凝土、金属、玻璃、砖瓦、沥青等无机材料，物理性质特点是透气性差、含水量低（甚至是不含水）、蒸腾作用小，夏季在太阳辐射下容易变得异常的炎热，因而改变了该处环境中自然地表原有的良好的物理和能量品质。这样的微小气候会很不稳定，也不适合人类的舒适要求，仅仅有利于某些功能使用而已。

如果从物理性能来看，要在自然界中找到与绝大多数建筑界面热物理性能相似的区域（地表），我们的建筑环境的大部分表层界面几乎都是沙石（石的热物理性能与沙相近，可以视作是沙的集结）及其变体，建筑的表皮无论是混凝土、玻璃、金属，或者石材还是沥青，都是对“石”的加工、提取和转化的结果，其热物理性质依旧与“石”十分相似，在太阳辐射下是热岛效应的制造者，特别不适合舒适气候的塑造，然而我们就生存在类似这样的人造环境中。从这一点来看，我们应该向自然学习，如图 5-10、图 5-11 所示，建筑界面应效仿自然，在外墙和顶部都为植物生长作了特别的构造设计，形成了建筑界面与室内环境的可呼吸的作用，有利于室内环境的改善，很值得殡葬建筑借鉴。

(a) (b)

图 5-10 日本东京蒲公英之家的墙面构造

在我国香港九龙的荃湾骨灰安置所，建筑师刘荣广与伍振民共同设计形成了建筑界面与室内环境可呼吸的作用，如图 5-12 所示。他们继承了这个建筑所处的中国公墓中随处可见的传统的梯田系统。梯田，经常交错出现于山边，一块在另一块的上面。看不到支撑结构意味着悬臂的每一层似乎都作为纯粹的水平要素，而悬挂于它们侧面的瀑布状的绿色植物更进一步唤起了人们对于山上梯田的联想。

图 5-11 东京蒲公英之家的墙面和屋面构造 日本

图 5-12 香港九龙的荃湾骨灰安置所

目前我国殡葬建筑中下垫面约占据整个殡葬建筑地表总面积的 50% 以上，加上建筑的竖直表面，成为城市中很大的集热散热表面，对城市的气候产生了重大影响。由此导致城市表面的温度分布特征与自然环境中的差异，光线的穿透、反射和吸收率也不一样。

（2）殡葬建筑界面的生态化走向

任何建筑界面无论其品质，只要界面存在，就是对人的隔离，就是人与自然之间的屏障。在可能的情况下，建筑的界面应该尽量减弱隔离，让人们回归到最亲近大自然的状态。比如在夏热季节，人体的理想状态是空气在我们的四面周边充分的流通，包括上和下、前后和左右，让身体与气流之间达到最充分的接触，驱散体热，而不是被建筑界面所包围，这样获得的舒适就是充分利用外界气候而达到的理想的舒适。

殡葬建筑界面的生态化不是针对殡葬建筑表层的形式，而是对建筑与环境之间的物质流、能量流的改良和建构过程，因而生态建筑离开技术的支持就寸步难行。材料的集约化、结构的轻量化、营建的合理化以及运行的节能化等等都符合建筑的生态化目标。建筑的生态品质贯穿于建筑生命周期的始终，不仅取决于建筑形态的结果，而且与其建构过程密切相关，包括建筑的物料组成及其采集加工过程。

① 界面材料的生态化走向。殡葬建筑界面材料是殡葬建筑的物质基础，它直接关系到建筑的形式、质量和造价，更重要的是，建筑材料在制造、使用和废弃的过程中会对环境产生一定的影响。为合理利用自然资源，减轻环境污染，生态环保建筑材料应运而生，并成为当前建筑领域的热门研究课题。它从原料收集、制造、运输、施工、使用以至废弃的全寿命过程中对环境的负荷降至最低。采用这些建筑材料是高效利用自然资源，保护生态环境的重要手段。

材料技术是建筑工业的基础技术，因此材料对建筑形态的影响是全面而深刻的，材料不仅影响了建筑表面的物理品质，而且材料通过结构技术还决定了建筑体型和体量。材料技术对建筑顶部形式的影响就极为明显。屋顶是建筑的形态变化最丰富、最具表现力的部分，地域建筑的特色往往在屋顶表现得最为突出。然而，无论古今，屋顶都是建筑界面中受外力侵袭较多的部分，是建筑总体建构过程的技术“瓶颈”，也就是说，建造什么形状的建筑，在多数情况下，首先取决于屋顶的材料和构造技术，而周边竖直界面的围合形状服从于屋顶界面的需要，或圆或方，或不规则。

19 世纪中叶的材料技术的发展对建筑的影响极大，以钢铁在建筑中的大量使用对建筑体量的影响最为显著，而玻璃的普及对建筑的表层形态和物理性能产生了巨大的改变。同原始时期相比，现今可以利用的建筑材料种类极为丰富，从传统的石、木、砖、混凝土到现代的钢、玻璃、各种金属以及复合材料。材料通过结构技术和构造方式而对建筑形态产生了更大的影响。

材料的品质决定了建筑与环境的能量关系，直接影响建筑的能量品性，会对建筑的生态性起到决定性作用，例如隔热性能良好的外墙材料无论在炎热地区还是寒冷地区对建筑降低能耗都至关重要。材料技术对建筑生态性的影响体现于两个方面：一是对建筑形态的节能高效，例如玻璃材料的温室效应，复合材料墙体的保温性能，都能够降低建筑能耗，或者加强对气候能源的利用。二是从生产到拆除分解全过程的生态无害，包括可循环重复利用的材料，如钢材，或者生产过程能耗低的建筑材料，或者拆除后可自然降解的材料，如木材，即使建筑生命终结也会减弱对生态环境的不利影响，有利于提升建筑整个生命周期的生态品质。

② 界面技术的生态化走向。技术是人类征服自然、拓展自我的手段。技术的概念包含两个层面的含义，一是知识层面，指有关生产劳动的经验和知识，也泛指其他操作方面的技巧；另一层面是物质层面，指技术装备等。从技术发生发展的历史来看，人类大体上经历了刀耕火种的渔猎和农耕文明、蒸汽机以及自动化为特征的工业文明，正在步入以计算机技术为基础的数字化时代。建筑是技术的集结体，技术的进步和革命始终是建筑的发展动力。建筑技术是应用在建筑全部过程之中的构建建筑形态以及维持其性能正常运转的技术手段。显然作为构建手段的建筑技术对作为构建结果的建筑形态有着决定性的影响，而维持建筑环境的技术手段如采暖制冷等设备设施与建筑形态也有相互制约的关系，因而这两方面的技术结合起来共同对建筑形态起着约束和决定作用。

建筑的进步本质上就是技术的进步。建筑在技术手段进步的推动下，建筑从原始简陋的求得生存的巢穴，发展为设施完备的满足舒适和精神要求的现代大厦。技术的发展不仅改变了建筑的体量，而且也丰富了建筑的体型和界面的品质，建筑的表层肌理和性能也因此变得异常丰富和完善。在这一进化过程中，建筑形态呈现了与生物进化过程相似的结构特征，即建筑也是首先从建立和完善表皮的围护功能开始，经历了“呼吸”设备技术阶段，向着智能调控技术发展。

5.2.2.2 保证健康的室内空气质量

室内空气质量是指室内空气污染物（颗粒状或气体状）的聚集程度及范围，是衡量室内空气对人体影响的重要标志。

目前许多国家对室内空气中主要有害成分的含量都有明确的规定，美国供热、制冷及空调工程师协会（ASHREA）标准规定了此类空气污染及相应暴露程度的最低标准。该标准规定可接受的室内空气品质为：“空气中不含有关当局所规定的达到有害聚集程度的污染物，并且 80% 以上的人在这种空气中没有表示出不满。”

从生态系统的角度来看，殡葬建筑室内的空气环境是通过室内与室外及室内自身的物质流动而取得的。人死亡后产生的各种细菌传播至建筑各功能空间，而且在火化遗体的过程中火化的污染源，主要来自燃料及人体在高温时燃烧散发的有害物质，一氧化碳烟尘和二氧化硫等，不仅对人体呼吸道损害极大，而且往往存在大量细菌、有害的物质以及挥发性物质，影响室内空气的质量。因此，室内的污浊空气通过门窗、通风管道等设施排出室外；室外的新鲜空气通过门窗、新风补给系统等流入室内。同时，室内的所有包容物，如人、植物、水体、各种电器、设备、各种建筑与装饰材料等均以不同的方式，参与室内空气的流动与成分波动，这一物质循环流动必须达到某种平衡，室内空气质量才有保障。

另外，由于火化过程中的不完全燃烧，由燃料和遗体产生的烟气、粉尘会扩散到室外的环境中，对室外空气品质造成严重的影响。如图 5-13、图 5-14 所示是在火化过程中形成的烟气里生成的粉尘和异味随时间变化的曲线图。从图中可以看出在燃烧的过程中会出现排放的烟尘会经过两个峰值，最后逐渐减小；不同的火化机的排放会有明显的不同。因此殡葬建筑室内环境的生态设计应该仔细地研究室内所包容的各种元素以及它们对室内空气环境的影响程度，以设计的或者技术的手段，来保证符合标准的优良的室内空气质量。影响室内空气质量的因素不仅包括室内因素，还包括室外空气品质、建筑材料的成分、工作人员及其活动情况等。

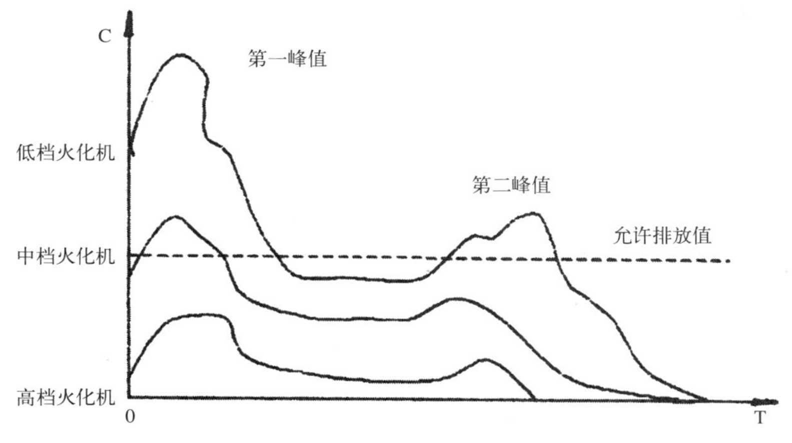

图 5-13　烟气中粉尘生成随时间变化曲线图[115]

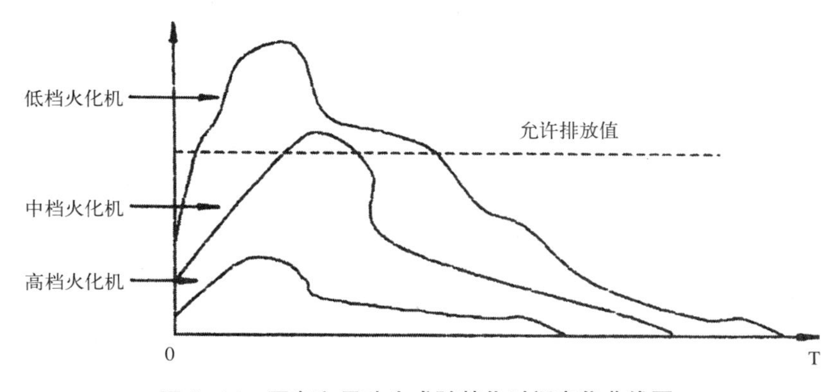

图 5-14　恶臭和异味生成随焚化时间变化曲线图

为减少殡葬建筑室内环境对空气造成的污染，保证健康的室内空气质量，采取如下措施：

（1）处理好“生”与“死”的分离，人流与车流的分离

殡仪馆（火葬场）为尽量减小室内环境造成的空气污染，在室内设计中要与殡葬的活动方式相适应，功能布局上要处理好“生”与“死”的分隔空间，殡葬活动的规律主要遵循前面的图 5-1 中的殡葬建筑流程组织图中的殡葬活动的流线。图中的遗体流线和丧主流线不能产生交叉，以切断病菌和有害气体的传播途径。必须严格分区，做到“遗体流线”和“丧主流线”分离的交通组织方式。这两种流线都要符合一定的程序和现代丧葬礼仪。从某种意义上说，它的使用功能可以类比为一条生产流水线。从图中可以看到，从运送遗体到殡仪馆，丧主在殡仪厅进行丧事活动，到丧事

活动结束后的火化遗体，领取骨灰，存放骨灰的过程区分的非常清晰。

为了提供室内空气质量的健康还应在进行内部空间交通组织时，充分考虑人流和车流的分离，即运送遗体的殡仪车流线和来参加葬礼的人流流线要分离。图中可以看到接送遗体由专门的遗体车送至殡仪馆，要设置专门的通道，与主要人流不能交叉。同时，殡葬活动具有阵发性、脉冲性和流向单一的特点。每逢大型的丧葬节日，如清明节和重阳节，大量的人流和车流会同一时间拥挤到殡仪馆来，若这时又有丧家举行葬礼，将影响到道路的通行能力，影响到丧事的正常进行。

因此，要根据这一特点组织好殡葬建筑内部道路与入口、广场的关系，以便快速高效的疏导人流；同时考虑到大量车辆的停放位置，应设置绿地临时停车场所，并在殡仪厅和骨灰堂，这些人流最密集的场所铺设硬质铺地，作为小型广场空间，保证人流的通行。

（2）充分利用自然通风

殡葬建筑室内微环境的舒适度在很大程度上依赖室内的温、湿度以及空气流动的情况。由于殡葬建筑中死亡的遗体的存在以及火化遗体过程中都存在着大量的有害气体和病菌的传播，对室内空气造成很大的污染，使得室内环境品质受到严重威胁，带给送葬的亲友及殡葬服务人员和工作者极大的危害。自然通风能有效改善室内微环境的健康与舒适度。

空气的流动常常影响温、湿度的大小，而自然通风能够产生良好的空气流动效果，自然的空气流动自然地调节了室内的温、湿度，从而获得健康的微环境。

① 利用风压差进行自然通风。利用风压差通风是自然通风的基本方式之一。当风吹向建筑物表面时，受到建筑表面的阻挡在迎风面上形成正压区，气流绕过建筑的侧面和顶面，在建筑的背面形成负压区，建筑迎风面和背风面的压力差就在建筑内部产生空气的流动，即我们通常所说的穿堂风。穿堂风对于气候湿热地区的夏季通风降温十分有效。

利用风压差进行自然通风适应于殡葬建筑的遗体处理区、悼念区、骨灰存放区以及业务办公区。这种通风方式首先要求建筑处在较好的风环境中，在需要通风的季节，平均风速不应小于 3 ～ 4 米 / 秒，否则风压差不够将影响通风效果；其次，建筑应面向夏季主导风向，房间进深以不超过 14 米为宜，以便形成穿堂风。同时还应采用可开闭的窗户、百叶等方式，根据不同季节和不同风向、风速等对室内通风量进行调节。例如冬季在达到基本换气要求后，应尽量降低通风量以减少室内热损失。

② 利用热压差实现自然通风。对于殡葬建筑中的火化区，其室内温度较高，可以利用室内外的热压差进行自然通风，它是自然通风的另一基本原理，即通常所说的“烟囱效应”：比重较小的热空气上升，从建筑上

部风口排出，室外比重较大的新鲜冷空气从建筑底部被吸入，实现建筑内部的自然通风。室内外温差越大，进出风口高差越大，热压通风效果就越显著。

5.2.2.3 创造静谧的室内光环境

“设计空间就是设计光”（To design space is to design light）是路易斯•康的至理名言。光环境是建筑环境中一个组成部分。从古代建筑到近代建筑再到现代建筑中光环境不断地为建筑师所利用来丰富自己的创作，利用光照营造富有感情的空间。光环境的质量，也是影响人们身心健康的不可忽视的因素。当前发展自然光，进一步改善内部光环境的布置，提高光的质量和效率，是改造建筑室内环境一个目标。

殡葬建筑光环境的功能，应当是有效地利用光能，符合节能的要求；利用光满足人们的生理健康、心理舒适和人身安全；利用光美化环境。天然光是取之不尽的天然光源，其所形成的光环境不仅能满足功能要求，而且能产生美学效果，这也是现代殡葬建筑强调创造天然光环境的原因。

光的质量是通过亮度、均匀、光色、扩散诸因素来衡量的。好的环境，不论自然光或人工光，都应该是没有眩光和阴影，给予人们视觉可以接受的亮度，并且是达到正常的，不使眼睛疲劳的白光。

殡葬建筑对光环境的需求要远比其他建筑更加强烈，这主要是由它的功能所决定。在人们的意识中，光代表生命和天堂，而黑暗则代表死亡和地狱。“光是极其独立的、自主的和自为的生命，很多时候它和建筑的结合成就了艺术，给予感知。”正是光在葬祭仪式中的戏剧性演出，赋予了殡葬建筑空间以特殊的表情和含义。告别仪式需要静寂肃穆的空间气氛，如图 5-15 所示；等候区则需要轻松温和的空间气氛，如图 5-16 所示。通过光的明暗、强弱和引入方式的序列化组织，使不同的空间气氛能够自然过渡，可以强化葬祭仪式中的心理变化。

图 5-15 山武町火葬场告别厅的光环境

图 5-16 风之丘火葬场等候区的光环境

（1）室内自然光环境的创造

自然光是大自然赐予人类的最好照明手段，也是质量最高的一种照明方式，对于自然光的合理运用，不仅可以提高室内环境的光照条件，而且还有利于身体健康，更值得注意的是，这也是节约能源，降低消耗的重要保障，是殡葬建筑室内环境设计考虑生态因素的重要措施。因此，殡葬建筑室内环境的生态化设计应该把自然光的合理应用作为优先考虑的内容，只有在自然光照不能满足室内应有的照明条件或需要运用特殊的照明来强化某种艺术气氛的情况下，才考虑增加适当的人工照明。但是，事物都是一分为二的，引进自然光，有时也会带来一些负面的影响，如室内光线过强而影响人们的休息；夏季自然光引入过多，会增加室内的制冷负荷等。但是，只要设计师能够具体问题具体分析，借助于某些技术手段，采用适当的遮阳、通风形式，那么这些问题是完全可以解决的。

自然光在室内创造的光环境一般呈现出空间效果、阴影效果和色彩效果。在室内空间中光的方向性和光量都是同样重要的。在被照射的空间中，光的方向与它的强弱、隐露、远近等相结合，可创造出丰富的效果。光的方向性效果主要表现在增强室内空间的可见度，增强或减弱光和阴影的对比，增强或减弱物体的立体感。光的方向一般有顺光、逆光、侧光、顶光。

在日本建筑师桢文彦设计的风之丘火葬场（Kaze-no-Oka Crematorium）中，每到一个空间都有自然光的引入暗示着下一个空间会有更多的体验，如图 5-17、图 5-18 所示，自然光有

（a）自然光从下部的窗引入

（b）自然光从高侧窗引入

（c）自然光从天窗引入

图 5-17　风之丘火葬场的自然光线

时通过天窗或高侧窗来控制，但它始终是最重要的元素，给予整个空间序列以同一性。安藤认为当绿化、水、光和风根据人的意念从原生的自然中抽象出来，它们即趋向了神性。在殡葬建筑中光往往与其他自然元素结合，以抽象的形式在建筑空间中表达出人与自然、生命与死亡的关系，形成一种特殊的叙事风景。

图 5-18　风之丘火葬场

在厄弗•海德马克里拉阿斯卡（Lilla Aska）火葬场的设计中也在建筑中间插入一个水院，自然光通过对水的反射，赋予了这个静止的空间以运动，减少了空间的幽闭感，如图 5-19、图 5-20 所示。即使在作最后告别的时候，也能保持对外部世界的知觉，极大地舒缓了生者悲伤的情绪。

图 5-19　里拉阿斯卡火葬场的室外水院

图 5-20　自然光通过对水的反射增添室内气氛

威廉•特纳说过，光就是上帝，是光沟通了人与神的世界。在人们的潜意识中，人都是惧怕黑暗无光的，阴冷和黑暗代表死亡。人们用光来抗拒死亡的威胁、消除内心的恐惧。如在阿克塞尔•舒尔特斯设计的德国鲍姆舒伦韦格火葬场（Baumschulenweg Crematorium）中，如图 5-21、图 5-22 所示，在悼念厅里，光成为空间的主要角色，光透过双层的百叶窗照亮整个悼念厅，而百叶窗模糊了窗外的景物，当人们在这里悼念死者的时候，不断变幻的光线和映射在百叶上的景物映入眼帘，营造了另一个世界的幻象。给人印象最深的是仪式大厅里不规则布置的圆柱以及发光的柱头（light capital），这也是设计者钟爱的手法。他声称受到马格里布清真寺（Maghreb mosque）的影响，认为："在这个有着 5000 年历史的空间中，柱子以及它们发光的柱头是唯一可供人联想起神的世界的东西……而这个建筑所要做的无非是要将古老的石头，它所蕴藏的沉重精神与光之天使的轻亮合二为一。"当他把这个启发转译到鲍姆舒伦韦格火葬场内部空间中，可以看到光从柱子和板的圆洞间晕开，强烈的光线对比使人几乎不察柱子与板的连接，混凝土板就像悬浮在大厅的上方，而柱子仿佛穿过那片光亮，直达无限远处的天堂，如图 5-23 所示。被设计者称为"巨石的裂缝"的两道开口平行的贯穿整个建筑，从中透下的天光线柔和地洒向大厅的混凝土墙，如图 5-24 所示又像是两条光的虚线把建筑空间分成三个部分——火葬、仪式、辅助办公，保全各部分自身完整，使得空间中弥漫着一种神圣的气氛，与建筑的特殊性质相贴切。

图 5-21　鲍姆舒伦韦格火葬场的双层大百叶窗

图 5-22　光线可以透过大百叶窗照亮室内空间

（2）室内人工光环境的创造

理论上讲，只有在自然光线不足、夜间或有特殊光照要求时，才需要增加人工照明。然而就今天的照明技术而言，人工光是完全可以达到甚至超过自然光所能达到的程度。而且由于人工光源更容易被控制，所以其灵活性更大、更方便。对于殡葬建筑的内部空间来说，为了满足人们的心理需求，应适当采用人工照明并结合天然采光，创造出更加适宜的空间环境。

石本建筑设计公司设计的浦和殡葬综合体建筑，充分关注人的精神感受，利用人工照明与天安彩管相结合创造一种令人难忘的内部空间环境。如图 5-25 所示为浦和火葬场的入口大厅，顶棚设置一排传统的日本灯饰，地面采用黑色光亮的大理石反射出顶棚的光影，柔和的人工光线给内部空间创造出一种安详宁静的气氛，使人心情平静。

图 5-23　发光的柱头

(a)

(b)

图 5-24　贯穿整个建筑的“石头的裂缝”

图 5-25　入口大厅利用传统的日本灯饰创造出一种柔和的光

如图 5-26 所示为日本和歌山葬斋场的捡灰室，采用一个封闭且凹入式的布局，人工光线从顶棚直接射到正对着下方的捡灰台上，还有一些隐藏在吊顶中的不可见的光源，漫射在周围的环境中，它能照亮室内的环境并由米黄色的大理石地面均匀而细腻的反射了光线，而不使人分散注意力。图 5-27 所示为观化室，人工光源全部做在棚顶形成不可见的发光带，大片明亮的玻璃一直延伸到观化室的顶部，隔着一条长长的走廊的对面是火化室，一个个火化炉沿着曲线的长廊布置，人们在这最后的时刻和自己的亲人告别，看着他们的遗体被送入火化室进行火化升入天堂。

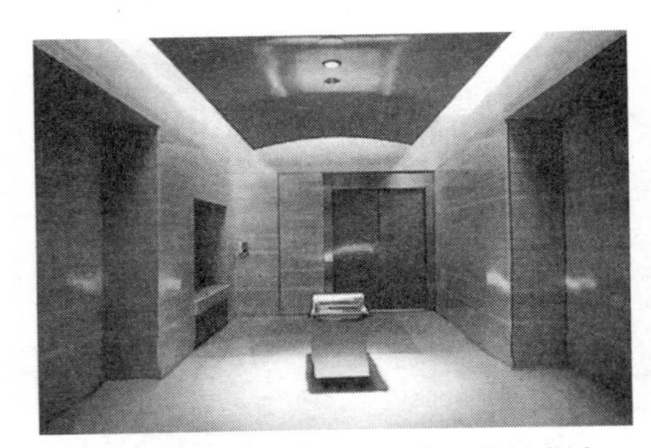

图 5-26　日本和歌山葬斋场的捡灰室

图 5-27　日本和歌山葬斋场的观化室

目前国内也逐渐关注殡葬建筑内部空间的生态设计，关注殡葬建筑带给现实中的人的心理感受，虽然和国外建筑相比差距还很大，但是从设计中我们已经感受到这一思想的转变。如图 5-28 ~ 图 5-30 所示为国内几家殡仪馆的悼念厅设计，集中反映了用人工照明结合自然光线创造出的效果和氛围。给了建筑内部空间以精美与灵性，并以一种深奥的方式表现了复杂性和对纪念死亡建筑的深入探寻。

(a)

(b)

(c)

图 5-28　贵阳景云山殡仪馆小型悼念厅

图 5-29　哈尔滨市东华苑殡仪馆悼念厅　图 5-30　广州市银河殡仪馆室内人工照明设计

5.2.2.4　确保舒适的室内声环境

噪声不仅会降低工作效率，还会严重损害使用者的身心健康。良好的声环境主要是通过建筑设计中合理的功能分区（如动静分区等）及相关的构造处理（如隔声构造等）来实现。同时，改善声环境，还在于减少外界和内部空间的噪声干扰，并倡议添加悦耳乐声，以疏解和减轻工作压力带来的紧张情绪，保护人们的身心健康，提高工作效率，提高生活品质。

殡葬建筑中最大的噪声应该是机器设备带给人们的声音干扰。当火化机在燃烧的时候不仅产生很高的热量，同时也会发出强烈的声响，还有引风机、鼓风机等辅助设备等都直接影响到从业人员和前来办理殡葬业务的人员，会使人的心情受到严重的干扰，并且影响人的精神状态。

其次是来自殡葬建筑内部各功能空间的噪声干扰。在殡仪馆中每天的同一时间都会同时进行几场殡葬仪式，各个厅堂中会有大量的人员参与殡葬活动，也形成了相互之间的噪声干扰。使噪声衰减最有效的办法，是拉开水平和垂直距离。可以在同一面墙上开窗的两个相邻房间，窗户之间的距离，保持在 2 ~ 3 米。在前面所提到的殡葬建筑的功能分区及流程图中可以看到有相对动、静区之分，通过布置一定距离的缓冲空间，保持与动区噪声源的距离，同时在靠近噪声源或接受点附近，设置障碍物，可以衰减噪声。

此外，还有来自外界环境的噪声干扰。如灵车、哀乐、鞭炮声、哭喊声、人群嘈杂声等，还有当殡葬建筑位于高速公路一侧时，外界环境造成的噪声干扰。设置一段混凝土墙作为隔离屏障或者可以反射声波的隔音板，可以使噪声干扰降低；也可以设置绿树带，衰减高频噪声。小叶子的覆盖性植物、草皮绿地和雪，均有一定程度的吸声作用。利用地形条件，如附近的土丘、山坡作为屏障，可以使噪声绕行。在建筑物的周围环境，利用与噪声相逆频率和响度的声音覆盖，如音乐、水声，可以降低噪声干扰。利用建筑外墙的隔声措施，特别是门窗的密封性。

内部声环境的质量，是根据人耳的敏感性和生理心理反应来确定的。当内部声环境的噪声水平达到 50dB，就开始感到干扰谈话。达到 60dB 就会令人讨厌。美国 OSHA 的卫生标准，将开放办公环境噪声水平的 NC 值定为 40dB。私密办公和学习环境 NC 值定为 35dB。GB13801—92 对噪声的限值也做了规定，火化间为 73dB（A），火化场边界为 50dB（A）等。火化机产生的噪声标准如表 5-3 所示。

火化机产生的噪声标准 **表5-3**

地点	测试位置	火化机工作台数	限值 dB（A）
火化机工作室	中央部位	1	73
火化间前厅	中央部位	1	68
火化间外部	靠墙部位	1	60
火化场边界	边界	1	50

烦恼的噪声使人疲劳，悦耳的声音可以使人放松。适宜的背景音乐也能使殡葬建筑中的工作人员放松心情，提高工作效率，同时也会使丧者减少沉痛，给人以一种超然的心灵境界，提供一种生者与亡者的对话气氛。如图 5-31 所示为殡仪馆内音响设备，为改善和提高室内的舒适声环境起到一定的作用。

(a)

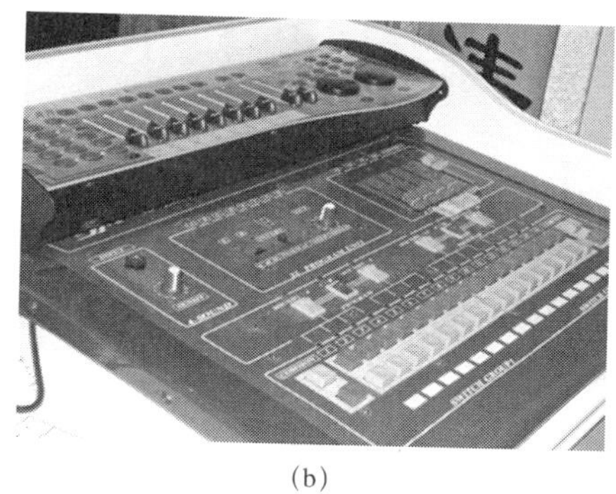

(b)

图 5-31 殡仪馆内的音响设备

5.2.2.5 改善室内热舒适环境

热是指空气环境，它包括温度、湿度、空气流动速度，换气次数，空气净化程度和大气压的状况等。温度以人体皮肤感觉为依据。在热的条件下，皮肤的湿润程度，是衡量舒适的主要因素。当汗水蒸发不掉时，人们就感觉不舒服。在冷的条件下，皮肤的表面温度，是衡量舒适的主要因素。美国 ASHRAE 协会，在 1981 年制定的设计标准，将舒适范围定为：冬季有效温度为 5 ～ 19.5℃，夏季为 8 ～ 23.4℃；相对湿度冬季为 28% ～ 78%，夏季为 22.5% ～ 70%；空气流动速度以 50 ～ 100 英尺 / 分钟为宜。具体选用以上的指标时，因人们衣着量、活动力度不同，而有区别。

殡葬建筑的室内热环境主要来自于火化区的遗体火化过程中产生的高温和遗体处理区的遗体防腐冷藏所需的低温。在燃烧的过程中火化炉内的最高温度可达到 800℃以上，如图 5-32、图 5-33 所示为火化机随时间变化的温度曲线，火化时间将持续 1 小时左右（不同的火化机时间长短略有不同），并且经常会有几台火化炉同时进行工作，如图 5-34 所示，炉外的温度会保持在 30 ～ 50℃，已经远远超出室内的舒适温度，对于长期在其中工作的人是一种严重威胁；而遗体防腐冷藏则刚好相反，由于每天的火化量是有限的，这使得死亡的遗体不可能当天都被火化，同时由于各地的风俗习惯导致有些遗体会停留数日后再进行火化，还有一些特殊原因而死亡的也要在相当的一段时间内保存遗体，因此遗体的暂存空间是必不可少且大量使用的。为了防止遗体不会因为保存期间的腐烂、变质而大量传播病菌，通常采取防腐冷藏措施。如图 5-35 所示为哈尔滨东华苑的地下遗体冷藏室，都是独立的冷藏柜。还有冷藏库的形式，集中冷藏。这些功能都使得殡葬建筑的室内热环境无法达到舒适状态，使人的身体和心里感到不舒适。

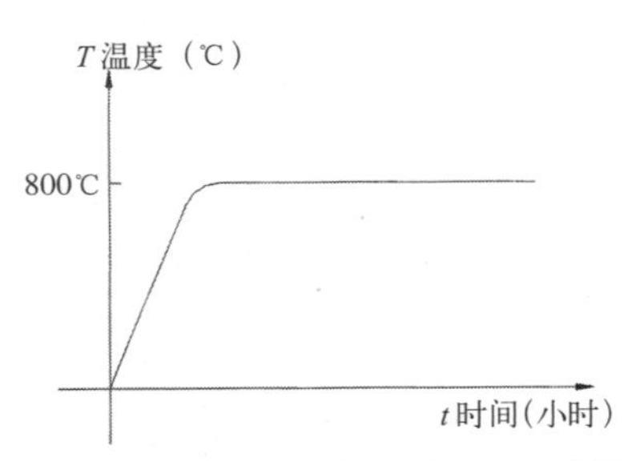

图 5-32 连续燃烧型火化机温度曲线

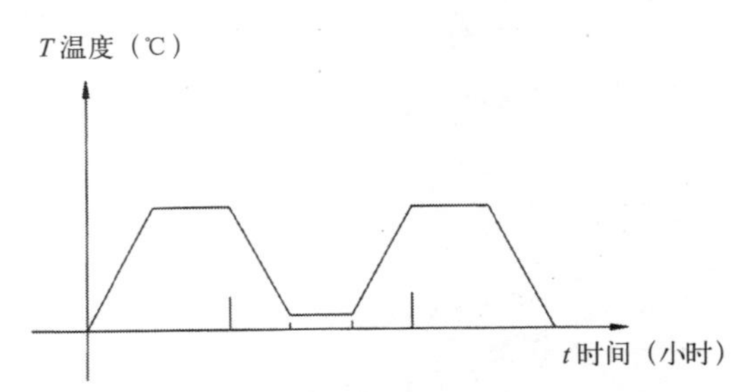

图 5-33 非连续燃烧型火化机温度曲线

图 5-34 几台火化机同时工作

图 5-35 哈尔滨东华苑地下存尸间

目前一些殡葬建筑使用中央空调的方式来改善室内的热舒适环境。但是，长时间在空调环境中工作，仍然会感到不舒服。全空调的舒适环境，往往因为与外界温差太大，人们久居其中，一旦接触外界高温环境，生理上会很不适应。自然空气经空调系统反复过滤，不但将丧失大量空气中的负离子，还会引起空调器内细菌繁殖。根据专家建议，室内外温度差以不超过 5℃ 为宜，最好设置一定距离和范围的室内外过渡空间，以缓和空气温差。

随着科学技术的发展，人们生活品质的提高，日照、通风、净化空气、接近大自然，已经成为内部空气环境改善的几个重要因素。当冬季室内温度较低时，让阳光射进来，增加辐射热，人们能感觉舒服一些。当夏季室内温度较高时，加强通风措施，人们能感到凉爽的舒适空气环境。通过发展内外空气环境的交融，如封闭式或半封闭式的内庭院，屋顶花园，配以绿化、水系、接受自然空气和阳光，接近大自然，适当增加空气的湿度，能感到清爽的舒适环境，也是值得借鉴的。

5.2.2.6 实现室内环境绿色化

杨经文在他的书中写道："建筑物常常可以看作大量的无生命物质的堆积……植物化的理想目标就是将有机的、富有生命力的物质与无机的、无生命的物质融为一体"，在潜意识中，人们想将生机盎然的绿意带到身边。

提起殡葬建筑的室内空间环境，给人更多地联想是黑色的挽联，白色的花圈，以及人们沉痛的心情。当代人的生活节奏在加快，室内生活内容日趋丰富和复杂，生活的环境常与大自然相隔绝。过去那种封闭的、单一功能的、冷漠而毫无生气的殡葬建筑室内空间已经不能满足人们生活多方面的功能需要，人们要求具有开放感、富于人情味、能够高效率地进行各种活动以及体现生态化等等要求的使用空间和心理空间。殡葬建筑室内环境绿色化不失为一种简单而有效的手段。在殡葬建筑内部空间中形成自然景观，是创造生态化的室内环境的最直接手段。对殡葬建筑内部空间进行绿化的目的是为了返璞归真、造仿自然以及净化室内环境，属于"局部生态"的情况。根据殡葬建筑内部空间绿化组织的不同手段，可以分为以下两种：

（1）引入自然要素

① 引入自然要素就是将植物绿化系统以及水池、喷泉、瀑布、山石、花草、树木等自然物直接引入殡葬建筑内部可以起到调节室内温、湿度和净化空气的作用，成为建筑的蓄氧池和空气湿润器，是实现室内生态化最为有力的手段。例如，一株中等大小的榆树，一天至少可以蒸腾 200 公斤水。而相应地，如果采用机械空调要达到类似的效果，就需要使空调器以 2500 卡 / 小时的功率连续运转 19 小时，其所造成的能源消耗和污染是显而易见的。殡葬建筑室内环境引入自然要素不仅出于节能和调节室内环境的考虑，也是追求一种与自然保持接近的生活，释放内心的压力。此外，绿化还可以将自然景观、人的活动以及合理的环境控制有机地结合起来，成为组织具有现代特征的室内空间的最为活跃的环境因素。

自然要素引入殡葬建筑室内环境，必须以一定的经济平衡预算为前提，综合考虑其效益。因此，将绿色植物引入室内不是单纯的装饰美化需要，而是提高室内环境质量，满足人们心理需求的重要手段。通过室内环境引入自然要素可以在以下几个方面提高殡葬建筑室内环境质量。

首先，吸收空气中的有害物质，将其降解；室内植物能吸收二氧化碳并释放出氧气；通过呼吸作用向空气中释放水汽，调节室内湿度的平衡；产生负离子，有利于人体健康。前文所述殡葬建筑室内会产生许多有害的气体和细菌，通过室内的绿色植物的吸收可有效减少对人有害的毒副作用。

其次，植物的绿色可以给大脑皮层良好的刺激，使人在紧张压抑或者情绪低落时得到缓解和放松，减轻不适。

② 引入自然要素，还有一种比较常见的创作趋势，即“室外空间室内化”的倾向。所谓的“室外空间室内化”即指将原本应属于室外的空间，如建筑内庭等加以限定，究其空间性质确为室内，但同时又具有室外空间的特性，如充沛的阳光、新鲜的绿化植株，人们漫步其间犹如沐浴在大自然之中。

在室内设置一处园林景观，创造室外化的室内空间，是当代殡葬建筑内部生态化设计中应该广泛推广的手法，成为提高殡葬建筑室内环境质量的重要手段。如图 5-36 所示为山武町火葬场底层平面图，室内采用内庭园覆土种植绿色植物，还有一条人工水流，在室内庭园中开辟一处不受外界条件限制的四季常青的室内活动空间，使自然延伸到殡葬建筑室内环境中，形成“开放性”的绿色景观，将人流的等候与疏散直接面向室内绿色空间，使人们享有宽敞的交流空间，既减轻了凭吊者的悲痛，同时又改善了室内的生态环境。

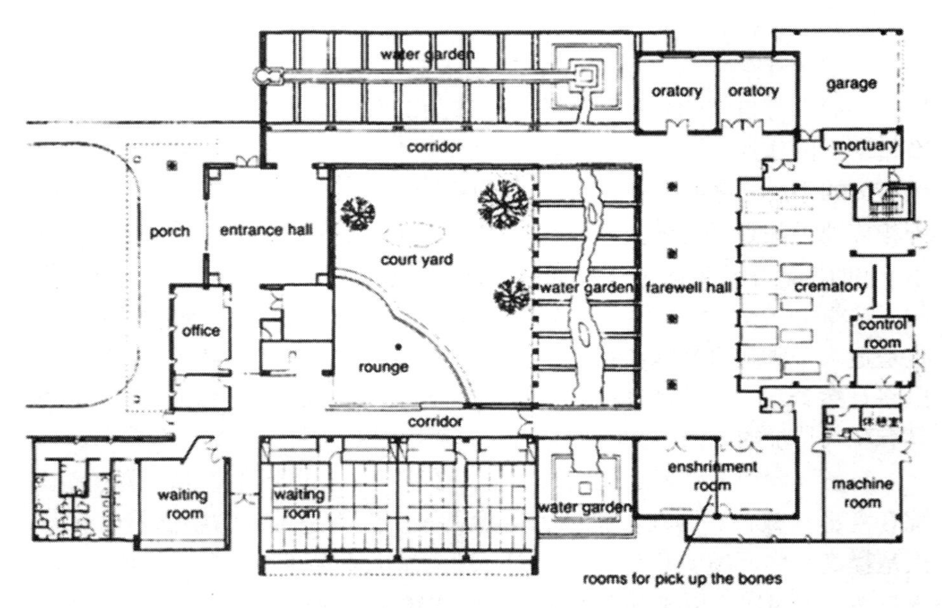

图 5-36　山武町火葬场一层内庭院绿化空间

由于室内空间及花木的种类不同，室内绿化有着多种植物配置方式。按照植物数量的多少，可分为孤植、对植和群植；按照种植方式可分为固定式和移动式，固定式是将花木栽种在预留的花池、花坛、栏杆、棚架等处，移动式是将植物栽在容器中可随时移动或更换。无论采用哪种方式，都应力求使植物的形态、色彩及配置与所在建筑空间保持整体关系上的和谐，并以不同个性的植物烘托室内环境气氛。

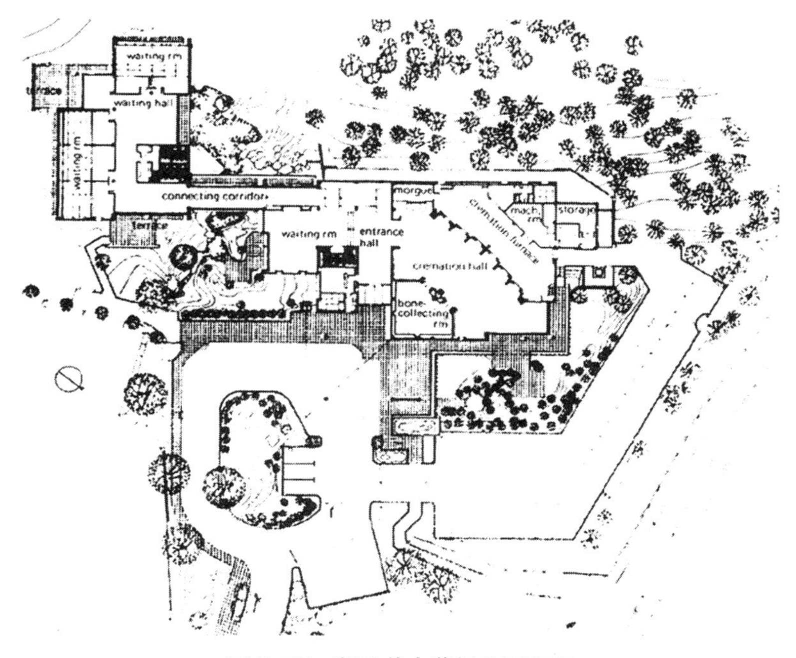

图 5-37　新弘前火葬场总平面图

（2）借景

通过殡葬建筑室内外空间的流通，将外部的自然景色借到室内来。通过借景，于有限的空间中取得“无限”的自然景观，不但有“借”，同时也产生“因”的关系，因为室外自然景观的呼应才使得室内人造自然景观更富“天然之趣”。借景源于中国传统建筑，是中国传统建筑的精髓，强调建筑的室内空间向室外的开放。这一做法在日本建筑师前川国南设计的新弘前殡仪馆建筑中体现出来。如图 5-37 所示，该殡仪馆建在日本本州北部的恐山的阴影里，暗示身体回到大地的思想。从入口大厅到等待室经过一个狭长而开敞通透的玻璃走廊半围合成一个庭园，从这个通透的玻璃走廊直接可以看到具有禅宗传统的庭院，室内环境通过“借”庭园内的景色展现出一幅变幻的构图的画面，美妙的境界使人思想净化、精神超脱。

5.3 殡葬建筑内部空间气氛的营造

生态在希腊语中指的是生存居所与持家之道，是一种包括伦理、家政在内的自然生存空间。生态建筑的目标首先指向的是一种符合自然的生活方式，它不只是要求纯净的空气或是反对污染，还意味着人们对自己生存空间和方式的选择。因而，室内空间环境气氛的营造对于殡葬建筑而言无论从生理还是心理都是至关重要的，创造一个具有高品位的室内空间环境气氛，赋予建筑特有的精神的功能，是现代殡葬建筑主题的集中体现，影响着人的精神存在，也是人们心理和生理的需求。

5.3.1 精神空间的构建

作为短暂停留、进行火葬或存放骨灰的地方，需要一种综合性建筑，其实质是完成作为物质形态的人转化过程的需要。一个内在化的世界可以满足哀悼者对仪式和物质的需要，即火葬过程的实际需要，因而一种新的世界类型被提出，这种类型属于现存的世界，也供浏览来世。它必须从活人的世界分离出来，而又是城市的一个关键的附属物，是城市生活机器中的一个功能性的、精神上的嵌齿。

无论是远古的巨石阵、古代的金字塔或是近代的秦始皇陵以及现代的殡葬建筑都是要在建筑的内部空间创造一种空间表情，强调一种心理意义与暗示，以满足人们的某种精神与心理需求。在埃及的金字塔的内部空间里，通过一条狭长的通道连接着尽端的封闭墓室空间，存放法老的尸体，在那里等待着他的转世与重生，这一小而封闭的空间建构在一个巨大尺度的金字塔下，强调了法老的精神与权力的神秘性，并将其无限放大而等同于神，就是在突出表现灵魂的永恒性。

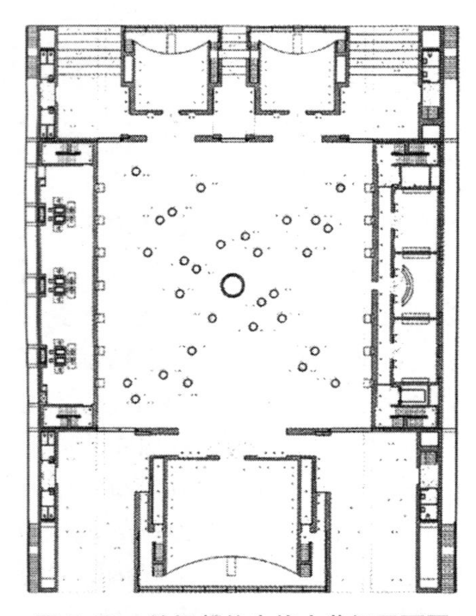

图 5-38 鲍姆舒伦韦格火葬场平面图

在德国鲍姆舒伦韦格火葬场如图 5-38 所示中，虽然 3 个葬礼会场是真正举行仪式的地方，但建筑师阿克塞尔 • 舒尔特斯（Axel Schultes）仍然在建筑物中心创造了一个巨大的方形中庭，以它来连接葬礼会场。中庭高 11 米，无规则地竖立着许多厚重的圆柱，或小簇成群或独立分散，像哀悼者一样，更进一步界定了柱子是仪式的而并非结构的需要。参加葬礼的人聚集在这里，穿插站立在圆柱之间，寻找着最符合他们心绪和精神的场所，如图 5-39 所示。他们或躲在柱子后面，或在中庭里集中，互相述说着，悲伤着，无形之中形成一条告别之路。在中庭中央有一个静静的圆形水池，水静静的循环流动。而在水池上悬着的卵形物象征着宇宙轮回。

图 5-39　鲍姆舒伦韦格火葬场内部覆盖式精神空间

而在瑞士波拿杜兹（Bonaduz），克里斯琴•克雷兹（Christian Kerez）设计的殡仪馆如图 5-40 ～图 5-43 所示，形体简单优美，暗示了最原型的坟墓、最简单的埋葬坟墩。突出于结构所在的小山丘表面之上的椭圆形玻璃顶塔围合了建筑，强调一种心理意义上的神圣感与崇高感。它与周围住宅环境相隔绝，而又表明了其存在。

图 5-40　波拿杜兹殡仪厅堂

图 5-41　独立而围合的精神空间与周围隔绝

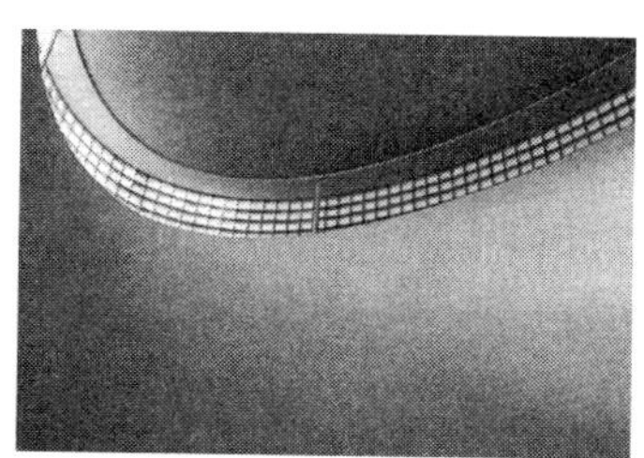

图 5-42　椭圆形厅堂的内部空间

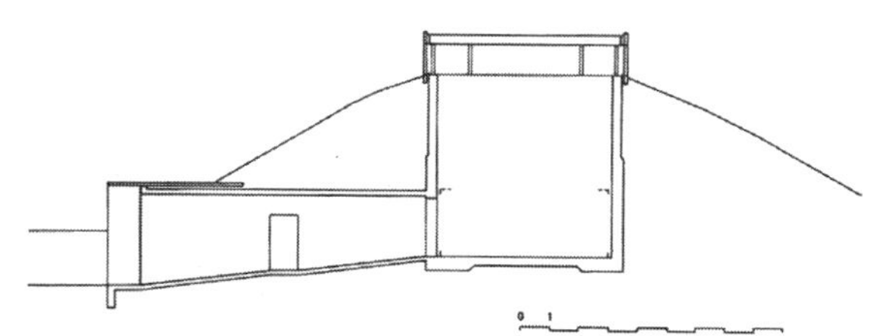

图 5-43　波拿杜兹殡仪厅堂剖面图

这个建筑物为主要的天主教社团提供家庭似的场所，在这里遗体在埋葬前陈列三天。它为哀悼者单独表达对死者的尊崇提供了一个完全私密与隔绝的空间，而且当遗体被埋进墓穴时，它又是哀悼者聚集的场所。克雷兹明确的目的就是要创造一个对遗体和死亡进行冥思、彼此亲近的精神空间，在这里人们要面对死亡。来自外界仅有的影响是阳光，它通过顶塔的玻璃漫射进来，不带特定的指向性，均匀地洒满整个小房间，产生一种无限空间的想象。

广州银河殡仪馆则是设计成一个巨大的独立的圆形体量做为主礼楼，圆形体量空间限定出中心向外发散的心理场所体现出纪念死亡的精神空间如图 5-44 ～图 5-46 所示。

图 5-44　广州银河殡仪馆

图 5-45　广州银河殡仪馆立面图

在威尼斯，用地严重缺乏促使城市居民在附近的岛屿上建造墓地，而且自从罗马人将死者与活人的城市分开之后，威尼斯就成了欧洲人最主要的定居地之一。1998 年大卫•奇普菲尔德（David Chipperfield ）建筑师事务所的方案成功入选，这个方案建立在试图合理解决用地缺乏问题的基础之上。在公墓里布置了大量的建筑要素，目的是在其体块之间创建一个街道与广场似的网络系统，让整个方案有一种牢固连接的都市感觉，这与向这个岛南面展开、宽阔平坦的开放花园形成了鲜明对比。这些体块是实心的、立方体的，这很像巨大的中世纪的邸宅，有普通的也有加固的。它们正立面的最小建筑接合是体块之间随机的裂口，这些裂口可以显示墙体（它必须容纳坟墓）的巨大厚度，也是观景的窗口。建筑物的质量、建筑接合的贫乏和构成建筑骨架的白色石头增强了死亡之城恐怖沉闷的感觉。

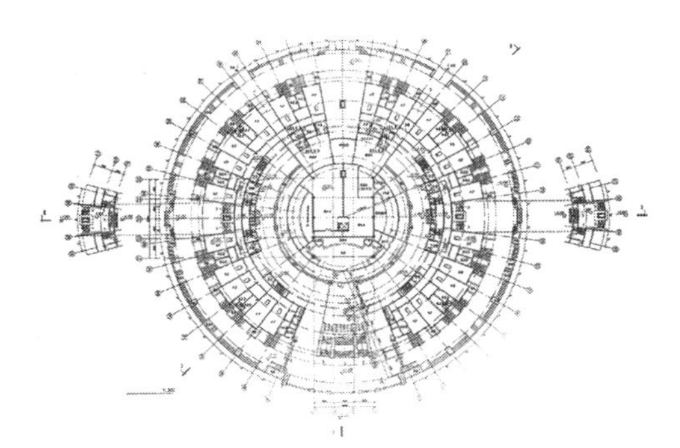

图 5-46　广州银河殡仪馆平面图

这个公墓里仅有的悼念堂不是白色而是彩色的，如图 5-47、图 5-48 所示。它的红色体块耸立在周围白色的环境中，看上去像矗立在其他建筑物之上似的。这个结构十分简单但引人注目，光线通过砌体墙上的随机缺口进入建筑，在内部创造了光束和光斑摇动的戏剧性效果。它的高度和颜色表明这个建筑物在这里是最神圣的，是死者的居所中最特别的一个。

图 5-47　威尼斯某公墓的悼念堂

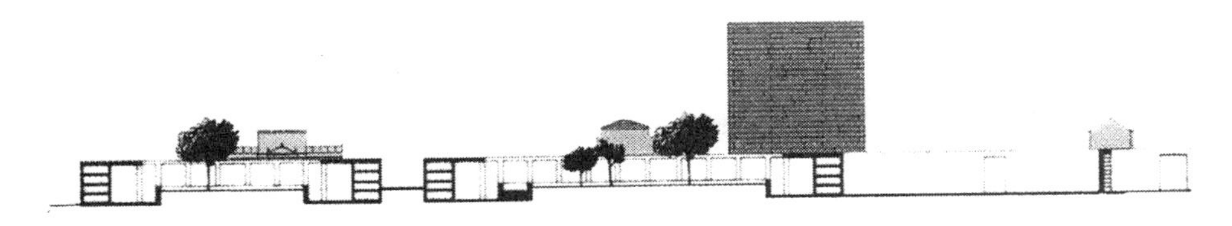

图 5-48　威尼斯某公墓的剖面图

5.3.2　序列空间的组织

葬礼仪式对每个死者来说都是必需的。一方面，仪式体现了死者的尊严：死亡对每个个体来说都很重要，是每个人都要经历的不可避免的事，具有唯一性。而个体死亡的重要性往往通过葬礼仪式和殡葬建筑体现出来，这种仪式和容纳仪式的空间体现了人们希望自己的人生能够完整，并被后人所记忆的夙愿。另一方面，通过仪式缓解了生者对死亡恐惧和对死者的留恋：人死去就不会再回来，人们通过严肃的葬礼仪式，既可以将生与死相分离，避免死亡对生者的心理影响，又使死者能够顺利过渡到人生的另一个阶段——死后阶段，满足了人们对死者的思念之情。

通过营造序列空间使葬礼仪式能够充分开展，来表达对死者的纪念，自古便是殡葬建筑空间设计的主要手法之一，如埃及金字塔前面由祭祀建筑和雨道组成的空间序列；我国唐代乾陵由石像生和享殿组成的前导空间序列；伊斯兰教陵墓前面的“十”字形天国花园；基督教堂中由地下墓穴、祭坛和中庭组成的仪式空间。序列空间包涵两层意义：一是指人的形体运动按连续性，顺序性的秩序展开，具有依次递变，前后相随的时空运动特点；二是指人的心理随物理时空的变化做出瞬时性和历时性的反应。人们始终处于时空运动中，视觉的感受受到持续性的刺激，心理在与空间的交流中受到激荡。现代殡葬建筑借助在送葬路线中空间的尺度、形状、开合、质感以及光线的变化，来影响人们进行丧葬仪式时的心理感受。

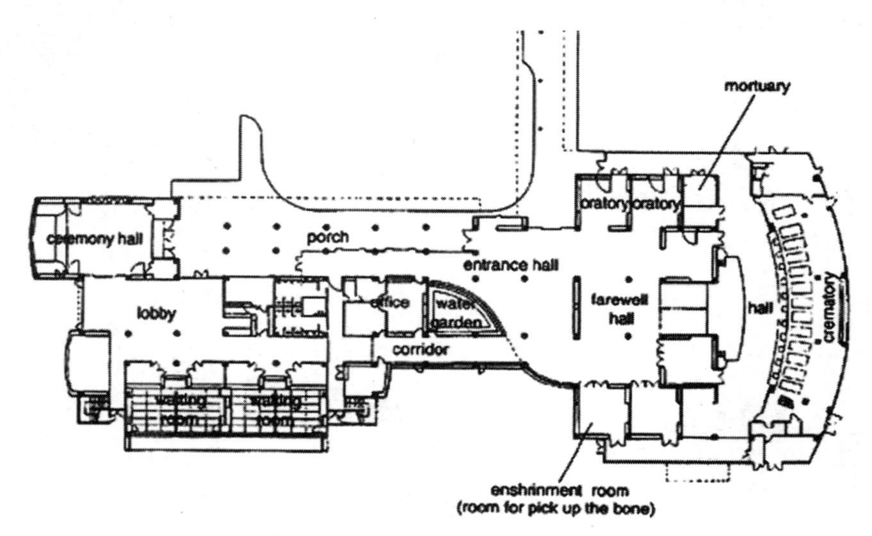

图 5-49　浦和火葬场底层平面图

石本建筑工程公司设计的浦和火葬场于 1980 年建成，如图 5-49 所示为火葬场底层平面图。在火葬场内部一条长长的仪式路线从等待室出发，通过仪式大厅，在一个设备完善的巨大火葬场和“告别厅”处到达终点，如图 5-50 所示。等待室是采用了传统的日本细木工技术和半透明屏风形式的简单高雅的空间。相反，“告别厅”和火葬场使用的是过于丰富、反光的大理石。建筑物的终点在火葬场的曲线墙处，墙是曲线形的并包围着公共空间。在这里，人们可以看到通向各个焚尸炉的入口，它们是沿着墙的一排门。石本对现代纪念死亡的建筑的贡献在这个作品中一览无余。在他的作品中融合了阐明纪念死亡的物质、精神、仪式过程的空间和光线，既特别又有价值。

图 5-50　浦和火葬场告别厅

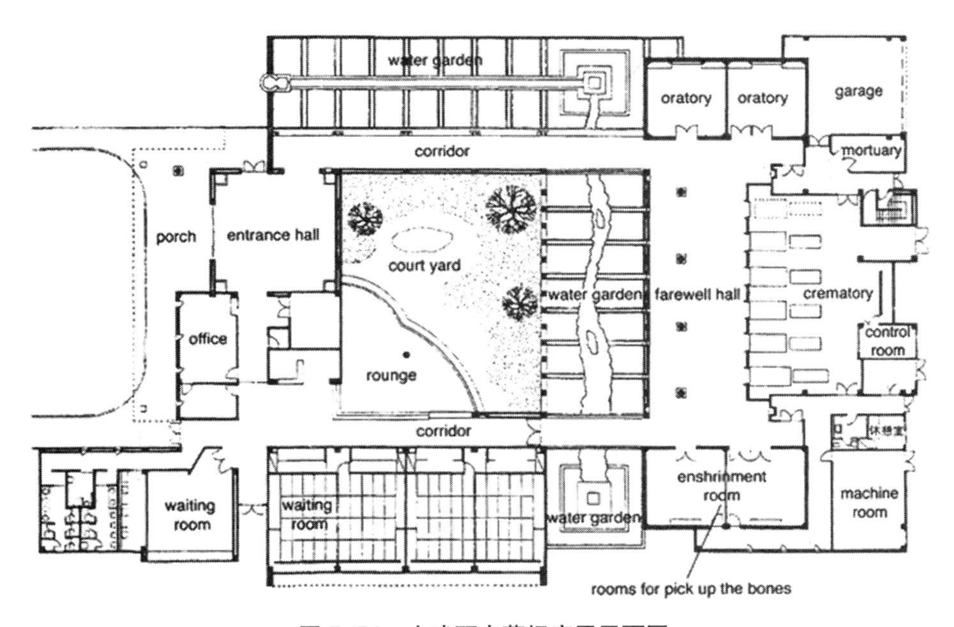

图 5-51　山武町火葬场底层平面图

如图 5-51 所示，山武町火葬场是基于正统的平面、简单的结构，但是它包含的一系列空间同样具有诗意。这个建筑物围绕一些花园的中心和一块墓地布局，在这块墓地中最重要的特色就是水。主要水渠的源头是一个小圆形水池，它连接着内外区域，并且从环绕这个花园的厚墙缺口处可以看到它。火葬场的大“告别厅”与适度、简洁的等待室形成对照。这个巨大的空间在通向各焚尸炉的一系列门处达到高潮，如图 5-52 所示。透过高

图 5-52　山武町火葬场的仪式序列空间

窄窗可以看到水花园，同时射入的光线又能在大厅的磨光石地面上投下给人印象深刻的条纹。这个空间在高度上发生了跳跃，似乎它已接近了仪式的最后阶段，一排柱子将这两部分高度相差一倍的空间分离开来。空间通过阶梯状角锥形天花板向无穷的天空延伸，如图 5-53、图 5-54 所示，在这些角锥形天花板上面各有一个顶塔。同样，在珍藏室上宝塔式的顶棚也强调这是作为仪式达到高潮的空间。在珍藏室里举行的是将遗骸移到一个箱子里的传统仪式——哀悼者用筷子传递火化后留下的东西，最后将它们装入箱子。

图 5-53　室内细部

图 5-54　一系列阶梯状角锥形天花板

5.3.3　主题空间的表现

建筑艺术是一种表现性的艺术，它是一种理想性的表达。其表现力使建筑的含义得以提升，而不仅仅停留在建筑本身。同时，这种表现也可以称为一种再现，再现出的事物也已经不是事物原来的样子，虽然所处的环境没有变，但是事物已经变成另外一种介体。这种转变过程也是事物得以再现的过程。而建筑作品之所以具有吸引力，是因为其表现力与再现之间所产生的张力，这种张力并没有破坏整个建筑的同一性，相反，却增加了它的生命力。

通过对死亡的表现与再现，现代殡葬建筑表达了人的忧虑、不安定以及引起对某些死亡事件的痛苦回忆和想象。这种表达形式在众多烈士陵园、殉难纪念馆和大屠杀纪念馆中，表现得淋漓尽致。

（1）场景式再现

所谓场景再现，是指保留并恢复当时死亡事件发生时所留下的遗迹和建筑物的结构等场景要素来再现当时恐怖的情景，来达到表达死亡主题的目的。著名的波兰奥斯威辛•伯肯诺大屠杀纪念馆，保留并修复了原有的集中营大多数建筑，包括营房、囚禁室和火葬场。这些死亡的遗迹仿佛把人们重新带回到那个令人不寒而栗的年代。纪念馆的入口现在同集中营排在同一条线上，处于原来位置上的一段笔直的长铁轨的末端，然而，它绝对不是一条具有纪念性的通道，而是人们记忆中的景象。

（2）符号象征式表现

符号式表现，是指通过较为抽象的空间和建筑形象来表现某些死亡事件，但是又与它代表的形象有结构上的相似性。这种方式不是对死亡事件原场景的恢复，而是对人们所认同和熟知的建筑形象和空间的提炼。这种符号式表现使人们更为深刻地体会到死亡事件的深刻和沉重。

荷兰著名建筑师赫尔曼•赫兹博格为纪念在飞机失事中的殉难者而设计的纪念馆，并不是采用通常的、形式化的纪念碑的手法来建造一个表达悲伤和纪念的地方。他将建筑选址在被飞机撞毁的大楼所在的小区里，建筑师用墙勾勒出被毁建筑物原先的轮廓，如图 5-55 所示，强调着它的遗址，一条林荫路穿过这个地方，标志出飞机穿过建筑物的最初轨迹。

图 5-55　符号象征式空间

5.4 殡葬建筑内部空间的生态化技术应用

技术的发展会促进建筑的发展，这是人类历史发展早已证明了的事实。尽管殡葬建筑室内环境的生态化设计更多的是体现在建筑伦理观的变化而不是技术的发展上，而且充分合理地利用一些传统的低技术手法，同样可以提高建筑与室内环境的生态质量。但是，当代建筑无论在体量上、功能上还是对艺术性的追求上，都比传统的建筑要复杂得多，因此仅仅依靠传统的建造技术，已经无法满足当今建筑的发展。因此，只要我们在设计中牢固地树立生态思想，合理地利用现代技术，那么现代技术就一定会对提升殡葬建筑的室内环境的生态质量发挥巨大的作用。正如著名高技派建筑师诺曼·福斯特所说，高新技术是人类文明的一小部分，反对它就如同向建筑即文明本身宣战一样站不住脚。

5.4.1 构造技术

建筑的构造是影响建筑室内热量损失和获得的最主要因素。这意味着建筑越是紧凑，表面积越小，能效就越高，由此保证建筑室内所有空间都能得到良好的使用，而且符合使用者的功能要求，同时保证所有的空间都能高效地利用，从而减少建筑供热和制冷所需的能量。建筑的形状完全可以在不牺牲建筑容量的情况下设计得更加紧凑。简洁的几何体，如半球、半圆柱、立方体等都具有最低的热损耗。因为相对于其容积来讲，它们的表面积都比较小，可以更加有效地节约能量，达到高效的隔热效果。

英格里德·迈尔与乔吉迈尔在格拉茨为犹太人公墓设计的新殡仪厅如图 5-56 ~ 图 5-58 所示，采用现代材料和构造技术，并运用现代建筑的语言重新诠释了曾被纳粹烧毁的结构。建筑师将痛苦的记忆、乐观的重建与对未来的希望有力的结合在一起，与原先建筑典型的奥匈帝国的历史主义完全相反。在原先的建筑中，仪式空间位于穹顶的正下方。就能源消耗而言，圆顶建筑是穹隆顶应该是最理想、最有效节能的屋顶形式。与坡屋顶的单层建筑相比，具有相同容积的三层的正方体建筑的表面积将减少 44%。在建筑容积不变的情况下建筑的表面积越大，它们向外传热的比例越大。因此简洁、光滑的墙面可以更加有效地节约能源。

图 5-56 殡仪馆的剖面图

图 5-57　格拉茨犹太人公墓的新殡仪馆

图 5-58　穹顶构造

这个穹顶原来是居于一个八边形的鼓状物之上，然而在新建筑中它被放置于一个完全装上玻璃的墩座上，以至于看上去像最初穹顶的幽灵盘旋在公墓场地上方一样漂浮在建筑物之上。从内部看，很明显这个穹顶被四根细长柱支撑着，而且从这四点辐射出形成穹顶结构本身的复杂的木肋网络。建造穹顶和柱子所用的木材和内部墙体的粉刷似乎区别开了这两个结构；主体结构上方的穹顶和介于两者之间的玻璃进一步地增强了围护界面和拱顶的这种分离感。穹顶上的一个顶塔增强了建筑的向心性并进一步照亮了本已是十分明亮与轻快的空间。精细的构造在一定程度上显示出建筑结构的稳定性与耐久性，另外也有助于反映犹太教关于上帝对人间和天堂"构造"的神学教导——世间万物是如何从黑暗和混乱的海洋中被创造出来的。因此这个可见的构造成了在流动的世界和犹太人民动乱与漂泊的历史中的稳定点。

还有前面提到的瑞士波拿杜兹（Bonaduz）的殡仪厅堂，采用了形态简洁、纯粹椭圆形的几何构造形式；广州市新殡仪馆采用简洁的圆形构造，寓意天圆地方，都是通过圆形的体量从建筑构造上有效节约建筑的能源。

5.4.2　机械设备技术

（1）通风空调设备的节能技术

对于殡葬建筑的室内空间来说当自然通风无法满足室内通风要求时，需要采用通风空调设备。对于通风空调设备的生态化技术策略主要考虑能源的利用和提高效率。关键性的技术在于吸收式制冷和余热回收利用技术。前者取代传统的压缩式制冷方式，效率高、无氟利昂污染并又削减用电负荷。对于殡葬建筑来说，由于其多建于城郊或郊野，可以利用地表地下水、深井回灌水或山涧水等天然冷源制冷，并尽量做到回水的重复利用。此外，空调中的余热也有很大的潜力。据计算一栋 5 万平方米的空调建筑，空调冷凝废热排放高达6500kW。国外多数节能建筑都配备热回收装置，而我国该技术才刚刚起步。

此外，对于通风空调设备的技术节能，还可以采用变流量技术。从能源的空间、时间及适用功能方面考虑，通过与机器调速技术相结合的变流量技术，来提高通风空调设备运行全年或季节性能源效率。对于殡葬建筑通常的地理位置来说，会出现电力不足或出现用电低谷的问题，那么可以利用这一时段的电力制冷蓄冰，高峰时段不制冷或减少制冷来均衡用电负荷，有利于安全经济供电，尤其是分时计价情况下，蓄冰空调运行既省时又省电。特别是对于火化设备的高温加热作用。

（2）火化设备的生态化技术

在殡葬建筑中火化设备是最主要的建筑设备。火化炉是完成遗体火化功能的设备，如图5-59所示为火化炉构造图，通常包括主要燃烧室、再次燃烧室、排气系统、供风系统、供燃料系统、电控系统、送尸车、取灰及冷却系统等，可以分为燃煤式火化炉、燃油式火化炉和燃气式火化炉。火化设备是一个大型的复杂的设备系统，如图5-60所示。我国在20世纪60年代初为了推广火葬而仿造了第一台火化炉——仿捷式火化炉，到60或70年代全国各地兴建了一大批火葬场，因而在沈阳、四川、福建等省参照捷式炉的结构各自生产了一批燃煤式火化炉。这种火化炉以煤作为燃料进行焚化遗体，必须有一个燃料煤燃烧的炉膛，将煤燃烧时产生的火焰和热量送至燃烧遗体的主燃室，而不能将燃料送到主燃室与遗体同时燃烧，很难采用二次强化燃烧技术对烟气中的可燃物质进行燃烧，存在着污染大、耗能高、操作繁重等问题，不具备向自动化、无害化发展的可能

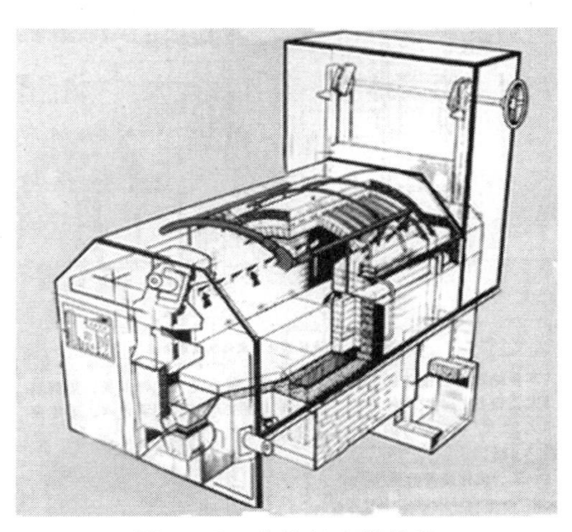

图5-59 火化炉内部构造

图5-60 火化间构造设备

性，对周围环境造成严重的污染，这种火化炉目前在我国还占有一定的比例，将会逐渐被燃油式火化炉或燃气式火化炉取代。

到了20世纪80年代，为了改变火化炉的落后状态，民政部委托沈阳活化剂研究所通过吸收国外的先进技术精心研制了并自行设计制造了第一代火化炉——82-B型燃油式火化炉，到2000年累计生产了1000余台，占殡仪馆使用的燃油式火化炉的50%以上。这种火化炉所使用的燃料是燃料油。由于地区、来源、火化炉结构的不同，所使用的燃料油也不同。日本的燃油式火化炉使用柴油、煤油；我国的燃油式火化炉大多使用RC3-10轻柴油；南方有些地区使用重柴油，重柴油比轻柴油价格便宜，火化成本相对要低一些，但运动粘度大（13.5厘泊），凝点高（10℃以上），北方地区不宜使用，并且重柴油含硫量高（0.5%），机械杂质多，这些因素都给消除火化过程中产生污染物增加了难度。因此，我国燃油式火化炉使用的柴油趋向低标号轻柴油。由于燃油式火化炉比燃煤式火化炉操作方便，减轻了工人的劳动强度，容易实现自动化，实现减少或消除污染物产生的对策比较容易。因此，我国燃油式火化炉已占很大比重，一般大、中、小城市大部分使用燃油式火化炉，并大有普及势头。但是这种火化炉在燃烧的过程中，仍然会产生大量的烟尘、灰粉、有害气体、臭味与噪声，还有燃烧不完全或未经燃烧的部分燃料，随着烟气排放出来，影响人们的健康和动植物的生长，也不利于城市建筑的生态化发展。

随着国家经济体制的深入改革，国民经济不断提高和发展，我国火化炉的生产在产品、技术性能等方面不断更新和提高。从1994年开始沈阳升达焚化设备有限公司研制生产了升达型全自动控制燃油式火化炉，北京研制生产了CH-93型燃油式火化炉作为我国第二代高档燃油式火化炉投入使用，向多品种、高性能化方向发展迈出了新的一步。

经济发达的国家也有采用燃气式火化炉，气体燃料主要有工业煤气、天然气和液化石油气。气体燃料在燃烧时本身产生的污染物极少，燃烧也很充分，不像液体燃料那样能否充分燃烧在很大程度上取决于雾化程度和与供氧风的混合效果，在国外，特别是一些发达国家，采用燃气式火化炉比较普遍。在我国，由于条件的限制，目前只有上海、苏州、重庆、大连、石狮等地采用。基于燃气式火化炉具有很多突出的优点，又易于实现自动化和无害化，促进殡葬建筑的生态化发展。伴随着我国城市煤气的发展，燃气式火化炉有很广阔的应用前景。

除了火化设备本身的技术的提高，对殡葬建筑生态化的影响作用。还可以合理利用火化设备由于高温加热时需要产生800℃以上的高温对遗体进行加热，对其火化遗体后的余热，进行热量收集并再次利用，对殡葬建筑具有巨大的节约能源的作用。通过在火化机烟道上设置余热锅炉，余热锅炉经循环水管接散热器。对于北方殡葬建筑，由于冬季的严寒，可以利用余热进行室内供暖和对火化机的二次加热提供热源。同时还可以对室内空调系统和遗体存放的制冷起到很大的作用。火化设备的余热利用技术不仅减少焚烧遗体时产生大量的烟尘、灰粉、有害气体向室外的排放，还改善劳动条件，有效的节约能源。

5.4.3 智能化技术

21 世纪是信息社会知识经济时代，同时又是生态文明时代。人类进入 21 世纪现代高科技信息时代后，去寻求自然生态的保护，人与自然的共生，建造可持续发展的人工环境，变得更加迫切与必要。国际先进生产力水平正在运用已掌握的建筑智能化高新技术，探寻人类生存、生产和生活聚居环境空间的可持续发展模式。建筑越进化，功能越复杂，设备越精密，对建筑的整体协同运作和内部气候的自动调控要求也就越高。人类总会希望舒适要求能够高标准地、方便高效地得到满足，这得到了现代工业技术和高新技术的迎合。计算机控制技术的发展，使建筑的调节摆脱了烦琐庞杂的人工控制，建筑逐渐物化了自身的神经网络，创造自动、精确、低耗、高效的室内气候环境。从简单的光敏控制照明、温控自动供暖，到计算机系统与气象监测系统综合控制下的楼宇气候自控系统，近年来智能技术在建筑的各种控制系统中得到了广泛的应用，并且发展成一种新的建筑门类——智能建筑。表皮组织——呼吸系统——神经系统，伴随着生物机体由水生走向陆生、由变温走向恒温、由低级走向高级；界面技术——空调系统——智能控制，从材料到设备，再到智能技术，建筑的进化实现了三大飞跃。

广义的建筑智能化内容在建筑中主要体现于以下三部分：建筑环境及设备自动化系统（Building Automation Systern），简称 BAS；办公自动化系统（Office Automation System），简称 OAS；通信自动化系统（Communication Automation System），简称 CAS。同时具备以上三项功能的建筑被称作智能化建筑。从智能化建筑的发展现状来看，三大部分中，办公自动化系统（OAS）和通信自动化系统（CAS）都是用来传输信息数据，硬件设备主要涉及：服务器＋终端＋布线，构成简单，容易实现，而且与建筑本体自身关系不大，主要涉及相关设备，而建筑环境及设备自动化控制（BAS）是智能建筑发展的关键也是难点所在，与建筑专业的关系最为密切，因而建筑环境及设备自动化系统是我们关注的重点。

人类为获得安全、舒适和健康的建筑环境必须严格执行环境保护，必须坚持生态化可持续发展战略，节能和环保是实现建筑生态化可持续发展的关键。从可持续发展理论出发人类为获得高效便利的建筑环境，必须进行智能化建筑的空间利用率和灵活性、生命周期成本、工作效率的研究。

图 5-61 设备自动化控制系统

殡葬建筑环境及设备自动化控制系统如图 5-61 所示，能够通过对建筑内外环境信息的监控和评价比较，自动调节建筑室内的温度、湿度、照明等参数，以创造健康、舒适、安全的环境，这才是建筑专业关注智能化技术的真正目的所在。目前国内的一些新建、扩建的殡仪馆已经逐渐向智能化方向发展，如广州市新殡仪馆已经率先采用智能化技术，广州黄石市新殡仪馆目前正在建设智能化网络监控系统。

广州市新殡仪馆最引人注目的是其具有世界一流水平的能容纳 800 具遗体的自动冷冻库、远距离传输带，从遗体的运送、冷冻、防腐到火化都是全部自动化。遗体一经进入殡仪馆就会被配备智能卡，上面记录了死者的详细资料，只要给电脑输入指令，机械手就会自动将解冻后的遗体运送到整容室，再由输送带送入告别厅的地下室。当告别仪式举行完毕，遗体徐徐降落，再从地下隧道运送至火化间进行火化。同样的设计也运用在法医鉴定室及火化室的地下轨道，全部为自动化操作。在外地的亲人还可通过国际互联网观看到整个告别仪式的现场实况。实现了机械化自动操作、流程化管理、计算机编码、生死分离等理念，实现了遗体管理自动化、机械操控自动化、办丧过程人性化。广州市殡葬服务公司提出的建设现代化新殡仪馆就是要实现“四化”：管理科学化、作业自动化、信息资源化、传输网络化，最终将实现提高企业的社会效益和经济效益的目的。

从建筑的发展趋势来看，殡葬建筑要实现高效的生态化，就必须增加科技含量。建筑的舒适要求越来越高、设备越来越精密复杂，必然向着控制的自动化和智能化的智能建筑方向发展。当前智能化建筑直接利用的技术是建筑技术、计算机技术、网络通信技术、自动化技术。在 21 世纪的智能建筑领域里，信息网络技术、控制网络技术、智能卡（IC 卡）技术、可视化技术、流动办公技术、家庭智能化技术、无线局域网技术（含蓝牙技术）、数据卫星通信技术、双向电视传输技术等，都将会有更加深入广泛地具体发展应用。特别是开放性控制网络技术正在向标准化、广域化、可移植性、可扩展性和互可操作性方向发展。但是，更准确地说，智能化技术只是手段，殡葬建筑智能化作为一个整体建筑物业产品的技术发展来说，实现殡葬建筑生态化可持续发展才是未来发展的长远大方向。

5.4.4 仿生技术

建筑仿生学是根据自然生态与社会生态规律，并结合建筑科学技术特点进行综合应用的科学。它的主要研究内容包括建筑形式仿生、结构仿生和机能仿生等。自然的形态无疑是生态的形态，因为它们是大自然选择优化的结果，无论是动植物的机体形态还是自然地表的起伏，其中的深层和谐绝非人工的形式所能够轻易达到的，内在的规律性也值得我们永远探索和学习。人工环境与自然环境相比一个很大的区别就是形式的简单与繁复，人类出于提高生产效率的目的而对形式进行归纳和简化，人工产品随着技术进步由朴拙自由的手工业形式走向精致规则的机器工业形式，逐渐远离自然。显然形式的简化以及重复符合产品工业化大量生产的要求。经历工业社会的洗礼，我们已经被这样的均质简单的环境所包围。但是当人们对简单均质的人居环境感到单调乏味之后，今天对产品形式的个性化、人性化和多样化的诉求就日渐强化起来，包括针对建筑。

仿生学对建筑与环境协调发展起着积极作用。建筑与自然环境协调发展和建筑仿生密切相关。建筑仿生是一门古老的课题，也是最新的科研趋向。自然界的生物无论在形态、结构还是机能方面都能很好地适应自然环境，这是进化的必然结果。人类文化从蒙昧时代进入文明时代就是在模仿自然和适应自然界规律的基础上不断发展起来的。从远古的巢居、穴居到各类建筑的出现，无不留下了模仿自然的痕迹。但随着工业化的高速发展，人类的建筑观发生转变，工业机器取代了生物成为建筑模仿的对象。近年来人们对生态环境问题予以高度重视，建筑如何适应自然环境就成为建筑师要研究的重要课题，而自然生物对于解决这些问题提供了可资借鉴的参考，这就是人们重新对仿生学在建筑领域的运用给予关注的主要原因。大量实践证明，仿生学在推动建筑与自然环境协调发展方面起到了积极的作用。

建筑师伊姆利•麦克万兹（Imre Makowecz）在匈牙利布达佩斯设计的法卡斯雷特（Farkasret）悼念堂是采用结构仿生技术，如图 5-62 所示，模仿人的肋骨结构设计的，棺架象征性地放在其中心处。建筑结构中的每一根木肋可以看作是在特定条件下人体运动的图形。在整个建筑物中，经过空间与时间的人体运动复杂的考证，将建筑的几何形状与人的身体联系在一起，也将穿过建筑的行进过程解释成穿越时空及人体的各种紧压感与物理局限的一次旅行。在这里人的尸体可被看作人的灵魂的一个物质容器，麦克万兹的悼念堂是尸首的最后放置所；它是在哀悼与埋葬、现世和来世之间的过渡空间。正如它对于一个在地狱边缘的灵魂是其精神上的庇护所一样，这个巨大的肋骨结构也是对于哀悼者的一个幽暗、忧郁的庇护所。墙体本身似乎也泄露了它们的悲伤。装在可怕的拟人状木肋之间的座位如图 5-63 所示加强了空间的效果。脊背处通过压条法形成的一系列曲线肋骨与围护结构相呼应。尽管拟人的象征手法既直观又深奥，但肋骨结构的总体尺度导致了效果是如此怪异而令人忧郁。

图 5-62　法卡斯雷特（Farkasret）悼念堂

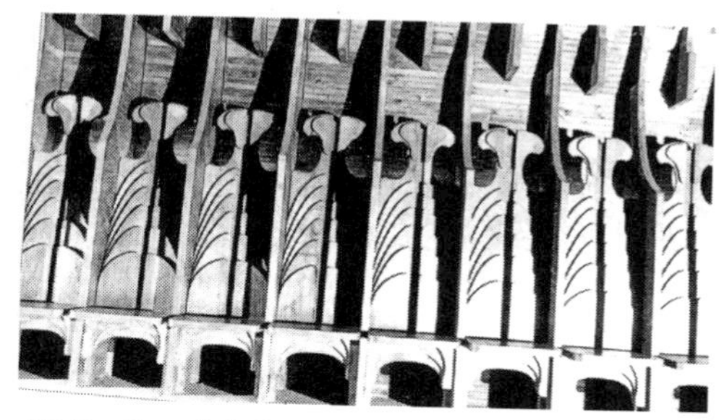

图 5-63　法卡斯雷特悼念堂内部与肋骨结构相交处的座椅

这个殡葬悼念堂笼罩在被一个幻想中的猛兽吞食的潜意识的恐惧之中，并且使人想起了圣经里关于复活的寓言，乔纳和鲸鱼。鲸鱼象征黑暗和无底的深渊，正是乔纳缺乏信心的忧虑及其后来对信心的恢复使他看到了上帝之爱的光明，鲸鱼再次将他吐回到这个世界上。与在乔纳寓言里一样清楚的两个世界的并存也体现在麦克万兹的建筑中。两扇如同一只大鸟长满羽毛的翅膀一般的门敞开着如图 5-64、图 5-65 所示，光线进入建筑内部，并且由此也可以看到较远处的花园，这样就减轻了小教堂里徘徊不去的黑暗。连接棺架上的棺材与门的轴线通过一个位于中央的脊柱状物体体现出来，脊柱状物沿着天花板像蛇一样起伏，最后在棺材正上方的一点降至教堂空间。因此，棺材是这个悼念堂中唯一与整个建筑结构或框架未完全结合的要素，看上去像一颗特大的珍珠，好像是这个建筑中最贵重的物品而与众不同，如图 5-66 所示。

建筑师安德拉斯•克里詹 1993 年在匈牙利设计的维甘佩坦恩停尸堂，如图 5-67、图 5-68 所示，采用了形态的仿生设计。平面形态就好似一只蜗牛在绿色的田园中缓慢地爬行。安德拉斯•克里詹为田园风味的匈牙利村庄设计的这个停尸堂，采用当地的石块和木材作为界面材料，其耗资极少，然而却成功地创造出一种永恒的效果，并且使之在景观环境中逐渐成长，实现了建筑走向自然的生态化设计。

图 5-64　法卡斯雷特悼念堂模仿天使的翅膀的入口大门

图 5-65　法卡斯雷特悼念堂入口处细部

(a) 从内部向入口方向看

(b) 从入口处看

图 5-66　法卡斯雷特悼念堂室内不同角度的内部景观

蜗牛的圆形壳中间竖起一个巨大的矮胖的标志性塔，沿着蜗牛壳周围是飞扑而下的屋顶，从它的侧面旋转而下，在其下面形成一个庇护性的过渡空间，在这里哀悼者可以坐在靠前设计的木凳上休息，感受与亡者的交流。直立升起的塔将人们的视线吸引进入门廊的阴暗处，它好像是一个秘密的通向可以透过柱子瞥见的远处森林里黑暗的王国的入口。建筑内部非常简单，塔内一个完整的圆形空间是仅有的殡仪厅。这个令人冥思的空间是由蜡烛照明的，圆和黑暗暗示了无穷与轮回的继续。竖直的柱塔象征着人类，与水平的环境风景形成对比。

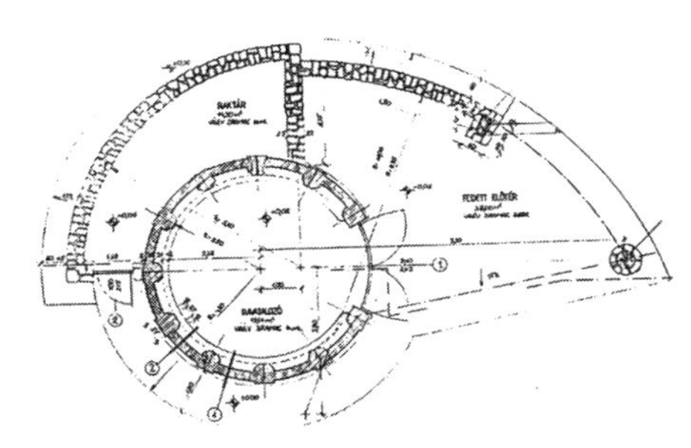

图 5-67　维甘佩坦恩殡仪堂仿蜗牛的平面图，匈牙利，1993

图 5-68　维甘佩坦恩殡仪堂入口，匈牙利，1993

5.5　小结

人类营造建筑的目的，首先就是要获得适合于自己生活、生存的庇护所，从这一点上来说，人与其他动物并没有太大的区别。但是，人类又是不同于其他生物的高等动物，人类的自身智慧又使人类应该而且能够比其他的地球生物过得更为舒适、自在，人类营造建筑的真正目的也正在于此。

在城市与建筑规模日趋扩展的今天，殡葬建筑室内空间也具有越来越强的社会意义，室内空间环境在整个生态系统中所处的亚层次地位以及其自身的形成和发展特征，又使室内空间环境的设计与运行与其他层次的生态子系统之间有着巨大的区别。殡葬建筑内部空间生态理性的不断彰显，与传统设计观念相背离，使得室内空间环境的生态因素具有更强的人为调控性，人们可以凭借自己的高度智慧，通过已经掌握的各种技术，使室内空间环境达到自身内部之间的平衡，同时处理好室内与室外的关系，空间构成等因素，以获得良好的室内物理环境，提升殡葬建筑室内空间的生态品质，从而满足人的生理、心理的要求。

第 6 章　殡葬建筑生态化设计的引导机制

殡葬建筑的生态化设计需要引导机制的作用才能够在现实的社会中真正顺利实施，促进设计者与开发者的协作，提高设计品质。如果说建筑师的生态意识和相关知识技能是生态化设计的内在因素，那么有效的引导机制是提高设计质量，推进殡葬建筑生态化设计的外部力量。

殡葬建筑形成与发展是人类文明的主要成果，在人类即将迈向生态文明的今天，殡葬建筑的生态化将关乎人类的福祉。人类在健康、安乐、生活基本权利、生态基础设施、必要的资源、社会秩序、适应变化的能力等方面受威胁程度的大小理应是生态化设计应关注的内容。发达国家城市化水平已经相当高，而发展中国家尤其是我国城市化呈现出跨越式发展。殡葬建筑生态化作为城市环境优劣的重要因素愈发有必要早日建立有效的引导机制。

“保护生态”从空间上看是为了整个地球，时间上则包括现在生存的人们及其子孙后代；但建筑投资却出自开发商的钱袋，在市场经济社会，仅靠道德和良知似乎并不足以约束人们的行为。赫尔佐格在回答“建筑投资”和“保护生态”之间存在的矛盾时认为：合理的政策和专家的参与是必要的。建筑师应思考，如何运用自己掌握的专业知识为客户节约。赫尔佐格还强调生态化的推进法规要起到应有的作用，“必须将每个个体的生态意识与具有法律约束力的法规相结合。德国近 20 年来已出台了多个建筑保温规定，目前正在制定更为严格的 2000 版，该规定对建筑的体型系数、建筑表皮各部位的参数值，甚至管道的保温方式都做出了极为严格的规定，这样的规定对解决上述矛盾是有现实意义的。”

由国外的一些先进经验可以看出，生态化设计仅有概念和方法是不够的，需要有外部力量来促动。对于殡葬建筑生态化的设计实施，外部的引导和支撑作用主要来自市场导向、政策导向和法规控制三个方面。

6.1　市场导向

6.1.1　市场认定制度

市场认定制度是用来区分各种产品的性能水平，以便使消费者认清产品的某一方面的性质，这种机制已经成功地应用于家用电器等节能产品的市场认定，并在一些国家中开始尝试应用于房屋的总体能源性能。

在市场经济中，建筑的市场认定是另一种对推进建筑生态化有很大潜力的办法。例如英国的 BREEAM 评价体系不仅被鼓励用于设计阶段作为生态型建筑设计的辅助工具，更加成功的是这一评价体系与建筑市场相结合。为了易于被市场理解和接受，BREEAM 采用了一个相当透明、开放和较为简单的评价结构。参加评价的建筑如果满足或达到某一评价标准的要求时，就会获得一定的分数，所有环境表现得分累加后，BREEAM 根据最后总分给予“通过、好、很好、优秀”四个级别的认定。通过认定的建筑最后获得英国建筑研究所（BRE）颁发的正式“评定资格”证书，据调查，获此证书的建筑在英国能够得到高于市场的售价和租金。为了保证评价的质量，BRE 从 1998 年开始培训并签发执照给 BREEM 评价师以及指定评价机构，这一做法保证了 BREEAM 评价的可靠性。

资料显示，从 1990 年英国建筑研究所开发这一项目以来，BREEAM 评价了英国市场 25% ~ 30% 的新建办公楼建筑，而且都是自愿参加评价的。BREEAM 在英国建筑市场的占有率是世界上其他评价体系难以相比的，这一方面有赖于英国政府在政策上和资金上给予和大力支持，另一方面反映了 BREEAM 将市场与建筑生态化紧密结合获得的成功。BRE 曾委托顾问公司就 BREEAM 客户对 BREEAM 否可以达到提高英国建筑生态化的目的进行了一次现场调查[132]。调查结果显示，80% 的人认为 BREEAM 评价在“改善环境”方面达到了预期效果，在“资金、效益”、“提供实践标准”以及“在设计阶段提供建议”等方面甚至超过了预期的目标。这反映出 BREEAM 基本上满足了客户对生态型建筑评价的要求和期待，同时从一个侧面说明了符合市场需求和规律的评价认定制度对提高设计质量是有积极的导向作用的。①

根据西方国家的经验，私有部门的开发者如果认识到有这一方面的市场需求，就会迅速改变其设计建筑物的方式。市场认定制度对大量商业建筑的开发建设无疑是有积极的引导作用。从公共政策观点来看，认定制度提供一种改善建筑物的能源与环境表现的有效方法，只要人们认识这些标准必须包括一大批面向市场又将被市场接受的性能参数即可。尽管体系开发将需要公共资金的支持，但这样一个体系的实施必须由工业协会或民间部门组织领导才能确保在更大范围内推广。

6.1.2 市场导向的作用

当前建筑环境认定制度都非强制性的，对于开发建设方，申请评价认

① 夏海山．城市建筑生态转型及其整体设计研究 [D]. 上海：同济大学建筑与城市规划学院，2003.

定都是自愿行为。因此，以认定制度为主的市场导向，其作用的本源来自某种商业目的。具体地说自愿申请的获得认定的建筑开发者或者是为了以此获得更高的租售价格，或者是以此作为广告宣传。总之，获得认定是一种手段，建筑的真正环境生态并非最终目标。这样一来，为了获此头衔，建筑设计瞄准几项评定指标，无论采用何种方法，达到量化标准便算大功告成。当前众多被称为“生态”的建筑，都是不惜重金使用高档材料达到某某“认定标准”，给人的感觉“绿色”的就是昂贵的。

事实上，从真正的生态意义上，经济与生态是一致的。而我们经常见到的大量“生态”设计实例，大量采用了高能耗的材料：水泥、钢材、玻璃、铝合金、不锈钢、陶瓷面砖等等，这些材料大多是不可再生和不可再利用的。这些“伪生态建筑”不仅利用片面的、不健全的评价认证为其赢取商业利益，同时迷惑人们对生态建筑的认识，阻碍了建筑生态化的进程。因此，避免认证制度带来负面的误导作用，就需要健全和完善评价体系，使其真正发挥积极作用。

6.2 政策导向

站在时代转折点上，生态建筑单纯依靠市场的自发转变无疑是低效的，而国家政策法规的倾斜对其发育起着不可或缺的引导作用，对于殡葬建筑而言更是如此。在目前尚无完整系统的有关生态型建筑法规的前提下，建立鼓励机制是一种推动建筑生态化发展的有效做法。国外有的学者提出了通过一些优惠政策来鼓励开发商建造生态型建筑、鼓励使用者使用生态型建筑的建议。

6.2.1 政府导向的作用

世界上许多国家特别是发达国家的政府都积极地对绿色建筑采取政策上的保护与支持，最有效的手段就是经济调控，通过税收、利率奖惩等方式，把环境效益与开发建设者、设计者和使用者的直接经济利益联系起来。绝对意义上的生态建筑只是理想状态，现实条件下我们无法回避经济发展问题而只能退而求其次，平衡经济发展与生态环境间的辩证关系。

殡葬建筑是以经济主义为基础的，必然产生经济外部性问题。所谓经济外部性就是实际经济活动中生产者或消费者的活动对其他消费者和生产者产生超越活动主体范围的影响，是一种成本或效益的外溢现象。其中对外界造成好的影响称为外部经济性，反之则称为外部不经济性。而能源环境问题则是私人成本社会化的必然结果。要解决这问题，必须在操作上进行有效的干预，使外部不经济性内部化。最佳的干预由政府来进行，因为政府是公共选择的结果，代表着全体公众的福利，也具有进行干预的便利条件。按照环境经济学理论，可通过税收、法律、管理等国家杠杆的政策倾斜进行激励调节。

福利经济学家庇古教授认为消除经济外部性的主要手段就是依靠政府的行政权威通过征收一定的费用用以平衡社会与私人成本的差异，把外部经济效果内在化，并补贴那些很少享受到外部经济效果的企业，带给他们一定的外来价值。这种费用被习惯的称为“庇古税”。税收当然会导致产品价格的上涨——这个价格可以表示出它的真正成本，包括在环境紊乱上的成本，或为阻止环境恶化而进行各种控制的成本。在付过税的地方，政府可以用这些税收来保护和重建环境。从国外的理论和实践看，庇古税的征收是保证商品外部性充分内部化的重要而行之有效的手段。

市场经济本质上是一种法制经济，法律的目的是实现“公共利益”。根据方法论的个体主义，“公共利益”不是一个超越个人利益并独立于个人利益而存在的抽象概念，而是一个以某种方式包括所有人的个体利益的具体概念。促进效率和实现正义是法律在应然意义上的价值所在。

综合决策机制和管理机制的改善是生态建筑推广的关键。建筑管理机构需要根据国情，制定并实施有利于生态建筑的行业规范、管理条例，在立项、审批、规划、设计、评价等各环节联合打造生态建筑的优势环境。当然这其中的收费不同于税收，不是国家用来取得财政收入的手段，而主要是限制和调整自然资源的开发和利用。这种“从摇篮到坟墓”生命周期管理方法在保护环境方面比传统方法更有控制力，使不良环境影响达到最小，它避免了“末端控制”方式的低效率，为生态建筑发展提供助力。

由此可见，尽管从长远的发展角度来看，在生态建筑计划实施过程中，市场机制运行才是其发展的根本，但国家政策的激励机制是市场机制启动的原动力和先决条件，使得生态建筑的命运尚有回旋的余地，而其后期的有力策应也是不可或缺的必要环节，而且政府在这一领域中也将大有可为。

6.2.2 国外生态政策的借鉴

欧美国家的生态化进程较早，其在生态方面的作为也是有目共睹值得称道的。欧盟法律中尊奉的两个重要原则，改变了客户和专业指导人员在环境污染问题上的关系。“谁污染谁赔偿”这一原则意味着，如果没有使用最完善的环保知识和技能，特定产品的制造者以及建筑的设计和施工人员就面临被遭受损害的第三方告上法庭的危险。美国明尼苏达市规定，建筑建成后一定时期内，经检测符合规定的环境指标，就追加相应的设计费，否则就予以经济上的处罚。第二条原则是污染应当首先从源头上加以制止，而不是事后采取防治措施。客户应当在委托施工时就明了在治理环境方面所担负的责任。

加拿大建筑行业是由少数几家大公司和协会加上许多小公司和协会组成的一个复杂的行业。在这样一种组织环境中，实现协调行动需要各方之间的密切合作。在此过程中，政府可以制定规范和法规，发挥强有力的作用，使该行业中每个人的行为做出强制性规定。它们支持制订非强制性产品与设备标准或性能指导准则。为高性能建筑提供财政鼓励，这会对市场产生影响。C-2000 计划是加拿大的一项小型示范计划，适用于符合一套具有较高性能要求的办公楼或多单元住宅楼。这项计划的指导思想是把某些技术的设计或使用的思想搬用到这一行业中来。这可以通过提供财政补贴来进行，但考虑到大型建筑物的高成本，这样一种办法会过于昂贵。在这种情况下，C-2000 战略是要向建筑业证实，多数建筑物无须过多的费用或难度就能达到性能目标。

在公共政策方面政府应采用有吸引力的经济优惠措施调动开发商的积极性、引导消费者购买的环境倾向。如政策税收等方面的规定，为绿色开发创造一个良好的外部环境和市场，使绿色开发不受经济效益的影响而举步维艰，使绿色开发沿着良性循环的轨道，稳定、持续地进行。这是最具体、最本质、也是对开发商和消费者最有效地调动方式。因为从开发成本看，生态型建筑是需要增加前期费用，而利益回收速度又相对缓慢的一类项目。更主要的是，用于建筑体系生态环境方面投资所带来的回报最终并不一定能够装进开发商的口袋，而多由使用者和社会所分享。因而，在生态型建筑开发之初，需要一套良好的经济激励体制用以补偿开发商由于前期额外投入所带来的损失。

总之，希望通过正面的鼓励机制来推动建筑生态化发展，对我国殡葬建筑亦有很好的借鉴作用。

6.3 法规控制

6.3.1 设计法规的概念

法规的概念包括法律和规范制度，法律是由国家司法机关强制性的控制手段，而规范制度通常是技术性的和政策性的规定，是通过有关的技术部门或政府部门制定并监督执行和管理的，也具有控制作用。

由殡葬建筑业造成的环境污染、能源浪费及公众健康的损害是对整个社会的危害，发展生态型建筑是出于整体利益的需要，只有用法律手段强制生态化建设的实施，才能保障生态化进程的加快。曾经经历过工业化严重污染的西方国家如日本、美国、英国等，都制定了大量的法规法案来治理环境，促进生态建设，并且取得了显著的成效。最具代表性的是丹麦、瑞典等北欧国家、北美加拿大以及新加坡。以政府法规性地明确限定包括利用太阳能、风能、维护结构的构造、垃圾处理方式以及节水节电措施等的技术规范。这是一条影响面广、收效显著的建筑生态化发展之路。我国在法律上也有相应的规定，如建筑法第 4 条规定："国家扶持建筑业的发展，支持建筑科学技术研究，提高房屋建筑设计水平，鼓励节约能源和保护环境。"但这些是属于纲领性的法规，我们尚需有更为具体的实施性的法案出台。市场经济下殡葬建筑开发的急功近利往往以牺牲环境和资源为代价，在加快中国建筑业的生态化进程中，利益驱动问题是阻碍绿色建筑事业的一个关键问题，必须有来自制度层面强有力的政策支持和法规保障。

6.3.2 设计法规的控制作用

设计法规对建筑生态化设计具有很大的促进作用，殡葬建筑生态化设计需要有明确的法规进行控制和引导才能得到保证，因为殡葬建筑涉及的许多生态问题关系到整个城市环境甚至全球环境。正如赫尔佐格所认为的，从个体利益上并没能引起人们对建筑节能的关注，有必要借助法规进行限制和引导。严格的法律和规定已经在欧洲建筑业建立了新的行业基准，无论建筑师、工程师还是项目承包商都需要重新适应这种新形式，需要从技术、工作程序以及质量认定上建构新的框架。新的环境法规带来了两个方面的变化，首先是公众的认识得到提高，根据新的法规可以判别建筑产品在环境和能量消耗方面的优劣（有专门的质量认定机构进行技术评测），拒绝环境品质低劣的建筑。另一方面，对设计者提出适应新形势工作要求。在完善的法规控制和引导下，促进新的思维方式、新的建筑标准、新的设计方法不断产生，建筑的生态转型得到了强有力的外部力量支撑和推动。

许多国家都有自己关于殡葬管理的政策法规，但很少有针对殡葬建筑生态化设计的特殊条款。由于立法的不完善，建筑师和城市规划师缺少对殡葬建筑生态化设计的关注，使得制定城市殡葬建筑生态化设计受到影响。因此，我们必须从其中抽取有利的部分作为殡葬建筑生态化设计的依据。目前我国在以下诸多方面仍存在设计法规制定的问题：

遗体处置方式：由于制度化的风俗而形成，是殡葬建筑设计条件的基础信息之一。它关系到殡葬建筑的环境和社会影响，因为不同的处置方式导致了其对土地资源的物理化学性质要求的差异，并且其相应的污染作用将决定殡葬建筑与建成区之间的最小安全距离。

公墓数量：在预计公墓大小时的导向。在公墓建设中，公墓容量既要满足殡葬需求又要防止过量的土地资源因规划为墓地而闲置。

埋葬用地的选址：一方面，政策常为了确保平衡的土地利用方式而限制某些地方不允许作为埋葬用地。另一方面，由于墓地会造成污染，损坏城市形象并造成心理影响，法规须界定出一定墓地“禁区”，并指出作为墓地的土壤应当具有的水文地质特征。

殡葬建筑经营的原则和规定：坟墓大小、土地租用期、骨灰寄存时间、墓穴开挖和更新的最小的周期的限制，决定公墓的容量、运作方式等经济因素。

在很多国家，中央政府从国家的高度给予指引并且执行其监督检查职能，但不直接参与殡葬建筑的规划与管辖。在中国，国务院民政部门司职国家的殡葬管理工作，县级以上地方人民政府民政部门负责本行政区域内的殡葬管理工作。建设殡葬建筑须经县级人民政府和设区的市、自治州人民政府的民政部门审核同意后，报省、自治区、直辖市人民政府民政部门审批见第三条和第八条。需要指出的是，在中国殡葬建筑中的公墓只是现阶段的殡葬服务和遗体处理的一种过渡形式。从长远看来，应当鼓励占地更小或不占用土地的处理方式，以达到生态化、可持续发展的战略目标。因此，公墓的建设应被视为一种过渡性的处理方式而并非殡葬改革的发展方向。

过去的政策已对新建殡葬事业单位地址给出了基本条款，规定要根据水文、地址、气象、交通和水电安装等条件选定。根据方便群众的原则，列入城市建设规划，提倡建立公墓应当选用荒山瘠地，并划出了一定的区域禁止作为墓地用途。

除了《殡葬管理条例》之外，还有《殡葬建筑设计规范》是中华人民共和国行业标准，以及作者正在参与编制的《殡葬建筑建设标准》是目前我国现有的针对殡葬建筑的法律规定。

中国现行殡葬管理方面的法令——中华人民共和国《殡葬管理条例》（CFIMO）和研究区域内基于此条例建立的一系列地方政策。中华人民共和国《殡葬管理条例》（1997 年中华人民共和国国务院令第 225 号）由六部分组成。第一章为总则；第二章对殡葬设施管理给出了相关条款；第三章描述了遗体处理和丧事活动管理的方式；第四章规定了殡葬设备和殡葬用品的管理；第五章制定罚则；第六章为附则。当我们在其中搜寻前文所提及的相关部分作为设计依据时，我们将注意到以下条款：

CFIMO 的第二条明确地指出中国殡葬管理的方针是“积极地、有步骤地实行火葬，改革土葬，节约殡葬用地，革除丧葬陋俗，提倡文明节俭办丧事。”第四条向地方政府提供了土葬和火葬区的划分标准“人口稠密、耕地较少、交通方便的地区，应当实行火葬暂不具备条件实行火葬的地区，允许土葬。”遗体原则上应就地、就近尽快处理。如果有特殊情况需运往他地的，需要向县以上殡葬管理部门提出申请。第六条对一些少数民族的丧葬习俗给予了尊重和保留在后期的解释说明中表明了“在火葬区，对回、维吾尔、哈萨克、柯尔克孜、乌兹别克、塔吉克、塔塔尔、撒拉、东乡和保安等10个少数民族的土葬习俗应予尊重，不要强迫他们实行火葬自愿实行火葬的，他人不得干涉”[①]。

第十条禁止在下列地区建造坟墓耕地、林地城市公园、风景名胜区和文物保护区水库及河流堤坝附近的水源保护区铁路、公路主干线两侧。该款规定区域内现有的坟墓，除受国家保护的具有历史、艺术、科学价值的墓地予以保留外，应当限期迁移或者深埋，不留坟头。第十五条规定在允许土葬的地区，禁止在公墓和农村的公益性墓地以外的其他任何地方埋葬遗体、建造坟墓[②]。

我们可以发现此十分概括的条例和规范将大量立法工作遗留给地方政府，也没有关于殡葬建筑生态化设计的详细条款。第七和十一条指明省、自治区、直辖市人民政府民政部门应当根据本行政区域的殡葬工作规划和殡葬需求，提出殡仪馆、火葬场、骨灰堂、公墓、殡仪服务站等等殡葬设施的数量、布局规划，报本级人民政府审批。地方政府应当按照规划和需求规定公墓墓穴占地面积和使用年限。中央政府相信此类工作适合在地方级别执行，因为地方政府应具有做出决定的信息和知识。

6.4 小结

殡葬建筑的生态化设计需要引导机制的作用才能够在现实的社会中真正顺利实施，促进设计者与开发者的协作，提高设计品质。有效的引导机制是提高设计质量，推进殡葬建筑生态化设计的外部力量。

本章通过市场导向、政策导向和法规控制的引导机制来保障我国殡葬建筑生态化设计的合理实施。不可否认我国推进生态建筑政策的系统化和可行性方面尚有诸多不尽如人意之处，并未分门别类的将不同功能、规模、地域的建筑制定标准，其可操作性也值得进一步深入探讨，尚缺乏激励生态技术应用政策等，随着认识的深入和技术的发展，生态建筑的支持政策将会更为严密适用。然而要在城市建设中运用建筑生态审美观落实可持续发展政策，还需有一个自上而下、逐步完善的过程。因为从城市建设中具体工程项目的实施是一个系统工程，要依赖于政府职能部门的政策引导和法规推动，然后取决于投资者的项目决策和建筑设计团队的具体实施，最后要依靠提高全民意识和实行公众参与。

---

① 民政部、国家民委、卫生部关于《殡葬管理条例》中尊重少数民族丧葬习俗规定的解释民事发［1999］17号。

② 引自殡葬管理条例（1999年7月21日国务院令第225号）

结 论

人类的文明是建立在对死亡文化的发展之上的。殡葬建筑凝结了人类社会发展至今的各种智慧。然而人们意识里对死亡的排斥，导致殡葬建筑在世界范围发展缓慢。尤其是在我国，这一问题显得更为突出。因此我们要关注死亡，关注殡葬建筑。然而对于我国建筑业正处于数量型向质量型转变的重要时刻，我们不得不抛弃那种高能耗、高污染的传统生产模式，而把具有节约资源、降低能耗、减少污染、提高室内外环境质量等性能的生态化建筑作为新世纪建筑发展的方向。

在环境建筑学时代，城市建筑和环境的生态化成为最为紧要的问题之一，而我国的殡葬建筑的发展无论从土地资源、环境污染、能源利用、社会文化等诸多方面都对生存环境造成了严重影响，使我国殡葬建筑的发展不能与当今的经济社会发展同步。为此，本书从生态化的角度出发对殡葬建筑设计进行研究，具有重要的理论意义和实践意义。

本书创造性的成果可以归纳为以下几方面：

(1) 首次系统地对殡葬建筑生态化设计进行理论研究，揭示了殡葬建筑设计的生态化走向是殡葬建筑发展的本体规律，并建立殡葬建筑外部环境和内部空间生态化设计研究的初步理论框架。在当前生态危机的时代背景下，当代人们应该更加理性客观地面对殡葬建筑设计，同时殡葬建筑设计的理论基础应由目前过多地追求经济利益向生态理性和可持续发展拓展与提升。提出了殡葬建筑生态化设计研究是实现学科发展的需要，构筑人与自然相互依存的生态理念，承担社会赋予的责任。同时对于科学利用土地，有效节约土地资源；崇尚自然环境，营造绿色生态空间；保护生物多样性，维持生态系统平衡；营造文化休闲空间，促进城市旅游业的发展具有重要的实践意义。

(2) 基于生态理性和可持续发展的理论，提出了殡葬建筑生态化设计的内涵特征——由平面型向立体型转变的立体化；由荒凉恐怖型向人情化转变的情感化；由实体型向虚拟性转变的网络化；由单一型向多元型转变的多元化；以及由外延型向内涵型转变的人文化。同时提出殡葬建筑的生态化设计应遵循系统整体性原则、适应性再利用原则、渗透性原则、文化性原则、健康化原则、经济性原则。

(3) 结合景观生态学理论，分析殡葬建筑外部环境生态化景观的空间结构，并提出了殡葬建筑外部环境的生态设计理念，即绿色的溶解、时间的流动、生死的对话；同时提出体会生命之源、体验空间的再生、感悟时间的流动、感受心灵的慰藉的设计手法；以及合理有效利用土地、提高绿化率、适应多样的葬式葬法、注重景观环境铺地和发展特色经营等具有可操作性的生态化技术策略。殡葬建筑作为一种较为特殊的建筑景观，经常会留给殡葬参与者及游客深刻的心理感受。它不仅应该给逝者一个优美宜人的安息环境，也同样应给生者一个生态的、绿色的、可持续发展的缅怀空间。从而使殡葬建筑不再是一个孤立，有边界的特殊场所，而逐渐溶解变化成为城市中的景观生态，开放的绿地，融合于城郊自然景观，渗透于居民的生活，成为弥漫于城市中的绿色液体。

（4）殡葬建筑内部空间生态理性的彰显，使得殡葬建筑室内生态设计与传统设计观念相背离，提出了运用自然通风、天然采光、材料技术、构造技术、机械设备技术、智能化技术、仿生技术等具有可操作性的生态化技术策略提升殡葬建筑内部空间的生态品质，即创造健康的室内空气质量、静谧的室内光环境、舒适的室内声环境、宜人室内热舒适环境以及室内环境绿色化。同时，提出殡葬建筑内部空间气氛的营造方法：殡葬建筑精神空间的建构、意识空间的序列组织和主题空间的表现。从而满足人的生理、心理的要求，实现殡葬建筑内部空间向着生态化更深更广的方向发展。

（5）提出了我国殡葬建筑生态化设计应以市场导向、政策导向和法规控制作为引导机制。殡葬建筑的生态化设计需要引导机制的作用才能够在现实的社会中真正顺利实施，促进设计者与开发者的协作，提高设计品质。如果说建筑师的生态意识和相关知识技能是生态化设计的内在因素，那么有效的引导机制是提高设计质量，推进殡葬建筑生态化设计的外部力量。本书提出了通过市场导向、政策导向和法规控制的引导机制保证我国殡葬建筑生态化设计的顺利实施。

受作者的学识和水平所限，本书之中可能有疏漏和不足之处，有待于作者在今后的研究中不断的探索。诚恳地希望学界的前辈和同行们能够多提宝贵意见，这将使作者在以后的研究工作中受益匪浅！

附 录

附表1 中国葬法演变史概表

社会区分	时代区分		距今时间	发展阶段	流行的主要葬法	葬量与葬式
原始社会	旧石器时代	元谋猿人	约170万年	原始人群	野葬	单人葬、多人葬
		蓝田猿人	约80万年		野葬、墓葬	
		北京人	约45万年		野葬、墓葬	
	新石器时代	山顶洞人	约18000年	氏族公社	野葬、土坑墓葬、风葬、崖葬、树葬、水葬、瓮棺葬、瓦棺葬、独木棺葬、船棺葬	单人葬、双人葬、多人葬、仰身葬、侧身葬、屈肢葬、俯身直肢葬
		河姆渡氏族	约7000年			
		半坡氏族	约6000年			
		大汶口文化晚期	约5000年			
奴隶社会	夏朝		约4000年	部落国家	野葬、圆坑葬、石墓葬、铜棺葬、土葬、风葬、崖葬、瓦棺葬、土墩葬、树葬、洗骨葬、捡骨葬、悬棺葬、船棺树皮葬	单人葬、双人葬、多人葬、仰面葬、屈肢葬、俯直肢葬
	商朝		约3600年			
	周朝		约3100年			
封建社会	秦朝		约2200年	君主国家	土葬、风葬、崖葬、火葬、洞穴葬、空心砖葬、砖室墓、石室墓、二次葬、铜鼓葬、铜釜葬、玉棺、金棺、树葬、石棺葬、垒石葬、革皮葬、水银实葬	单人葬、双人葬、族葬、仰身葬、屈肢葬、俯肢葬
	汉朝		约2100年			
	三国		约1700年			
	晋朝		约1600年			
	十六国		约1500年			
	南北朝		约1400年			
	隋朝		约1300年		天葬、水葬、火葬、土葬、崖洞葬、石葬、风葬、树葬、瓮棺葬、捡骨葬、砖墓葬、陶罐葬、树皮葬、木架葬、石棺葬、垒石葬、竹棺葬	单人葬、双人葬、多人葬、家族葬、仰身葬、侧身葬、屈肢葬、俯肢葬
	唐		约1200年			
	五代		约1100年			
	宋		约900年			
	元		约700年			
	明		约600年			
	清		约300年			

续表

社会区分	时代区分		距今时间	发展阶段	流行的主要葬法	葬量与葬式
半封建半殖民地社会	中华民国	93 年		专制国家	土葬、天葬、火葬、土葬、石葬、捡骨葬、砖墓葬、树皮葬、木架葬、石棺葬、垒石葬、船棺葬	单人葬、双人葬、多人葬、家族葬、公墓葬、俯身葬
社会主义社会	中华人民共和国	54 年		人民民主共和国	土葬、火葬、水葬、天葬、捡骨葬、二次葬、石棺葬、木架葬、风葬、砖墓葬、树葬、篾席葬、垒石葬、船棺葬、竹棺葬	单人葬、双人葬、家族葬、公墓葬、仰身葬

资料来源：引自郭存亮《白事博览》，略有删节。

附表 2　中国各民族葬法简表

民族	主要分布地区	传统葬法	现代葬法	其他葬法
汉	全国各地	土葬	土葬与火葬	崖葬、水葬
壮	广西、广东	土葬（二次捡骨葬）	土葬（二次捡骨葬）	大葬，即不再移动的土葬
藏	青藏高原 川西高原	土葬、水葬、天葬、火葬	土葬、水葬、天葬、火葬	
高山	台湾	土葬（分室内、室外、野外葬等）	土葬（分室内、室外、野外葬等）	“恶死者”就地土葬
乌孜别克	新疆		土葬	
塔吉克	新疆		土葬	
塔塔尔	新疆		土葬	
柯尔克孜	新疆		土葬	
保安	甘肃		土葬	
东乡	甘肃、新疆		土葬	
撒拉	青海、甘肃		土葬	
彝	贵州、四川、云南	火葬	土葬、火葬	
羌	四川岷江上游	火葬	火葬	火葬
珞巴	西藏东南部		土葬（曲肢）	对敌人实行解肢葬

续表

民族	主要分布地区	传统葬法	现代葬法	其他葬法
景颇	云南		土葬	
独龙	云南		土葬	
怒	云南		土葬、火葬	
裕固	甘肃	土葬、天葬、火葬	土葬、天葬、火葬	
鄂温克	内蒙古		木架葬（天葬）	
阿昌	云南		土葬	
佤	云南	土葬	土葬	
布朗	云南		土葬、火葬	
德昂	云南		土葬	“凶死者”火葬
拉祜	云南	火葬	土葬、火葬	
黎	海南	土葬	土葬	
鄂伦春	东北大、小兴安岭	风葬后捡骨	风葬后捡骨	
傈僳	云南、四川		土葬	将死婴碎骨弃野、火葬“凶死者”
基诺	云南		土葬	
哈尼	云南	火葬	土葬	
纳西	云南、四川、 西藏毗邻地区	火葬	土葬、火葬	
普米	云南		火葬	火葬“凶死者”
门巴	西藏	土葬（屈肢葬）	土葬、火葬、水葬	用布或葫芦装死婴葬入室内地底
白	云南		土葬	
仫佬	广西罗城		土葬（二次检骨葬）	
毛难	广西北部		土葬	
布依	贵州、四川、云南	土葬（二次捡骨葬）	土葬	
侗	贵州、湖南、广西		土葬	“凶死者”二次葬或火葬
水	贵州		土葬	火葬“凶死者夕”
仡佬	贵州、广西、云南	崖葬、悬棺、石棺	土葬	
苗	贵州、湖南、云南、广西、四川、湖北、广东等	土葬、崖葬	土葬	

续表

民族	主要分布地区	传统葬法	现代葬法	其他葬法
瑶	广西、湖南、云南、广东、贵州	火葬、土葬	土葬	夭亡的婴儿葬于床下
土家	湖南、湖北、四川、贵州		土葬	
傣	云南	土葬 包括一次葬和二次捡骨瓮棺葬	土葬	“凶死者”水葬、僧侣火葬
维吾尔	新疆		土葬	
哈萨克	新疆		土葬	
回	全国各地		土葬	

资料来源：引自郭存亮《白事博览》，有订正。

附表3　中国古代墓地大小的规定

官品＼朝代	唐	宋	元	明	清
公侯				100方步	
一品	90方步	90方步	90方步	90方步	90方步
二品	80方步	80方步	80方步	80方步	80方步
三品	70方步	70方步	70方步	70方步	70方步
四品	60方步	60方步	60方步	60方步	60方步
五品	50方步	50方步	50方步	50方步	50方步
六品	20方步	40方步	40方步	40方步	40方步
七品以下	20方步	20方步	20方步	30方步	20方步
庶人	20方步	18方步	9方步	30方步	9方步

资料来源：引自靳凤林著《窥探生死线——中国死亡文化研究》。

附表 4 中国古代坟冢高低的规定

官品＼朝代	唐	宋	元	明	清
公侯				100 方步	
一品	90 方步	90 方步	90 方步	90 方步	90 方步
二品	80 方步	80 方步	80 方步	80 方步	80 方步
三品	70 方步	70 方步	70 方步	70 方步	70 方步
四品	60 方步	60 方步	60 方步	60 方步	60 方步
五品	50 方步	50 方步	50 方步	50 方步	50 方步
六品	20 方步	40 方步	40 方步	40 方步	40 方步
七品以下	20 方步	20 方步	20 方步	30 方步	20 方步
庶人	20 方步	18 方步	9 方步	30 方步	9 方步

资料来源：引自靳凤林著《窥探生死线——中国死亡文化研究》。

参考文献

[1] 王夫子．殡葬文化学——死亡文化的全方位解读．北京：中国社会出版社，1998：35 ~ 43，84 ~ 126.

[2] Aldo Rossi. The Blue of the sky：Madena Cemetery，Architectural Desin December，1982.

[3] 海德格尔．存在与时间．陈嘉映，王庆节译．北京：生活•读者•新知三联书店，1999：273 ~ 306.

[4] 泰勒．连树声译．原始文化：神话、哲学、宗教、语言、艺术和习俗发展之研究．上海：上海文艺出版社，1992：847.

[5] 王贵祥．东西方的建筑空间：传统中国与中世纪西方建筑的文化阐释．北京：百花文艺出版社，2006：4.

[6] 张浩．思维发生学——从动物思维到人的思维．北京：中国社会科学出版社，1994：284.

[7] 郭于华．死的困扰与生的执著——中国民间丧葬仪礼与传统生死观．北京：人民大学出版社，1992：127.

[8] Giancarlo De Carlo，Carlo Nepi. Massimo Carmass Progetti Per una citta Pisa 1975/1985：35.

[9] 李玉华．佛教对中国殡葬文化的影响．民政论坛．2001，(3)：45.

[10] 孙宗文．中国建筑与哲学．南京：江苏科学技术出版社．2000：337 ~ 345.

[11] Howard Colvin. Architecture and after ~ life，New Haven，Yale University Press，1991.

[12] 芒福德（L. Mumford）著．倪文彦、宋俊岭译．城市发展史：起源、演变和前景．北京：中国建筑工业出版社，1989.

[13] 高蓓．有关建筑的忧生乐死．室内建筑与装修．2003，(4)．

[14] 靳凤林．窥探生死线——中国死亡文化研究．北京：中国民族大学出版社，1999.

[15] http：//www. Haokanbu. Com/story/17171/?page=2.

[16] 郭存亮．白事博览．北京：中国社会出版社，1992.

[17] 刘敦桢．中国古代建筑史．北京：中国建筑工业出版社，1984：159.

[18] 王正平．环境哲学．上海：上海人民出版社，2004，69 ~ 75.

[19] http：//www. Grove street cemetery. Org

[20] www. Headington. Org. uk/. . . /crematorium. Htm

[21] [法] 米歇尔•沃维尔，高凌翰译．死亡文化史．北京：中国人民大学出版社．2004：581.

[22] 亢亮，亢羽．风水与城市．北京：百花文艺出版社，1999：68.
[23] 程建军．藏风得水风——风水与建筑．北京：中国电影出版社，2005，(2)：3 ～ 5.
[24] 王其亨主编．风水理论研究．天津：天津大学出版社，1992：25 ～ 30.
[25] [清] 蒋平阶，李锋整理．水龙经．海南出版社，2004：11 ～ 22.
[26] 王克英，朱铁臻主编．城市生态经济知识全书．北京：经济科学出版社，1998：509.
[27] Early Burials in Weedsport NY Rural Cemetery，Weedsport，New York.
[28] Howard C. Raether，J. D. Editor. The Funeral Director's Practice Management Handbook. Prince-Hall，Inc. Englewood Cliffs，New Jersey，1989.
[29] 日本建筑学会编．建筑设计资料集 / 集会 • 市民服务篇．重庆大学建筑城规学院译．天津：天津大学出版社，2006：72 ～ 75.
[30] [挪] 克里斯蒂安 • 诺伯格—舒尔茨．李路珂，欧阳恬之译．北京：中国建筑工业出版社，2005：7 ～ 13，225-229.
[31] 董卫，王建国．可持续发展的城市与建筑设计．南京：东南大学出版社，1999：16 ～ 46.
[32] 马世骏．生态规律在环境管理中的作用．环境科学学报，1981（1）：95 ～ 99.
[33] W • McDonough，Braungart. The Next Industrial Revolution. Atlantic Monthly. 1998 (10)：26 ～ 30.
[34] 孙儒泳，李博，诸葛阳，尚玉昌．普通生态学．北京：高等教育出版社，1998：209 ～ 211.
[35] 罗 • 麦金托什．生态学概念和理论的发展．北京：中国科学技术出版社，1991：4 ～ 9.
[36] [德]H• 萨克塞，文韬，佩云译．生态哲学．北京：东方出版社，1991：103.
[37] 金观涛．整体的哲学．成都：四川人民出版社，1987：11.
[38] 马国馨．丹下健三．北京：中国建筑工业出版社，1999：1 ～ 46.
[39] 汉语外来语词典，岑麟祥编．北京：商务出版社，1990，143.
[40] 吴良镛，世纪之交的凝思：建筑学的未来．北京：清华大学出版社，1999：5.
[41] [加] 艾伦 • 卡尔松．陈李波译．自然与景观．长沙：湖南科学技术出版社，2006：23-27.
[42] I. L. 麦克哈格著，芮经纬译．设计结合自然．北京：中国建筑工业出版社，1992：39 ～ 43,50 ～ 58.
[43] Kan Yang. The Green skyscraper：The Basis for Designing Sustainable Intensive Buildings. Prestel，1997：89.
[44] 周浩明，张晓东．生态建筑．南京：东南大学出版社，2002. 3.
[45] Turner T. Landscape Planning. New York：Nichols Publishing，1987.
[46] 陈爽，王进，詹志勇．生态景观与城市形态整合研究．地理科学进展，2004. 5.
[47] 刘玉华，刘奎．浅议景观生态学在城市绿地系统规划中的应用．江苏林业科技，2004：5 ～ 10.
[48] 邬建国．景观生态学——格局、过程、尺度与等级．北京：高等教育出版社 .2000：17 ～ 34 .
[49] http：//www. Stats. Gov. cn/tjgb/rkpcgb/《人口研究》2001，(4) .

[50] http：//zh. Wikipedia. Org/

[51] Santarsiero，A. D. Cutilli，et al.（2000）. Environmental and Legislative Aspects Concerning Existing and New Cemetery Planning. Microchemical Journal 67（1-3）：141 ~ 145.

[52] Pearson，H. E.（1970）. Human infection caused by organisms of the Bacillus species. Am. J. Clin. Pathol. 53：506 ~ 515.

[53] Santarsiero，A.L. Minelli，et al. . Hygienic Aspects Related to Burial. Microchemical Journal 67（1-3），2000：135 ~ 139.

[54] Fisher，G. J. The Selection of Cemetery Sites in South Africa. Proceeding：4th Symposium on，1994：89 ~ 92.

[55] Pivo，G.（1996）. Toward Sustainable Urbanization on Mainstreet Cascadia. Cities 13（5）：339 ~ 354.

[56] [美] 凯文 • 林奇，方益萍，何晓军译 . 城市意象 . 北京：华夏出版社，2001：35 ~ 63.

[57] Teather，E. K. Time Out and Worlds Apart：Tradition and Modernity Meet in the Time-Space of the Gravesweeping Festivals of Hong Kong. Singapore Journal of Tropical Geography 2001，22（2）：156 ~ 172.

[58] Giddens，A. The Consequences of Modernity. Cambridge，Polity. 1990：38 ~ 39.

[59] 欧阳致远 . 最后的消费——文明的自毁与补救 . 北京：人民出版社，2000：62.

[60] 文传浩，常学秀，周鸿 . 论我国城市生态园林公墓建设及其发展 . 城市环境与城市生态，1998（11）.

[61] 左永仁 . 殡葬系统论 . 北京：中国社会出版社，2004：163 ~ 184.

[62] [美] 卡斯滕 • 哈里斯 . 申嘉，陈朝晖译 . 建筑的伦理功能 . 北京：华夏出版社，2001：285 ~ 297.

[63] 齐康 . 纪念的凝思 . 北京：中国建筑工业出版社，1996.

[64] 任德胜 . 加拿大——电脑墓园 . 中国民政 . 1996（9）：41.

[65] 胡兆量 . 公墓园林化 . 规划师，2003，93 ~ 95.

[66] 李博 . 生态学 . 北京：高等教育出版社，2000：26.

[67] 夏征农 . 辞海（普及本）. 上海：上海辞书出版社，1999：637.

[68] B. Berglund，T. Lindiall，I. Samuelson，J. Sundell. Prescription for Healthy Building. Proceedings of the Third International Conference on Indoor Air Quality and Climate. Stockholm. 1988. 5 ~ 14.

[69] [美] 丹尼尔 • 贝尔，赵一凡译 . 资本主义文化矛盾 . 北京：三联书店，1989：1 ~ 89.

[70] [美] 乔治 • 巴萨拉，周光发译 . 技术发展简史 . 上海：复旦大学出版社，2000：1 ~ 114.

[71] 西安建筑科技大学绿色建筑研究中心 . 绿色建筑 . 北京：中国计划出版社，1999：1 ~ 304.

[72] D. A. MaIntyre. Indoor Climate. Applied Science Publishers，1980：81 ~ 113.

[73] Ossama A Abdou，Harold G Lorsch. The impact of the building indoor environment on occupant productivity-effects of indoor air quality，ASHRAE Trans，1994：59.

[74] Jinming Shen，Jianmin Yan. Indoor air quality in the Shanghai air-tight office building.

Proceedings of air conditioning in high-rise buildings，1997：146 ～ 157.
[75] [美] 弗 • 卡普拉 冯禹等译 . 转折点：科学、社会、兴起中的新文化 . 北京：中国人民大学出版社，1989：12.
[76] Marc Baeani. Space for Death and Human Being. Architecture and Unbanism 1997：04.
[77] http：//www. picasaweb. Google. Com/. . . /Ha7Z0juRQRGXXJJUWhZooA
[78] http：//www. Yuanlinger. Com
[79] 王晓川 . 欧洲环境景观设计 . 机械工业出版社，2007：116.
[80] 埃德温 • 希思科特著 . 朱劲松，林莹译 . 纪念性建筑 . 大连理工大学出版社，2003：10 ～ 30，75-180.
[81] 卞云龙 . 昆明龙宝山、玉案山公墓荒山生态恢复及生态建设研究 . 云南大学生态学专业硕士学位论文，2000：31 ～ 35.
[82] Fisher，G. J. Selection Criteria for the Placing of Cemetery Sites. Pretoria，South Africa，Geo-logical Survey of South Africa，1992：120 ～ 126.
[83] Pearson，H. E. Human infection caused by organisms of the Bacillus species. Am. J. Clin. Pathol. 1970（53）：506-515.
[84] 殡葬管理条例（1997 年 7 月 21 日国务院令第 225 号）
[85] 安树青 . 生态学词典 . 哈尔滨：东北林业大学出版社，1994：244.
[86]（德）海德格尔，陈伯冲译 . 建、居、思 . 建筑师（47）：84.
[87] 文传浩，周鸿 . 论风水观对中国传统丧葬文化的影响 . 西部，2002：11.
[88] Forman R T T,Godron M.1986.Landscape Ecology. New York：John Wiley&Sons
[89] http：//www.hxjt-lysj.com/index.asp
[90] 徐岚 . 景观网络的几个问题 . 肖笃宁主编 . 景观生态学——理论方法及应用 . 北京：中国林业出版社 ,1991：156 ～ 160.
[91] 伍业钢 . 李哈滨 .1992. 景观生态学的理论发展 . 刘建国 . 当代生态学博论 . 北京：中国科学技术出版社，1992：30 ～ 39.
[92] John Lobell. 静谧与光明：路易 . 康的建筑精神 . 联经出版社，1997：25 ～ 80.
[93] 褚瑞基 . 卡罗 • 史卡帕 Carlo Scarpa 空间中流动的诗性 . 台北：田园城市文化事业有限公司，2007：169 ～ 194.
[94] Anatxu 7abalbeascoa. Igualda Cemetery，Enric Miralles and Carme Pinos. Phaidon Press Limited，1996.
[95] http：//www. Chasmiller. Com/
[96] 安藤忠雄 . 白林译 . 安藤忠雄论建筑 . 北京：中国建筑工业出版社，2003：135 ～ 200.
[97] 桢文彦 . 风之丘葬祭场 . GA（Japan）[J]. ADA，1997（7）.
[98] 温家宝 . 高度重视加强领导加快建设节约型社会 [T]. 国务院公报 ,2005,(21)：5 ～ 8.
[99] 周鸿 . 绿漫生态墓园——生态墓园与景观设计随笔，城市环境设计，Urban Space Design，2007（3），109 ～ 111.
[100] 建筑学报 . Architectural Journal. 2008（2）：78 ～ 83.
[101] http：//www. Lifegem. Com. Tw/，2008，9.

[102] 毕译 . 恩里克•米拉莱斯 . 北京：中国三峡出版社，2006：89 ~ 96.
[103] [美]Pete Melby, Tom Cathcart 编著 . 张颖，李勇译 . 可持续性景观设计技术 . 北京：机械工业出版社，2006. 5.
[104] Henri A. Gandolfo. Metairie Cemetery，An Historical Memoir. Stewart Enterprises，Inc. New Orleans，Louisiana，1981.
[105] [美] 弗雷德里克•斯坦纳 . 周年兴，李晓凌等译 . 生命的景观——景观规划的生态学途径 . 北京：中国建筑工业出版社，2004.
[106] [英] 汤姆•特纳 . 王珏译 . 景观规划与环境影响设计 . 北京：中国建筑工业出版社，2006. 6
[107]（联邦德国）E. 希尔德等著，岳文其、叶恒健、林若慈译，建筑环境物理学——在建筑设计中的应用 . 中国建筑工业出版社，1987.
[108] 王贵岭，光焕竹，王长广 . 殡仪馆微生物空气污染分析 . 黑龙江环境通报，2000
[109] 龚锦编译 . 人体尺度与室内空间 . 天津：天津科学技术出版社，1987.
[110] 史坦利•亚伯克隆比，赵梦琳译 . 室内设计哲学 . 建筑情报季刊杂志社，1999：15 ~ 60.
[111] [美]F. 众沃林斯荃著，孙牧虹等译 . 健康社会学 . 北京：社会科学文献出版社，1992.
[112] 钟玲等译 . 天气（Weather, Discovery Channel），探索书系 . 沈阳：辽宁教育出版社，2000：44 ~ 49.
[113] 包慕萍 . 东京蒲公英之家，日本 . 世界建筑，2001（4）：40 ~ 45.
[114] Terrain Evaluation and Data Storage，Midrand. Geological Survey of South Africa.
[115] 中国殡葬协会 . 火化设备技术 . 北京：中国社会出版社，2000：56 ~ 57.
[116] 周湘津编译 . 鲍姆舒伦韦格火葬场 . 世界建筑，2001，2：56 ~ 58.
[117] 厚生省環境衛生局企画课编 . 火葬場の施设基準に関するゐ研究 . 日本環境衛生センター刊行，昭和 45 年 .
[118] L. L 多勒著，吴伟中、叶恒健译 . 建筑环境声学 . 北京：中国建筑工业出版社，1981：46 ~ 70.
[119] [日] 饭岛伸子著，包智明译 . 环境社会学 . 北京：社会科学文献出版社，1999.
[120] Yeang K. The Skyscraper：Bioclimatically Considered. London：Academy Editions. 1996：P24
[121] [美] 纳尔逊•哈默，杨海燕译 . 室内园林 . 北京：中国轻工业出版社，2001：35 ~ 42.
[122] Ken Yeang. The Green Skyscraper. Prestel Verlag：Munich. London. New York，1999
[123] 建筑思潮研究所编，葬斋场•纳骨堂，株式会社建筑资料研究社，1994：3.
[124] Richard A Etlin. Symbolic Space，Chicago，University of Chicago，1994：20 ~ 61.
[125] Robertivy. Memorials，Monuments and Meaning. Architectural Record. 2002，07：84.
[126] 张宏 . 形式的意义与意义的形式——纪念性建筑的象征性 . 新建筑，1997. 2：37 ~ 39.
[127] 赫曼•赫兹伯格 . 建筑学教程 2：空间与建筑师 . 天津：天津大学出版社，2003.

[128] 邓皓 . 生态高技术 . 新建筑，2000（3）：18.

[129] Danat Adrian. United states holocaust memorial museum. London，phaidon press，1995

[130] [英] 休 • 奥尔德西—威廉斯 . 当代仿生建筑 . 大连：大连理工大学出版社，2004：25 ～ 30.

[131] 李保峰 . 生态建筑的思与行——托马斯 • 赫尔佐格教授访谈 . 新建筑 ,2001，（5）

[132] Grace，M.：BREEAM-A Practical Method for Assessing the Stustainability of Building for the New Millennium. Proceedings of International Conference Sustainable Building 2000，October，Maastricht the Netherlands，2000：676 ～ 678

[133] 李克国，魏国印，张宝安 . 环境经济学 . 北京：中国环境科学出版社，2003：35.

[134] 张千帆 . 法学研究的“新范式”：建立严密的新实用—实证主义法学体系 . 法学文稿 . 2001（2）：19 ～ 32.

[135] Nils larsson. Improving the Performance of Buildings，中国绿色建筑 / 可持续发展建筑国际研讨会论文集 . 北京：中国建筑工业出版社，2001：28.

[136] National Research Concil. Risk assessm ent in the federal government：m anaging the process. Washington DC：National Academic Press，1983：219 ～ 249

[137] 靳尔刚 . 国外殡葬法规汇编 . 北京：中国社会出版社，2003.

[138] 王鹏，谭刚 . 生态建筑中的自然通风 . 世界建筑 . 2000（4）

[139] Colin St John Wilson. The Architecture of Enric Miralles and Carme Pinos. Sites/Lumen books. 1990

[140] Le Corpusier Ideas And Forms. Phaidon Press Limited. 1986.

[141] [意] 安东内拉 • 胡贝尔 . 焦怡雪译 . 地域 • 场地 • 建筑 . 北京：中国建筑工业出版社，2004：5 ～ 56.

[142] Charles. W. Moore 等 . 侯锦雄等译 . 庭园诗学：景观建筑的诗意手法 . 台北：田园城市文化事业公司，1999：21 ～ 46.

[143] 齐康 . 纪念的凝思 . 北京：中国建筑工业出版社，1996.

[144] 李美能，卢灼等 . 广州市新殡仪馆的创作 . 建筑学报，2001，9：23 ～ 25.

[145] 宋晔皓 . 生态建筑设计需要建立整体生态建筑观 . 建筑学报，2001,11：16 ～ 19.

[146] 索韦尔公墓加建，贝加莫，意大利 . 世界建筑，2002. 3：67 ～ 69.

[147] 阿来佐城市公墓扩建工程，阿来佐，意大利 . 世界建筑 . 2003. 11：40 ～ 45.

[148] 格拉多 • 皮埃尔公墓扩建工程，比萨，意大利 . 世界建筑 . 2003. 11：46 ～ 49.

[149] 埃斯特雷拉公墓和礼拜堂，埃斯特雷拉，莫拉，葡萄牙 . 世界建筑，2006. 2：81 ～ 85.

图片来源

图 2-1， 图 2-2， 图 2-3 引 自 Michael J. O'Kelly, Newgrange：Archaeology, Art, and Legend, with contributions by Claire O'Kelly and others, London：Thames and Hudson, 1982.

图 2-4，图 2-12 引自 [英] 派屈克・纳特金斯著，杨惠君等译．建筑的故事 [M]．上海：上海科学技术出版社，2001：187，35．

图 2-5， 图 2-6 引 自 https：//zh.wikipedia.org/zh-hans/%E7%9F%B3%E8%88%9E%E5%8F%B 0%E5%8F%A4%E5%A2%B3

图 2-7，图 2-8 引自 https：/it.wikipedia.org，google map

图 2-10 引自 https：//image.baidu.com/search/index? tn=baiduimage&ct=201326592& lm=-1&cl=2&ie=gb18030&word=%D1%C2%D4%E1&fr=ala&ala=1&alatpl=adress&pos=0&s=2&xthttps=111111

图 2-11 引自刘敦桢．中国古代建筑史 [M]．北京：中国建筑工业出版社，1984：159．

图 2-14 引自 https：//en.wikipedia.org/wiki/Grove_Street_Cemetery

图 2-15 引自 https：//www. Headington. Org. uk/. . . /crematorium. Htm

图 2-16 引自 http：//www. Grove street cemetery. Org

图 2-17 引自 www. Headington. Org. uk/. . . /crematorium. Htm

图 2-18 引自 [法] 米歇尔・沃维尔著，高凌翰译．死亡文化史 [M]．北京：中国人民大学出版社，2004：581．

图 2-19，图 2-20 引自王其亨主编．风水理论研究 [M]．天津：天津大学出版社，1992：140．

图 2-23，图 2-24 Early Burials in Weed sport NY Rural Cemetery, Weedsport, New York

图 2-25，图 2-26 引自王晓川．欧洲环境景观设计 [M]．北京：机械工业出版社，2007：116，117．

图 2-27，图 2-28 引自 http：//www.landscape.cn

图 3-10 ，图 3-11，图 4-24，图 4-29，图 4-52，图 4-56，图 5-7，图 5-60 引自左永仁．殡葬系统论 [M]．北京：中国社会出版社，2004：163 ～ 184，183，184，201，183，194，109．

图 4-1，4-2 引自 https：//en.wikipedia.org/wiki/Grove_Street_Cemetery

图 4-3，图 4-4，图 4-5，图 4-6 引自 http：//www. Yuanlinger.com

图 4-7，图 4-8 引自 http：//www.landscape.cn，landscape

图 4-9，图 4-10，图 4-38，图 4-39，图 4-44，图 5-12，图 5-15，图 5-19，图 5-20，图 5-36，图 5-40，图 5-41，图 5-42，图 5-48 ～图 5-53，图 5-55 ～图 5-57，图 5-61 ～图 5-63，图 5-64，图 5-65 引自埃德温・希思科特著．纪念性建筑 [M]．朱劲松，林莹译．大连：大连理工大学出版社，2003：178，179，90-91，74，141，123，122，110，130-135，108，127，122，123，125，161-164，154-159．

图 4-11 引自 https：//goo.gl/images/puCWWD

图 4-12 引自百度地图

图 4-13，图 4-14，图 4-58，图 5-2，图 5-3 引自日本建筑学会编. 建筑设计资料集 / 集会・市民服务篇 [M]. 重庆大学建筑城规学院译. 天津：天津大学出版社，2006：64，64，68，70.

图 4-18 引自西安市殡仪馆宣传页

图 4-19 http：//www. Yuanlinger. Com

图 4-20 引自中山陵 - 百度百科，网址：https：//baike.baidu.com/item/%E4%B8%AD% E5%B1%B1%E9%99%B5/246397?fr=aladdin

图 4-21 引自哈尔滨龙岗宣传页封面

图 4-25 大连玉皇顶公墓宣传页

图 4-26，图 4-27 引自 http：//mudi365.com/

图 4-28 引 自 Fisher，G. J. Selection Criteria for the Placing of Cemetery Sites. Pretoria，South Africa，Geo-logical Survey of South Africa，1992：125.

图 2-21，图 2-22，图 4-30，图 4-32，图 4-41 由北京 101 研究所孟浩提供

图 4-42 引自 https：//en.wikipedia.org/wiki/Grove_Street_Cemetery

图 4-43，图 4-49，图 4-50，图 4-65，图 4-66，图 5-25 ～图 5-27 由中国社会福利司左永仁提供

图 3-1，图 3-2，图 3-16，图 5-1，图 5-4 作者自绘

图 2-9，图 2-13 图 3-3 ～图 3-9，图 3-15，图 3-12 ～图 4-17，图 4-22，图 4-23，图 4-31，图 4-33 ～图 4-35，图 4-36，图 4-37，图 4-40，图 4-45，图 4-47，图 4-51，图 4-61，图 4-62 ～图 4-64，图 4-67 ～图 4-69，图 4-75，图 4-76，图 4-79，图 4-80，图 4-83，图 4-84，图 5-5，图 5-6，图 5-8，图 5-28 ～图 5-31，图 5-34，图 5-35，图 5-43 作者自摄

图 4-46，图 4-48 引自 http：//mudi365.com/

图 4-53 引自 you.ctrip.com

图 4-54 引自 Anatxu 7abalbeascoa. Igualda Cemetery，Enric Miralles and Carme Pinos. Phaidon Press Limited，1996

图 4-55 引自褚瑞基 . 空间中流动的诗兴 . 纪念性建筑 . 田园城市出版

图 4-57 引自 https：//en.wikipedia.org/wiki/Grove_Street_Cemetery

图 4-59，图 4-60，图 5-16 ～图 5-18 桢文彦 . 风之丘葬祭场 . GA（Japan）[J]. ADA，1997（7）

图 4-70，图 4-71 引自毕译. 恩里克・米拉莱斯 [M]. 北京：中国三峡出版社，2006：94 ～ 95.

图 4-72，图 4-73，图 5-54 引自 [荷] 雷因克・范肃宁. 赫曼・赫兹伯格的代表作 [M]. 陈佳良译. 北京：中国水利水电出版社，2005.

图 4-74 引自电影西雅图夜未眠

图 4-77，图 4-78 引自 https：//en.wikipedia.org/wiki/Grove_Street_Cemetery

图 4-81，图 4-82 由长春市黑石建筑景观设计有限公司王海松提供

图 5-9 引自八宝山故名公墓导引图

图 5-10，图 5-11 引自包慕萍．东京蒲公英之家，日本 [J]．世界建筑，2001（4）：40 ～ 45．

图 5-13，图 5-14，图 5-32，图 5-33，图 5-58，图 5-59 中国殡葬协会．火化设备技术 [M]．北京：中国社会出版社，2000：56 ～ 57．

图 5-21 ～图 5-24，图 5-38，图 5-39 引自周湘津编译．鲍姆舒伦韦格火葬场 [J]．世界建筑，2001，(2)：56 ～ 58．

图 5-37 建筑思潮研究所编，葬斋场・纳骨堂，株式会社建筑资料研究社，1994：32

图 5-66，图 5-67 引自 [英] 休・奥尔德西—威廉斯．当代仿生建筑．大连理工大学出版社，2004：25 ～ 26．